龚鹏程 著

美学
MEIXUE

艺术学
YISHUXUE

笔记
BIJI

时代出版传媒股份有限公司
安徽教育出版社

图书在版编目(CIP)数据

美学艺术学笔记/龚鹏程著.—合肥:安徽教育出版社,2019
ISBN 978-7-5336-8818-9

Ⅰ.①美… Ⅱ.①龚… Ⅲ.①美学—文集 Ⅳ.①B83-53②J01-53

中国版本图书馆 CIP 数据核字(2019)第 006913 号

美学艺术学笔记

MEIXUE YISHUXUE BIJI

出 版 人:费世平
质量总监:姚 莉
策划编辑:王竞芬
责任编辑:王竞芬
装帧设计:张鑫坤
责任印制:陈善军

出版发行:时代出版传媒股份有限公司　安徽教育出版社
地　　址:合肥市经开区繁华大道西路 398 号　邮编:230601
网　　址:http://www.ahep.com.cn
营销电话:(0551)63683012,63683013
排　　版:安徽时代华印出版服务有限责任公司
印　　刷:合肥市宏基印刷有限公司

开　本:710×1010　1/16
印　张:23.5
字　数:300 千字
版　次:2019 年 11 月第 1 版　2019 年 11 月第 1 次印刷
定　价:58.00 元

(如发现印装质量问题,影响阅读,请与本社营销部联系调换)

目　录

辑　一

游戏的人生　003
审美游戏　009
语言美学的探索　014
人文美学的处境　047
艺术与垃圾：当代艺术生产与文化产业论纲　115

辑　二

由学会的运作看台湾的中国古典文学研究　127
台湾区域文学史的写作与传统　140
文学理论与其他学科的关系　145
90年代的文学批评　180
评于连"间距"与"之间"：
如何在当代全球化之下思考中欧之间的文化"他者性"　189
鬼趣图之外：小论罗两峰　195

《安溪铁观音》序　208

《津门论剑录》序　211

孙海鹏《翼庐慵谭》序　216

《〈礼记·乐记〉研究论稿》序　219

《国学唱歌集》序　223

龚敏《溥心畬先生年谱》序　229

汪凯《古印章探微》序　232

《卿云光华》序：文心史识一手兼　234

《中国纺织类非物质文化遗产概论》序　237

现代艺术的对话——潘公凯的《弥撒与生成》　240

辑　三

山水观　255

日本雅乐概况　287

关于民艺　303

传统水墨的现代开发　311

古希腊文艺观小议　317

纵横诗书画，看钻研古法的清人书学　323

笔墨传统的当代呈现　352

雅乐复兴的意义　356

辑一

游戏的人生

《古诗十九首》,劈头第一篇就说"人生天地间,忽如远行客。斗酒相娱乐,聊厚不为薄。驱车策驽马,游戏宛与洛",似乎把游戏视为短暂人生中唯一可有的慰藉。对于洛阳京城中诸位贤达不懂得此等游戏的人生观,它也要劝大家:"洛中何郁郁,冠带自相索……极宴娱心意,戚戚何所迫?"洛阳京城里,冠盖云集,人众猥杂,时人自有"京洛多风尘,素衣化为缁"之叹。因为此乃名利场,人人都无法放下执念,故诗人才希望大家勿用冠带绑住了自己,应好好欢乐饮酒,游戏一番。

另有一首诗说:"生年不满百,常怀千岁忧。昼短苦夜长,何不秉烛游?为乐当及时,何能待来兹?"讲的也是同一种想法。从某些人的角度看,人生苦短,所以才要及时努力,否则投老无成,人生便交了白卷。从《古诗十九首》的歌者看,则恰好相反,他提倡的是一种游戏的人生观。

在我国文化中,孔子赞美曾点游戏春风,庄子倡说游心太虚,都具有"游"的精神。西方近代启蒙主义则是反对这种精神的。启蒙运动以来,以理性为人之本质,视工作为人之责任与职能,此种游戏的人生观遂久矣不复传述。偶然游戏,则认为是一种放纵,并不足取。除非旨在辅助工作,所谓"休息是为了走更长远的路",游戏本身并无价值,人生也不是为了游戏而存在的。活在启蒙运动、工业革命之后的人,大抵也不再会自发地游戏了。没有了玩兴,也不懂得玩,以致要别人教我们如何玩或组织安排了再去玩。这就是游戏人生观的失落。

约翰·赫伊津哈(Johan Huizinga,1872—1945)《游戏的人》[①]一书,便是针对此一现象之批评。他认为18世纪把人界定为"理性的人"(Homo Sapiens),其后又把人界定为"制造的人"(Homo Faber)。但他觉得"游戏的人"(Homo Ludens)更值得重视并提倡。他于1935年赴荷兰莱顿大学演讲时,曾以"文化的游戏成分"为题,主办者曾误以为这个题目是"文化中的游戏成分"。但如果游戏只是文化中的一部分,那又何待阐说?赫伊津哈要讲的,正是文化的游戏成分。简言之,即文化文明是在游戏中且作为游戏而兴起与展开的。这才是他的旨趣所在。

他说:游戏先于文化。小猫小狗都会玩游戏,而且玩法与人相似。它们跟儿童玩游戏一样,都不是谁教它们或逼迫它们玩。它们自动自发地玩,也喜欢玩。因此,游戏具有自由的性质、自主的精神,被迫游戏就不是游戏了。

同时,游戏也与理性无关。儿童打打闹闹,如猫追弄着毛线球,绕着抓自己的尾巴,谈不上是理性的。游戏要玩得好,本来也就不能

[①] 约翰·赫伊津哈.游戏的人.北京:中国美术学院出版社,1997.

依凭着理性计算、逻辑思考,不必承担价值、责任、功能,等等。

因此,游戏也是非功利的。小孩玩积木,堆泥土,不曾真想盖成一栋房子;他只是暂时走出真实生活,进入一个别具一格的活动领域,"假装"一下,这种"假装",不是真要做成什么。扮家家的小孩子们没有真要结婚的欲望和目的,因此游戏不具功利性,玩本身就是目的。反而正是这种游戏,打断了日常生活及欲望之进程,而又丰富、滋养了生活,让游戏过的人精神欢愉、心情舒畅。

游戏又因此具有隔离性。这些游戏都自有其场所,竞技场、牌桌、庙宇、舞台、屏幕、法庭、球场……特定的场所与特定的时间(一出戏的时间、一场球的时间、一支舞蹈的时间,都不一样),即构成了它的有限性。正因为它具有有限性,故亦有它自身的过程和意味,在特定时空中"演出"。这一点,使它有其局限性,但同时也成为一种文化产物、一种可保留下来的财富。它可传达,也可成为传统,任何时候都可重复。无论是儿童游戏或象棋比赛,所有游戏都是一个有其内在结构之整体,且有重复与轮流之因素。

而无论何种游戏,均有其自身之逻辑、运作方式,那就是它的规则、它的秩序。没有规则,形成不了游戏。一旦逾越了规则,游戏世界就瓦解了。所以游戏不是胡闹,规则有时形诸条文,有时则需要所有参与者心领神会,非语言规范所能完全表达。就像小猫小狗都懂得以略带客套的神态和友好的表情邀请对方游戏,游戏中不准咬哥儿们的耳朵,或不许咬得太重;有时要假装敌对、发怒,但不能真正干架;还得有条理地表现出好兴致,表现出快乐的表情和发出快乐的声音。这些就是规则。若破坏了,就会令人"败兴",为所有参与者所厌恶,会遭到驱逐或惩罚。

亦因如此，凡能认同其规则，乐于参与该游戏者，便会构成一个共同体。我们在社会上可以看到无数游戏社团，桌球、帆船、弹跳、舞蹈、游水、桥牌……之协会、联谊社等，层出不穷，可见它是组成人类社会组织活动的重要手段。一般游戏时，纵或未组织成固定之社团，它也一定具有私密性，是"我们"去玩而非他人。外界、他人的所作所为，与我们此刻之所为无关。在这个玩耍的圈子里，日常生活的法律、习俗、观念均不算数。

游戏的欢愉，有很大一部分来自于此。拥有一种私密的氛围，成为这个团体特殊的、与外人不能分享的共同经验。而这个经验又暂时将人抽离出日常俗世，让人松脱了他与现实世界的牵绊，放松自己，进入一个假扮的领域。游戏中的狂欢、放纵、化妆游行，都体现了这个意义。

在游戏的假扮中，自成秩序，这些秩序通常也蕴含着竞争、冲突，以形成紧张、造成刺激，而又包括了平复、协调，整体形成起伏动荡的韵律，造就我们的美感。

针对游戏，赫伊津哈做了许多诸如此类之分析。透过这些论析，他告诉我们：游戏是人类活动中不可或缺的，人类社会也靠游戏来组成。同时，人类的文化、创造，实质上即游戏或与游戏密不可分，例如语言。语言是人拥有的重要工具，用以交流、命令、传授。语言可以使人区分、确认和陈述事物。命名，令人得以明白自己和万事万物在宇宙间的位置。可是，在每一个抽象表达、符号征示之背后，都存在着极多鲜活的隐喻；而每一个隐喻，正是词的游戏。

神话也是如此。神话之性质，论者各有见解，但基本上可以说是一种转换或外在世界之想象物。早期人类依此进行神圣之祭献、仪式、供奉、膜拜。其性质,唯有从游戏的角度来理解才能深刻、准确。

宗教的核心亦在于此。典礼就是一次戏剧性的演出,令人深入欢愉之中,一切美和神圣的王国,均依游戏而建立。

赫伊津哈《游戏的人》,共分十二章:一、论作为一种文化现象的游戏的本质和意义;二、论游戏概念作为语言中的表达;三、论推动文明进程的游戏与竞赛;四、论游戏和法律,五、论游戏与战争;六、论游戏与学识;七、论游戏与诗;八、论"神话诗"诸要素;九、论哲学的游戏形式;十、论艺术的游戏形式;十一、论游戏状况下的西方文明;十二、论当代文明的游戏成分。据他的观察,西方文化的游戏成分,自18世纪以来,就一直处于衰落之中。今日之文明不再游戏,即使某些活动看似游戏,也是虚假的。体育、竞技、艺术、科学、政治,无不如此。他提倡游戏观,以"游戏的人"代替"制造的人"、"理性的人",即是为了改造近代西欧文明。他认为:真正的文明不能缺少游戏成分,因为文明先天地蕴有自身的局限,游戏则先于且超乎文化,故文明若要妥善发展,即须重新阐发游戏的精神。

赫伊津哈在当代中国,名望不显,论著被译为中文者,仅有《游戏的人》与《中世纪的衰落》①两册而已。以我之谫陋,也不曾看过有谁介述他的学说,更莫说有传扬宗法的了。在近代中国当红的西方学说,恰好是赫伊津哈所批评的那些主张或态度。力求改造国民性,振发理性,积极工作之不遑,又怎有心情去谈什么游戏呢?赫伊津哈斯人憔悴,苦乏赏音,殆非偶然。

可是,从《阿Q正传》以来,知识分子感时爱国,力倡科学与理性,欲仿拟欧洲启蒙运动以启国人之蒙翳者,八十余年矣。热衷工业制

---

① 约翰·赫伊津哈.中世纪的衰落.北京:中国美术学院出版社,1997.

造的社会,终究让人感到疏离、忧苦,且冲突日剧,犯罪率不断升高,心理治疗丛书大行其道,反而人人似乎都成了阿Q。

  当此之际,重听《古诗十九首》中召唤我们去游戏的歌诗,看看赫伊津哈的论辩,再遥想那庄子的《逍遥游》、孔子的"游于艺""前言戏之耳",竟忽然有股难言的时代悲感,令人悯痛不已。因为游戏的人,仿佛不再会游戏,也不再能游戏了。我们的理性,让我们丧失了自己;我们的工作,又使我们无法去稍事游戏。京洛风尘如故,遂令素衣渐缁,心灵上也铺满一层层灰沙了。

审美游戏

谈文学或艺术起源于游戏的人很多，但在美学上强调游戏者少。而且，大家虽多明白文学或艺术在起源及性质上确与游戏关系密切，然而这种关系却又不好去强调。因为若把文学艺术与游戏的关系说得太紧密，那么文艺的伟大功能，例如感天地动鬼神、淑世济民、匡谬正俗、净化灵魂之类，便似乎会遭贬价，折损了文艺辉煌伟大的功能与神圣光芒。这是论述策略的选择，本也无可厚非，但如此一来，游戏与美学之关系，或游戏的美学价值，就更少有人讨论了。

席勒是少数关注这个问题的人，故其美学亦因此而显得较为特殊。席勒的理论，无疑本于康德或源于他。康德《纯粹理性批判》谈知性理性，《实践理性批判》讲道德，《判断力批判》说感性能力。依康德之见，知性与道德实践两者之间的鸿沟，须运用感性能力来平衡，真善美之境乃得臻至。席勒虽受其影响，但他的重点与康德不同。康德其实最重视的是实践理性，亦即道德的问题，席勒则不。他很少谈道德伦理实践理性，他谈的主要是两方面内容：理性与感性，然后追求两者之合。例如他说：自然人是以感情为支配原则的，理性人亦即观念人（mensch in der idée）则是纯粹的理想的人。自然人是野人（wilder），理性人以理性原则来支配感情，是蛮人（barbar）。两者都不够好，唯有和谐统一成为有教养的人（gebildeter mensch）才具有全面的性格（见《审美教育书简》第四封）。

理论上，席勒之说大旨不外乎此，区判正反，然后谋求正反之合。但正反如何可合，又如何合呢？席勒认为：启蒙运动以降，理性业已启蒙，但感性生命这一面尚待开发，感觉方式还没改变。因此，贞下起元，正反相合之关键在于培养感觉功能这一方面（见第六封信）。

要想培养感觉功能，开发感觉方式，则须通过艺术。艺术高尚化人的性格之方法，又是在游戏中，通过美来净化人，让人在游戏中排除粗野轻浮等毛病（见第九封信）。

这就把"游戏"的概念引进来了。但游戏又不仅属于感性这一边。席勒说人具有感性冲动（物质冲动）和形式冲动（理性冲动）两种天性，既可意识到他自己的自由，又能体察到自己物质身驱的限制；既能了解自己是物质的存有，又发现自己可拥有精神世界。故而，在这种情况下，感性冲动和形式冲动可结合而成一种新的冲动，此即为游戏冲动（spieltrieb）。依这种冲动，人可以抵消两极之偏，达成和谐统一（见第十四封信）。

依他这种说法，游戏冲动是感性冲动与理性冲动之集合体（gemeinschaft），是实在与形式、偶然与必然、被动与自由的统一，人性于此得以圆满，成就为美。这种美，只有人在游戏中才能完成。也就是说，只有人在游戏中才是完全的人（见第十五封信）。

对游戏有如此高的评价，实在甚为罕见。但席勒论游戏尚不止于此，他还要从历史进化的角度来谈游戏。他说人从自然的纯物质状态发展到审美游戏，是一个上升的过程。人的原始状态，只是满足最低的需求，继而再求有剩余，剩余也是先求物质剩余，再追求审美附加物。同理，人早先只是以劳动求生存，继而过剩的精力刺激其活动，就成就为游戏。只不过，这时游戏还是物质的，人仍与动物无异。由物质游戏到审美游戏中间，有一个"飞跃"的过程。人解脱了一切物质束缚，整个感觉方式发生了一场彻底革命，可以自由地、无关利害地观视审美对象。由审美游戏而建立的美的"假象"世界，不同于以感性为基础所建立的可怕世界，也不同于以理性建立的神圣世界，人唯有在此才能获得真正的自由（见第二十七封信）。

假象，被席勒视为人禽之分。人摆脱动物状态，进而具有人性之标志，即是喜欢假象（schein），爱好装饰与游戏。一般人总是看重实在之物而贬视假象，可是席勒认为实在之物仅是事物本身，假象才是人自己的作品。而假象之中，逻辑假象（logischer schein），常与现实和真理混淆，伪装成现实或真理。审美假象，则不须冒充现实和真理，故审美假象是独立自主的，逻辑假象却是欺骗的（见第二十六封信）。

这显然是针对理性过度张扬的欧洲社会、理性与感性冲突分裂的人生困境所提出来的药方，他希望能以游戏，尤其是审美游戏来治疗时代之病。其推崇游戏并高揭无关心的美感，强调美与现实的区隔，而又可以经由美来完善人格以达成整体国家社会的改造，皆论旨独特，戛戛独造，确有发人深省之处。

但细按其说，也仍有可资商榷者数处，不妨略说一二。例如，他的理论模型，基本上是一分为二，然后求合。在第十二封信中他说道："现在的任务，就是既要消除又要保存状态的规定。而实现这一任务,只有一个方法,即置另一种规定于这种规定的对立面。"这是替原来的规定(感性规定)树立一个对立面,通过理性规定与感性规定的对立,来达成彼此之间的平衡。用我的话来说,就是为"A"立一对立物"非A",再求达到平衡。在席勒的用语中,此平衡之状态有时就称为和谐统一。可是,天平两端各置一物以为平衡,这种平衡并不是统一。就算不是天平两端式的,而是 A 与非 A 的结合,如席勒所说游戏冲动是感性与理性两种冲动的集合体那样。两异质之物相加,形成的也很可能不是平衡而是冲突,如水与油;或折衷,如水与奶,变成稀释的奶。无论是平衡、冲突或折衷,感性与理性两端之合,都不可能达成比理性和感性更高一级的品格。席勒欲以此说来讲审美教育,使人提升成为全面的人,徒为画饼而已。要想达成席勒的理想,不能只讲两相异之物的综合,而应讲辩证地合。可惜在席勒整个理论中,未尝思虑及此。也就是说,凡席勒把游戏界定为感性冲动和理性冲动结合而成的新冲动,或两者集合体部分,都不能成立。

他的另一种说法,是把游戏只看成属于感性这方面的事,例如说可以以游戏来净化人心,改变人的感觉方式,建立美的假象王国之类。这样论美论游戏,与他从理性和感性结合处说美、说游戏,其实是矛盾的。席勒自己也未必没意识到它们的矛盾,可是从理论上看,实是两歧,形成理论的大缺陷。

而就是把游戏只看成属于感性这方面的事,也同样成问题。怎么说?美若是人在满足其基本需求之后所追求的剩余,且是物质剩余之后的审美附加物;或过剩精力之余的游戏,则此游戏便非人人皆可从事,须是有余钱、余暇、余力者方能为之。欲依此说,以提升国民性,毋乃甚难!审美游戏或美的假象,既非自然界事物,而是出诸人的创造,是人自己的作品,那么,这个创造中有没有理性的成分呢?打球、下棋、谱曲、作画、扮家家、玩积木,不需要规则、逻辑、推理、审忖、计较等理性冲动或能力吗?席勒独尊美的假象,而力贬逻辑假象,故其言不免仅涉一偏也。

语言美学的探索

一、语言美的研究

在台湾,语言美学的发展有两个高峰:一是 20 世纪 50 年代的现代文学运动;二是 20 世纪 70 年代的比较文学发展。

痖弦曾指出:新文学运动时期,很多以白话写诗者,并不纯粹为了创造诗艺,而是从事文化改革的运动,以此散播新思想。20 世纪 30 年代,抗战诗更成为救亡图存之工具,不允许在战火中精琢诗艺。20 世纪 40 年代,标榜普罗与进步,诗人成为无产阶级的旗手。20 世纪 50 年代,台湾诗人才开始展开"文学再革命",吸收西方各种技法,进行诗语言之试炼。①

这就是当时将新诗改称为现代诗、创办现代诗社之类活动的内在原因。当年纪弦自称要"领导新诗再革命",夏济安先生则显然也

---

① 痖弦.诗是一种生活方式:鸿鸿作品的联想.现代诗(复刊),1990(15).

想进行一次文学再革命，强调文学就是文学，只有"继承数千年来中国文学伟大的传统，从而发扬光大之"，"我们的文学才会从过去大陆那时候的混乱叫嚣走上严肃重建的路"。

这些话，正是欲将文学回归于文学，并进行文字再锤炼之意。故他评彭歌《落月》、谈《一则故事，两种写法》完全是讨论小说的写法，《白话文与新诗》《两首坏诗》等文更明说："20世纪英美批评家的一大贡献，可说是对于诗本身的研究……着力地就诗的文字来研究诗的艺术"、"新诗人现在主要的任务，是'争取文字的美'。诗的题材是次要的，诗的表现方式才是最重要的问题"。其目的在使白话文成为"文学的文字"，其批评方法则亦属于新批评的字句剖析（explication of texts）。

美国"新批评"之崛起，本来也就是由于二三十年代不少文人以人道主义、社会批评为旗号，揭露社会不义，故导致新批评起而反抗之。摒除社会—历史式批评方法，反对把文学作品和外界现实牵扯在一块，着重讨论作品本身的意象、语言、象征、对比、张力、结构等。当时台湾文学上的发展，也可以从类似的脉络来观察。

与此同时，我们也不可忽视台湾在现代化方面的进展。20世纪60年代的中西的文化论争，显示了台湾正在迈向现代化之过程。现代化所要求的自由、民主、科学、理性，成为社会上进步知识分子所欲达致之精神，因此逻辑、实证主义、分析哲学一时之间亦成为被鼓吹的显学。所以那是一个现代化的时代，也是一个分析的时代。在英美世界中，美国哲学家怀特在《分析的时代》里写道："20世纪表明为把分析作为当务之急，这与哲学史上某些其他时期的庞大的、综合的体系建立恰好相反。"他把"分析"看作是标志20世纪的"一个最强有力的趋向"。这一趋向是以"非黑格尔化"为发端。杜威、罗素、摩尔等人摒弃了以绝对理念和辩证法为特征的黑格尔主义,谓此类哲学为神话、玄想和诡辩,认为哲学是需要分析的事业,其后英美实证主义传统则由此拓出新的路向。在台湾,自由主义及现代化论者亦由扬弃中国传统唯心论、道德哲学、宋明理学来开展实证主义、分析哲学。

在这些自由主义者身上,并没有什么美学论点可说,因为注重分析的实证主义传统原先并不重视对美的研究。早期维根斯坦即认为善与美只能由直觉和情感来体会,不能形成真实的命题,故无意义,不能讨论。不过,后来分析美学的发展则突破了这个局限,如桑塔耶那即提出了自然主义的新实在论,建立了一个将存在、本质、心灵三位一体的体系。他写下了《理性生活》一书,将人类努力使自己的各种各样的欲求冲动趋于和谐并且得到满足的过程,视之为人类向自己的理想目标不断迈进的环节,并将艺术理解为是将客体"理性化的活动。理性既是艺术的原则,又是愉快的原则"(艺术中的理性)。这种思路也很快就被引进台湾,白先勇所办晨钟出版社便出版了桑塔耶那的《美感》。

20世纪70年代由颜元叔大力提倡的新批评,其实是延续这个脉络的发展。因为之前欧阳子也曾以新批评手法来分析白先勇的小说。现代主义小说,整体上看,亦都有重视作品本身语言表现的性质。但在20世纪70年代,这种性质与写作态度遭到社会主义与写实主义的反击,文学被要求要正视社会现实、正视乡土。文学再度成为号角,希望能带动社会之改革。但这个新态度本身是分裂的,如颜元叔本人在现代文学方面,也主张民族主义文学;但他进行文学批评时,用的是新批评。新批评一如过去,仍然具有批判性。只不过它的批判对象不再是五四运动以来的新文学,而是五四运动以后"文以载道"的主张,以及20世纪70年代尚未受现代化洗礼的中文学界。

以文载道的主张,显然常视文学为工具;中文系所依循之评文方法,也以笼统之风格描述为主,若要深入谈,便往往乞灵于社会—历史式批评。颜元叔抨击它们是"印象式批评"和"历史主义复辟",主张回归于作品本身,视作品为一独立自存的有机体,要求批评者针对这件作品进行分析,并认为如此才是客观的科学分析,而不再是主观的印象描述。

这波攻击,对中文系有极大的震撼,因此中文学界往往认为语言分析新批评是在中文系外部发展起来的,而且是20世纪70年代中期才出现的。其实正如前述,殊不尽然。我们忘了中文系老早就有王梦鸥先生写的《文学概论》等书。新批评健将韦勒克的《文学论》,20世纪60年代即有大林出版社的译本,20世纪80年代王梦鸥先生也译了一次。不过这种对作品本身的分析,重新唤醒中文学界内部一些重视语言分析的思路,使之重获重视与开展,例如修辞学、诗格诗例诗法、评点,等等。

而冲突也遂发生于中文学界内部。王梦鸥于1979年为时报公司"历代经典宝库"写了《文心雕龙》,同一时期他在《中外文学》刊载《刘勰论文的观点试测》,主张刘氏"对文学的基本看法是把文学当成语言来处理",并说刘氏"着重的是辞章而不是义理,所以兼容纬书骚赋诸子百家的语言,仅仅讨论他们语言表现的功力如何,而不作思想上的批判"[①]。这显然也是继他在《文学概论》中强调文学乃"语言之艺

[①] 王梦鸥.刘勰论文的观点试测.中外文学,1979,8(8).

术"后的发挥。但结果是引起了徐复观先生的痛批。徐先生亦曾因1979年9月白先勇在香港新亚的一场演讲而光火,写了《中国文学讨论中的迷失》。他认为白先勇所说"从五四以至三十年代之文学思潮,文艺被视为社会改革工具。这种功利主义的文学观,使文学艺术性不再独立",今后"唯有再加倍注重小说的艺术性,配以社会意识,才会有更深度之作品",完全不正确。[①] 徐先生本于中国传统"诗言志"之说,强调作品乃主体情志之发抒或表现。故所谓艺术性,只是就表达主题之效果而说的,"艺术性是附丽于内容而存在,无所谓独立性的问题"。这样的观点,当然要与语言美学的路数相龃龉了。

诸如此类对诤,当然屡见不鲜。但语言美学式的探讨仍不少见。如姚一苇"有意采用西洋现代语言学的方法,撰述一系列讨论我国诗的论文",曾写过《中国诗中的人称问题刍论》;又据新批评之观点,参考艾略特以想象力的视觉性论但丁诗之例,写了《李商隐诗中的视觉意象》;其他如论痖弦的《坤伶》、王祯和的《嫁妆一牛车》、白先勇的《游园惊梦》、水晶的《悲悯的笑纹》、黄春明的《儿子的大玩偶》等,也都是针对语言艺术的分析。又如梅祖麟、高友工对唐诗的分析,标明了是"试从语言结构入手作文学批评"、"利用安普森学派的分析方法作为批评的取向"、"我们的分析方法,学自标榜'细读'一派的大家,例如 I. A. 李查士、C. 布鲁斯,尤其是新批评学者"(见《分析杜甫的秋兴》《论唐诗的语法用字与意象》,均收入《中外文学》)。凡此等等,都对那个时代的学风起着具体的影响。

也就是说:语言美学的路向,在台湾也是颇有发展的,形式批评(包括结构主义)这一脉,从20世纪50年代至20世纪80年代,其实

[①] 徐复观.中国文学论集续篇.台北:台湾学生书局,1981.

一直绵亘不衰,而且与现代主义、自由主义、理性精神、客观方法、艺术自主性等有着密切的关联。

二、对形式的关注

这种关注语言形式的学风,也逐渐影响着我的文学美学研究。

早期我与一些师友们讲诗文,虽然本意颇在于说其谋篇、炼句、锻字、酌律之巧,但整个说解的目的并不在此,而是期望通过对作品更深入的分析来了解作者、成为作者的知音。因此整个释义活动,是回归于作者那儿的。探寻作者是什么样的人,说了什么,为什么说,如何说。每位作者,都是我们"尚友古人"的"友",我们要倾听其心声,与他形成共鸣,了解他的生命型态,深入到他的内心世界去。这种理解,当然同时也回归于自己,因为透过与古代伟大心灵的对话,在我们不断深入到诗人文豪的内心世界去时,我们自己的生命也不断深邃起来,我们的境界也不断提高了。故知音倾谈,生命形成互动,其意义并不全然是客观的考古。

我称此为"生命美学"的进路或型态。这个型态,乃是我为学之基本态度,我对它当然是极为肯定的。

但是,这个型态不能概括所有,学问毕竟仍有其他面相。对于客观的、形式性的部分,亦不能说它与主体内在性情志意无关,而予以忽略。从历史发展来看,生命美学诚为中国文学艺术之特色所在,却非全貌,而且其间还有一个发展演进的过程。对于那些非生命美学所能范限,又于历史上跟生命美学形成动态关系的思路,我们则一向缺乏探究,或者不予重视。

以诗来说，大部分诗学理论，总是由"诗言志"讲，论诗本性情、言为心声。主张读诗者要以意逆志，得知作者之私衷隐曲，如见其为人。分析起诗来，也老是由作者的生平遭际、性格心理、特殊感性模式等方面去探索。

我们虽然在解诗时也会分析它的形式、技巧，说明它遣辞命意方面的匠心，但本末轻重是很明显的。我们不但把情意视为本体，将技巧形式看成是为情志服务的工具，也以"内容"和"形式"来区别内外本末，甚且认为形式并不重要。一个内蕴丰富、学养俱优的人，自然就能写出好诗文来，所谓"腹有诗书气自华"。反之，若无此涵养，再怎么锻炼字句，也没有指望。同时，只要有好的内容，形式是可以破坏或放弃的，所谓"吾宁拗折天下人嗓子"。一位好作家，绝不能为了格律或其他任何形式而桎梏了他的性情。故打破形式的束缚，乃更因此而是一项我们所称道的好品格。

我是作诗的人，当然明白这类观点，也颇服膺其说。但正因我亦从事文学创作，并不如我们一些朋友，只是谈理论。所以我又深知这形式的问题其实并不如此简单。因为看球的人可以只欣赏球员在场子上驰骋腾挪之姿，我们打球的人却晓得那些抄截、过人、传球、上篮、远射、助攻，全都是在规则下做出来的。没有篮球的规则，就没有篮球这种游戏或竞技活动。所有篮球之技艺，都是由这些规则形塑、规范，并让人在与规则配合的情况下产生的。篮球与足球、羽毛球、曲棍球、棒球、躲避球、板球、橄榄球之不同，不也是规则的不同吗？球员们的运动才华可能都是好的，但有些人适合打篮球，未必能成为好的棒球选手，如乔登之类就是一个好例证。用踢足球的办法也打不成篮球。诗文的情形，不正是如此吗？我们怎能说我是一位好柔道选手,但偏要用柔道方式去打拳击赛?一位好足球队员,偏要以踢足球的方式去打篮球,而后说规则限制了我呀、桎梏了我呀,我宁拗折天下人的膀子呀,大家不必管形式,应当注意我的运动天才呀,我们能接受吗?在一场足球赛中,忽然冲进一人持球大作投篮动作,观众必定大哗。何以在诗文中我们却将这些形式、规则看得如此轻忽?

事实上,传统文学创作者亦不见得真的轻忽形式与规则。每种文体,即如每种球类,各有各的规则与风格,就像橄榄球与高尔夫球不同那样。从事文学创作,本来就会先考虑它是在干什么,是写小说呢,还是写诗、写词呢,还是写骈文;也就是说,现在准备打什么球,然后打什么要像什么。我国第一篇正式的文学批评文献——曹丕《典论·论文》就说"诗赋欲丽,章奏宜雅"等,诗、赋、章、奏即不同的文体文类,丽与雅则是它的风格。这种风格与它的形式规范是分不开的,如橄榄球激烈骠悍、高尔夫球则显得较为雅致一般。这是我们从事文学创作时原本就知道,而且理应在此原则下进行的。

三、探索法的原理

但此不必明言者,现在被忽略了。我早年学诗,讲诗法,也没有从理论上想到这些问题,而是倒过来的。我先写《春夏秋冬:中国诗歌中的季节》,谈诗人感情与四季物色之互动,再在博士论文《江西诗社宗派研究》中讨论诗人如何经由文体修养之提升,转识成智,以达成"活法",亦即心活故诗语活的境地。在那些年,我谈龚自珍的剑气箫心、讲六朝诗人之孤愤、说李商隐的人生抉择,大抵都只从生命情调、心境内容、价值抉择这些方面去探索。把中国诗,甚至整个中国文学的基本性质定位为"抒情传统"。1980年由蔡英俊召集我们为台湾联经出版公司《中国文化新论》编写的两册中国文学论集,其一即名为《抒情的传统》,另一本名为《意象的流变》。可见彼时我与我那一群朋友们对中国文学的基本掌握即是如此。

但研究宋诗毕竟让我触探到一个新的面向,我注意到宋人对于唐诗宋诗风格的分辨涉及了"文体论"的问题。诗究竟该怎么做才像诗而不是文章,记应该怎么写才不会像是论,这就是文章辨体的事了。每种文体都该有其本来该有的风格与写法,合乎它,称为有本色、得体;不合,则不得体,称为失体、戾体或谬体。宋人说:"荆公评文章,常先体制而后文之工拙。"谈的就是这种重视文体规范的观念。

我乃由此而写《论本色》、《论法》诸文,认为"两汉浑浑灏灏,文成法立,无格律之可拘。建安黄初,体裁渐备,故论文之说出焉"(《四库题要·诗文评类》)。早期文学作品无论是传达理念,抑或表现感情,它都只在"表现",可以自由选择并运用文字,构成作品。但当这些作品在质与量方面都有了丰富的积累以后,文字组合便逐渐显示出一定的规律和结构,形成了"法"。这时,自然就会激生批评理论上的知性反省活动,对于这些逐渐完备的体裁,已然成文、已然立法的作品,重加检视。魏晋时期,如《典论·论文》、《文赋》之类,即属于这一种批评性作业。

过去,对于魏晋南北朝这一段,在文学批评方面,我们只集中力气去关注当时因所谓"人的自觉"而兴起的缘情之说,却忽略了魏晋南北朝以后,曾经兴起的一股替文学立法的热潮。对于唐朝,我们虽也讨论过那时曾经流行广远的诗格著作,但基本上只认为那是考试制度下的副产品;对唐诗及唐朝在文学批评上的历史性格,也只强调它们活泼泼的创造表现，而把宋朝视为对法的坚持者。

但如果我们把齐梁以降，诸如永明体逐渐发展成律体、诗格诗例之书日趋增多，《文心雕龙·总术》这一类言论逐渐形成等现象，综合起来考察，便将发现这是一个新的文学批评运动。一方面，它是对汉晋时期所发展出来缘情之说的反省与超越；另一方面，对于宋朝文评，可能也应重新理解为：它既是法之观念与系统建立完成后，一切均在法之规范下活动与思考的时期，也是朝向松动、辩证法律体系这个方向努力的时期，因此才能有对于"意"的强调，并从"法"观念发展出"活法"。

汉代论诗者，较着眼于作者本身的情志意念，"赋比兴"也只视为一种表达手法，用以表达作者内在的情思，故重点依然只在作者之情志内涵，文字乃传示道之工器而已。此时并未发展出有关体制形器之知识。"形"并无独立地位，其自律性也没有受到尊重。然而，自法之观念在文学批评中出现后，此一倾向即遭到明显的挑战，法与作者创作主体之间，乃出现了一种新的辩证关系。

这是因为立法的行动一旦展开，顺着法的原理，其辩证性必然逐渐开展。这种辩证性是多重的、并存的。例如法是人所规定的，但又反过来作为人的行动规范和依据；而法既为普遍的规律，作为行动的准则，它便应具有不变的稳定性，但时移世异，法又必须不断变动，才能保持其内部的活力、扩张法的体系；同时，有定法而无定人，人不仅流动、生活于法之中，也必须依靠人才能完成法、表现法……诸如此类多重复杂的关系，必然会随着立法活动逐渐圆熟后，慢慢地开始被人思考到。

由此亦可以衍化为"质/文"、"内容/形式"、"天然/人工"、"悟/

法"、"自得/学古"等问题。后世文学发展,虽然重视主体性,一切理论固然均以前者为依归,但几乎没有任何人主张完全放弃后者,而都是把这两者放在一个辩证的架构中来处理,认为两者相反而皆不可废,且可通过法之得于自然或出诸自然情性故与法忻合无间。

这条路子,基本上是在法的格局中讲"意"。格律既须守住,理致情意如何才能与法融合,或者说法如何才能涵摄理致情意,乃成为一个重要课题,这即逼出从"法与悟"到"由法起悟"的诗学模式。而法之所以能够起悟,其所谓法,本身便已不再是与悟对立的法了,它成为涵摄了情志的法。这种法,就是活法。

活法,是"规矩备具,而能出于规矩之外;变化不测,而不背于规矩。有定法而无定法,无定法而有定法"。要达到这步境地,关键在于妙悟。而悟又须有种种工夫,非一蹴可及。因此活法之说,只是宋人在理论上超越辩证地解决了法的问题;其实际创作行为,恐怕仍在法的缚缠中,并未真正达到从心所欲不逾矩的地步。这也就是为什么元、明、清三朝诗家仍必须不断面对这个问题的原因。

这是我由法的角度对文学批评史之解释,并说明法与创作主体之间的关系。这种批评史的描述和对法与创作主体关系之理论说明,都是从前没人做过的。对于法的原理,诸如如何立法以建立艺术的世界,形成文学的成规,奠定法律的权威,塑造学习的规范等,过去也未有此类讨论。

延申此类讨论,我援用索绪尔(Ferdinand de Saussure)la langue(语言)与laparole(言语)之分,将文体视如 la langue。因为 la langue是从一般语言的混杂事实中抽出来的明确因素,它是语言属于公众的、合于习俗的一面。这体系是根据一个团体中各份子的社会契约而建立的，依赖这一体系才能使他们互相了解。在字典和文法书中所描述的，就是 la langue。因为 la langue 存在，字典和文法书才是可能和必须的，不受个人意志而改变；因为 la langue 对个人而言，永远是外在的，他继承了它，他降生于它之间，就像他活在社会里一样。但相反地，la parole 是个人说话的方式，是个人意志与智慧的行动。la langue 是一部法典，la parole 则是这法典在实际情况中被使用的方式。文体与创作者具体地进行某一文体之创作，正如 la langue 与 la parole 之关系。

四、文体的本色

但这个讲法，在论"本色"时没有问题，在讨论《文心雕龙》的文体论时却引起了不少的争论。

1987年12月，我就古典文学研究策划了《文心雕龙》研讨会议。为了增加会议气氛，同时在《"中央"日报》发表《文心雕龙的文体论》，在书目季刊制作了《文心雕龙研究》专辑，专辑中也有我的一篇《文心雕龙的价值与结构问题》。大意是说：自汉朝刘熙《释名》、蔡邕《独断》开始进行文体分类以来，文体论一直是文学理论的主要重心，如《典论·论文》、《文赋》、《文章流别论》、《翰林论》、《文章原始》，乃至桓范《世要论》中《序作》、《赞象》、《铭诔》诸篇……几乎全是对于文章体式、各体之风格规范、修辞写作方式、历史发展的讨论。各类文学作品，即是一个个客观的、可分析的对象；作者也必须"程才效技"，将自己没入文类规范之中，依其客观规律及风格要求去写作。虽然这里面也会有文气论的问题，有对创作者个人情性的考虑，但那都常附着于文体论之下，由人的才气问题，转入对文章气势风骨的讨论。因此这时的确有一种浓厚的客观精神弥漫着。

所以，早期谈"知音"是知心知己的意思，是两个主体间相互了解、相互感通的融洽状态，似乎不必诉诸言语，即可莫逆于心，双方都在内心世界沉静地进行着理解的活动。但《文心雕龙·知音篇》不是这样，刘勰企图建立一套理解的法则与客观批评的标准，不但将文类客观化，更要依其文类规定，找出优劣判断的客观标准。由于创作者与批评者之间，有一个客观的作品文理组织，故"六观"不再是观人，不再是相悦以解的沟通，而是具体地观作品之位体、置辞、通变、奇正、事义与宫商。

不仅刘勰的"六观"属于这类批评理路，沈约、钟嵘亦皆如此。沈约论四声，认为他所发现的，是诗文本身内在的规律，而非经验上对前人作品的归纳，且"自灵均以来，此秘未睹"，历来创作者都只能自以为自由地在规律中表现自己，冥契于此一规律。钟嵘则认为"诗之为技，较尔可知"。诗技高下是可以客观比较的，所以他要写《诗品》，较评诗家。

这是一个接近形构主义把作品视为客观对象的立场。可是近几十年来，大家受了抒情美典的影响，接纳徐复观等人的见解，不但从人物品鉴去观察六朝文论，着重说明风格即人格，并企图说文体就是人之性情的体现，如徐先生即认为《文心雕龙》全书都是文体论，上篇谈历史性的文体，下篇论普遍的文体，所以下篇才是文体论的基础，也是文体论的重心。而下篇里的《体性篇》又是《文心雕龙》文体论的核心，因为文体论最中心的问题就是人与文体的关系。依此，他大骂古来言文体者都弄错了，都把文体与文类混为一谈。不晓得文类是客观的作品语言结构,可以跟作者个人因素无关;文体则必有人的因素在内。故他以事义言体要,以作者才性生命特质论文体。我则以为他的论点根本就是错的。依他(以及与他类似)的讲法,不但《文心雕龙》的文体观念更难理解,中国文评理论的纠葛藤蔓也将更趋繁多。

由于文体论是以语言形式为中心的,但因语言必有意义,依缘情理论和言志传统的讲法,是心中有情意志虑,借语言表现或表达出来,文体纯为人格内在情志生命的外观,很多人也用这种想法去解释《文心雕龙》。但这是不了解何谓文体使然。文体,如前所述,系就语言样式说,由文体谈创作,自然也就显示了:一切情志意念都在此语言形式中表现,及语言形式是可以规范并导引情感内容的。或者更直接地说,每一文体都有其成素与常规(conventional expectations),无从逃避;每一形式也都表征出一种意义,而该意义就彻底展现在语文的表现模式及其美学目的上。

因此,《文心雕龙·镕裁篇》说刚开笔为文时,即须"履端于始,则设情以位体",设情与酌事、撮辞同义,表示作者应斟酌其情以位置于文体之中。同理,《章句篇》又说:"设情有宅,置言有位,宅情曰章,位言曰句。故章者,明也;句者,局也。局言者联字以分疆,明情者总义以包礼。"章句是语言格局,也是情之安宅,更是用以明情的唯一依据,所以后文又说:"句司数字……章总一义……其控引情理,送迎际会,譬舞容回环,而有缀兆之位;歌声靡曼,而有抗坠之节也。"抗坠之节、舞踏之位,不是用来"表现"情理,而是"控引"情理的。文体如此,文术亦然,故《总术篇》说晓得文术之后,即能"控引情源,制胜文苑",因为"术有恒数",可以"按部整伍,以待情会"。

正因文须"设情以位体",不是素朴地感物吟志而已,所以才要强调文术。一切才气才力都得纳入术的考虑之中,所谓"弃术任心,如博塞之邀遇",故"才之能通,必资晓术"(《总术篇》)。文术观念的提出,是在文体论思考下,由文气论那种"引气不齐,虽在父兄,不能以移子弟"的天才说脱化转出的制衡观点。一方面具体指出术有恒数,可以制巧拙;一方面借此将文气论消融于文体论中,承认才气是创作者最主要的动力,但才气须依文术之运作,体现于文体之中,乃能有所表现。这里便出现了"学"的问题。

凡此云云,在当时不仅是冲撞了权威,也挑战着信仰。因为在中国文学批评界,大家都认为文学作品并不只是文字游戏,它必须"其中有人"、"其中有我";整个文学创作活动也应发乎情志,本于胸臆。因此对于我这类讲法,殊觉逆耳。

而事实上,早先王梦鸥先生写《文学概论》时,揭橥"诗为语言的艺术"之义,大家也不觉得有什么不妥,只认为他是沿续了克罗齐以迄新批评形式分析之类说法而已。可是王先生为时报公司写历代经典宝库版《文心雕龙》时,以语言艺术界定刘勰论文之旨,便引起徐复观先生严重的非难,撰文大力批驳,主张文体本于情性,不能只从语言面去论文体。我既论《文心雕龙》,又直攻徐先生,当然也引发了很大的争论。

赖丽蓉首先写了一文说我是"开倒车的革命家"。后来古典文学会又择台湾清华大学月涵堂加开了一场讨论会。另颜昆阳也写了一文,谓我仅得一偏。学棣周庆华等,也各有文章继续讨论。

但我是否已从"生命的学问"转到客观化、形式化的那一面了呢?其实亦不然。我只是说:首先,情志批评固然为中国文学评论之主流,亦影响了中国的文学创作;但情志批评、生命美学、抒情传统,并不能涵括所有，有些时代反而是要求"控引情源，制胜文苑"、"按部整位，以待情会"的。对此文术、文体、文"学"，吾人不能不予探究。其次，对于强调法的时代与文献，我们也不能只以一种情志典范去看待它、理解它。再者，人与法的关系是辩证的，法的发展也是辩证的。汉晋讲情志、论才气，齐梁隋唐乃立法度、设格例，宋朝则存法以破法，大谈活法。此一格局，亦当注意，而且这亦是我国文评与西方颇为不同的所在。

五、象征的体系

关于第一点，属于文体之术等"形"、"法"的知识，我在《文学散步》①中区分形式为结构形式和意义形式两种。所谓结构形式，是指文学作品可以脱离意义内容而讨论的语言组织形式，例如：一首七言律诗，无论其意义内容为何，它永远在结构形式上不同于一阕《水调歌头》；而一篇骈文，也永远可以根据它的结构形式，跟其他任何散文或戏剧划分开来。任何一篇文学作品，我们都可以依据它结构形式的特征，分为有韵、无韵、抑扬格、十四行诗、古体诗、近体诗、评论、奏议、铭诔、游记、哀挽……它代表某些特定的法式、体制或格律，而且这些体制与格律是固定的，不能任意改变。不管你的情感是悲哀还是欣喜，不管你所要宣示的意义是深厚还是尖刻，只要你采用了七言绝句这种语言格式，就永远不能悖弃或违反这种结构形式的规定。即使有所谓"拗体"，也只是依照该体制所规定的拗法去拗，不能随便乱拗。

---

① 龚鹏程.文学散步.台北:汉光文化事业公司,1985.

至于"意义形式",与结构形式不同。譬如:一首歌咏杨贵妃的七言绝句,七言绝句的格律是结构形式;而"一骑红尘妃子笑,无人知是荔枝来"所宣示的意义(唐明皇为了博贵妃一粲,竟不恤民力,千里迢迢从岭南运送荔枝来给她吃),就是意义形式。为什么称为意义形式,而不径称为意义或内容呢?因为这里所谓的意义或内容,其实并不是形式之外或预存于形式之前的东西,而只是这首绝句,是这首七绝的语言文字组织后构成的东西。

这即意味着:第一,在文学作品里,一切"意义",都仰赖文字来呈现,包括所谓言外之意,也是以语言文字来蕴含或暗示。我们找不到有在文学作品那个语文格式之外或之前的意义。第二,一篇文学作品的意义,例如:诗,并不是专指那些能够用散文写出来的意思,才唤作意义或内容。诗的意义,是由押韵、特殊的文法构造、文字的歧义、比喻、富于表意的音质,以及可以用散文概述简括的内容,合并起来的。所以即使是结构形式,也是意义构成的一部分,不可或缺。第三,既然文学作品中一切意义都在其语言文字中,则我们平时所说的作者的意思,其实就都是"作品中的作者",都是作品的语言文字带给我们的。而且这部作品中的作者与现实世界的作者也并不全然相等。因为符号跟它所指涉的事物之间的关系,并非天生而然,而是依使用符号那个社群中人共同的规定。正因为它们之间,不是实质的关联,是约定俗成的,所以,人能利用符号去观察、去讨论世界上实际并不存在的事务(至少在经验上不存在),例如鬼神、地狱,等等;也能受符号的限制,观察不到实际上明显存在的事物。故符号所构成的认识世界,不同于真实的世界。它的真实世界,就在符号系统所构筑的世界里;那当然会跟客观真实世界有关联,但不必,也不可能企求它们相等(详见该书《文学的形式》、《文学的形式与意义》)。

基于这种看法,我便要接着探讨文学语言之特性。此亦"本色论"中涉及的:诗当以反逆日常语言为其本色。我援用雅克慎(Roman Jakobson)的理论来说,诗歌语言即是一种表达诗功能(Poetic function)的语言。它整个语言行为集中在语言本身,设法使语言成为艺术品,而不只有指涉、抒情、感染、线路及后设语规等其他功能。这样一种语言,构成的基本原理,在于把"对等"当作组合语串的构成法则,使得诗歌语言在语音、文法、语意等层面,都带有隐喻和旁喻的性质,所以它也充满了丰富的模棱性(ambiguity)。换言之,诗歌"比物连类"的语言特征,是达成诗之艺术的重要关键。古人论诗之所以为诗,强调其比兴寄寓,就是这个道理。

但论诗语言而强调比兴含蓄,会碰到贬低"赋"体的情况,认为叙事、说理、议论均非文学语言之本分,而形成争论。如明谢肇淛《小草斋诗话》说:"王建、王涯宫词,借以叙事,遂伤本色。"王船山《姜斋诗话》说:"诗之不可以史为,若口与目之不相为代也。"这种诗语言特性的厘定,以及它在文学批评史上的相关争议,我于1985年写的《诗史观念的发展》、1986年写的《论本色》、1987年写的《论法》,均是处理这个问题。

而这个问题又带出了有关"比兴"的探讨。学界论比兴者多矣,但大抵集中于解释何谓比兴,或由诗人之比兴寄托去了解诗人心境。而未发现比兴象征之所以会令诗语充满了模棱性,是因为比象托喻之物与其所欲说明之意义之间,虽有关联,却毕竟不完全相等,故一个意义可以用好几种不同的象来表达,一个象也可以有许多种意义,这便是象征的模棱暧昧本质。令仁者见仁,智者见智。然而,象征固然是仁者见仁,知者见知的,但象征记号与意义,在一个文化中,无法辐射型开放;文化的强制力量,拉合了象与意,使得象特定地朝向某一类意义,而不朝向另一类意义。如此,自然就构成了文化及文学上的成规(cultural and literary conventions)。

这样的成规,具体表现在诗和易的象征体系中,据惠栋《易汉学》说:"荀九家逸象三十有一,载陆氏《释文》,朱子采入《本义》。虞仲翔传其家五世孟氏之学,八卦取象,十倍于九家。"(卷三)但这些象多半失传了。惠栋整理后,得三三一事,张惠言著《周易虞氏义》,又增加了一二五事,共得逸象四五六则。譬如乾,为王,为明君,为神,为大人、贤人、君、严、威、道、德、性、信、善、大、盈、好、利、清、治、龙……坤为臣、民、小人、鬼、母、下、恶、藏、耻、乱、怨、晦、夜、车、牛……离为女子、孕妇、恶人、刀、斧、鸟、瓶……凡此之类,后来方申撰《虞氏易象汇编》,续予补充,共得一二八七事,可谓洋洋巨观了。

把张惠言等人对虞氏易象的归纳,拿来跟乾隆中刊行的《诗学指南》相对照,便可以发现:《诗学指南》所收晚唐虚中撰《流类手鉴》及题贾岛所撰的《二南密旨》,也都是从六艺、风雅、正变,论到物象,例如残阳落日比乱国、百花比百僚、江湖喻国家、荆棘蜂蝶比小人等,共101则。大抵清人之说比兴者,都是依据这个易象所衍生的流类象喻系统来创作或诠释作品的。所以这个系统,也可以简单地视为我国诗歌的"公共象征体系"或"俗成暗码"。

如此论比兴,便是一种文化符号学式的讨论了,前此论比兴者均未触及于此。而我之所以能谈这些问题,则是本于我经学的工夫。

例如,说词的人都晓得常州派张惠言等人系以寄托说词的。可是谁能读张氏之书？谁知其论词手眼即本于其虞氏易学？他把《词选序》编在《周易虞氏义序》、《虞氏易礼序》、《虞氏易事序》、《周易郑荀义序》、《易义别录序》、《易纬略义序》之后,《丁小疋郑氏易注后定序》之前(见茗柯文二编卷上),当然不会没有用意。何况,常州学派又是讲今文学的。今文家说《春秋》,强调"义例",更是对文家论文有深远之影响。

公羊家认为《春秋》某些特定的修辞运用,如及、来、入、取、卒、薨、朝、会等字,都有特殊的意义,再配合时、月、日的书与不书、或详或略,就构成孔子笔削寓意的目的。这样的寓意系统,滥觞于汉晋。清中叶后,公羊学复兴,庄存与出,著《春秋正辞》,认为春秋"以辞成象,以象垂法",又开始讲义例,后来刘逢禄著《公羊何氏释例》更是集大成之作。所以常州派基本上就十分注重这个暗码系统,并要通过这个暗码系统,去说明"能说鸟兽之类者,非圣人所欲说也;圣人所欲说,在于说仁义而理之"(魏源《〈武进庄少宗伯遗书〉序》),无论解《春秋》、《论语》或诗词,均是如此。

言文学者,很少人通经学,故亦罕有人能知此义,更不能明白经学对文学批评的影响还不只在常州一派或象征符系统这一面。因为文学批评中有关修辞格例的讨论,大概均得诸经学。

汉儒曾从《春秋》的遣辞用字(所谓"书法")中,归纳整理出若干条原则,又称为凡例。据说有周公旧例和孔子的新例,如杜预所云:"(春秋)其发凡以言例,皆经国之常制、周公之垂法,仲尼从而修之,以成一经之通体。"故学者须观察书法,以明孔子进退褒贬之意;由书、不书、故书、不言、不称、书曰等处,观微言大义。这些条例,据何休《公羊解诂》序说有胡毋生条例,然其书已亡,《随书·经籍志》则还载有杜预《春秋释例》十卷、刘宴《春秋条例》十一卷、郑冢《春秋左氏传条例》九卷、不著撰人《春秋左氏传条例》二十五卷、何休《春秋公羊传条例》一卷等。

晋朝以后,晋人经义及南北朝义疏,除沿续了汉儒治经之法外,又受到佛典疏钞和僧徒讲论的影响,而有了开题和章段。所谓开题,也称为发题,这是在讲经时,由都讲先唱题,再由主讲的法师讲解题意,此外则为章门。章门,又称科分、章段,就是章节段落。晋唐义疏,如皇侃《论语义疏·学而第一》说:"论语是此书总名,学而为第一篇别目。中间讲说,多分科段矣……"《左传·序》疏说:"此序大略十有一段明义。"

这些体例,无不深刻影响到后来的说经习惯,也直接塑造了某些文学批评的模式。例如说经者推敲字辞书法以明仲尼褒贬之意,许多文评也是要"从文字上得作者之用心"。说经者具文饰说、敷畅文义,许多文评亦正是如此。明清流行之评点,在每书之前,例必有"凡例"或"读法"若干条,更是像极了经学家的条例。而晋唐义疏有开题,后来评点之书,开头除凡例之外,也必有释题,如金批《水浒》,序一是自道作书之意,序二就是开题。章段,更是重要。评点批评,都是先把一篇文章区分成几个段落,然后分析"章有章法,段有段法"。

不仅如此,我国第一部修辞专著,应推陈骙的《文则》。该书一开始就说明"大抵文士题命篇章,悉有所本,自孔子为书作序……"云云,表白了他之撰写归纳这些文章法则,根本上即是从经学传统生出来的。所以他所说的各种为文法则,如"六条"论文之助辞、倒装、字音、字义、病辞、疑辞、轻辞、重辞;"四条"论譬喻的十种方法与引证;"八条"论文的衔接、交错、记事、记言、问等……都是以六经立论。其所谓"条",亦即条例之意。这是我国第一部文话,其所分析之条例法则也与后世评点之伎俩关系最为密切。

1989年史墨卿先生主编《中国国学》，嘱我写稿，我即本此见解，说明我国文评中除了欣赏作者情志、知人论世者外，尚有一大堆评论是就作品之语文形式、章法结构、写作技巧、修辞技术等逐篇逐段逐句逐字分析的。这些批评文献，当然以评点最为著名，但并不限于评点，所以我将它称为"细部批评"，写成《细部批评导论》。所谓细部批评，是指它这种批评的态度，不同于对作品总体风格的概括描述，例如"清新庾开府、俊逸鲍参军"之类，而是就作品之字句、意象、声律、结构一一细究其美感经营之迹。有英国《精审季刊》(*Scrutiny*)所揭示之精神，及类似汤普森的《字里行间》(*Between the Lines*)的地方。在我之前，谈评点批评的人当然也多的是，可是说明其批评性质、探索其渊源与流变、分析它与形式批评新批评的异同，毕竟仍以此为嚆矢。

总之，论诗语言的特性、论比兴之功能与争议、论象征系统与文化符码、论辞例、论针对作品语文字句的细部分析，都属于我对文学作品"形"这方面的研究。

六、意义与结构

可是这些主要是结构形式的问题，关于意义与结构相配合的问题，则除了谈象征系统文化符码之外，我也希望能进行更多的研讨。而这方面，我主要是从小说着手。

1984年我与张火庆合著《中国小说史论丛》，由台湾学生书局出版。我在这本书里，主要想解决的一个问题就是：西方小说在发展中深受悲剧之影响,故小说艺术的构成,主要是以悲剧的叙述结构——情节(plot)为主。而中国小说,则因缺乏悲剧精神,所以也少有情节的因果律(causal relations)、缺少冲突(conflict),以致常被西方观点的批评者嗤为缀段式(episodic)结构。欲抬高中国小说地位者,又因无法说明中国小说的结构及其结构原则为何,而只能依此比附一番,硬用悲剧精神、情节、冲突等来解说中国小说。对于这个问题,我们该怎么办?

我认为一种文辞样式(verbal pattern)是伴随着它的意识内容而生的,西方小说的结构原则若是悲剧观,中国就是天命观。两种人生观不同,其结构形式遂亦相异。从唐人传奇来看,Manuel Komroff 在《长篇小说作法研究》一书中,曾分析小说组织可依其叙事内容分成几种图示:读者在小说开头即能察觉小说已发出命运的讯号,是图一,觉察点(point of recognition)和小说开端距离甚短。若故事进行甚久,才能发现一张命运之网已开始被编织起来,则是图二(那下降的曲线,表示命运一旦出现,人物生命情境便急远下坠殒灭了)。若是人物居然从注定要倒霉的故事叙述中,由命运圈上升,超脱出来,则它便将成为一种不自然、畸形、悖乎所有一致法则(rules of consistency)的图三。唐传奇中,《虬髯客传》显然是第二类结构图标,但生命情境似乎并未下降。《定婚店》更是在几乎酿成悲剧时转变为天命之前的一体同欢,由 Komroff 看来,这就像灰姑娘(cinderella)自杀一样不可能,可是传奇中却所在多有。不仅如此,西方小说的基本意念,多借情节中包含的"纠纷"(complication)来显示,唐传奇则多半不是如此。

我国长篇小说另有一种神话性结构,这种结构习见的模式是:开头以一个神话或寓言发端,结尾再以同样的神话或寓言联系并收束,《水浒》《红楼梦》《镜花缘》《儒林外史》莫不皆然。这场神话式传说的起讫,主要在于说明书中主人翁存在的根源,并指出他降生人世的主要目的。通常这些人物的一点通灵之性仍可与天命遥契,所以他虽懵懂来往于天命所预设的事件而不自知,却能恪遵未生以前既定的使命,因为他们本身通常就是天上的星座或神祇降临人世(包公是奎星下降,薛仁贵、薛丁山、罗焜是白虎星下降,《儒林外史》《三国演义》《水浒传》也都有星君降生的说法)。在天命的安排下,这些命中注定要聚合的人物,不断向一个中心点汇集,汇集后一齐朝某一目标或事件前进,又不断流散,而渐归于"空",结束。

《水浒传》108位得天命下降的魔君,遇洪而开以后,分散各地,齐奔梁山;《儒林外史》亦然,《外史》中所有良善有德的文人汇集南京,共祭泰伯祠;《镜花缘》也让所有女子在长安聚首;至于《红楼梦》的大观园更是如此。然而千丝万缕凑拢一处之后,随之而来的大抵是散离与幻空,所谓"飞鸟各投林,落了片白茫茫大地真干净"。

这些小说表现的都是人间活动场中的事物,与《封神演义》先乎人间秩序的型态不同。但天命似乎总借仪式来展示:《封神演义》是众仙不断往封神台会集,透过隆重的封神典礼,重构宇宙的秩序;《儒林外史》中大祭泰伯祠的仪式也饱含庄严的神乐精神;聚义梁山、天降石碣那一段更是惊心动魄,令人为天命之森严奥妙而惊动。只是《封神演义》没有既成人间秩序以后的叙述,所以也不会产生由天命看待人间时所激生的冷澈观照而已。

这些意见,分见《传统天命思想在中国小说里的运用》《唐传奇的性情与结构》《中国文学里神话与幻想的世界》《以哪吒为定位看封神演义的天命世界》等文,写于 1979—1983 年间。1985 年我还另写了《小说创作的美学基础》,其中第三节论结构与图式,举佛斯特所说钟漏型、长钟型,康洛甫所说顺命运下降型、命运向上型、滴漏型、圆型、横八字型、上升锯齿型等,与中国小说对照,并说明中国小说的特点。

这些文章,虽谈叙事结构之问题,但与结构主义和叙述学(narratology)并没什么关系。当时结构主义应用于中国文评正成为继新批评而后的流行。郑树森、张汉良、周英雄等人都颇致力于此。然而叙述学所关注的是叙事作品的普遍规律,亦即各成品中的抽象叙事结构(narrative structure),而非一本书一个作品的结构。而且这个抽象的结构又本于一种"普遍语法"的观念,正如托铎洛夫(Tzvetan Todorov)所说:"一切语言,甚至一切指示系统都具有同一种语法。这语法之所以带有普遍性,不仅因为它决定着世界上一切语言,且因它与世界本身的结构是相同的。"(《十日谈的语法》)我虽然也努力在中国各类小说中找寻它的结构原则,但一来我并不将此形式结构导入语法学的讨论;二来我也反对普遍语法,认为不仅语言不能完全同于世界,语言不能同于一切暗示系统,亦非一切语言均本于同一语法;三则我不是谈抽象的叙事结构,而是意义结构;四是我更想说明的,恰好不是普遍,而是有中国特色的思维与形式。因此,我的研究虽在局部个别问题之处理上,颇征引结构主义相关理论以资说明,但与结构主义其实甚不相同。

当时中文学界谈小说,一是延续胡适考证之风,搜版本,考作者,定时代,说源流;二是讲故事发展、主题赓衍;三是参考结构主义的做法,找出小说及民间故事之"情节单元";四是学外文系,用西方理论来解剖古代小说,大谈浪漫精神、悲剧意识、情节、冲突,或做小说人物之心理分析。凡此等等,均与我不契。

其中,考证学派,从形式分析这一路批评观点看,根本属于文学之外部研究,固无论矣。对作品进行内部研究,而说其情节安排与作品主题意识者,我亦多不以为然。论天命诸文,其实即与当时学界斗口之作。如论唐人传奇,主要是批评乐蘅军先生的见解,以为中国小说不能用西方命运与自由意志相冲突之观点去看。论天命思想,又反对新儒家式的人文主义主张,谓其知人而不知天。此外我也不同意使用源生于西方的文类特性,作为指标,在中国文学中找一些东西出来,说这些就是史诗,就是悲剧;亦不赞成将史诗、悲剧这类语词,由指形式和结构,扩大且转移至指其结构含意和哲理含意,因为那只会引发更多复义的争论,无裨实际。①

七、抒情的辩证

前面说过:在面对作品时,我们既认为一切意义都存在于其语文中,则作品中的作者与现实世界中的作者就会拉开一个距离,不会一样。画布上的苹果,终究不同于真正的那个苹果。

这个认识,也使得我在诠释作品时开始与情志批评分道扬镳。

在理论上说明这个道理的,当然是那本《文学散步》。实际上从作家与作品来看,就不能不谈到我的李商隐研究了。

李商隐是我最熟悉的诗人,读其诗如见其为人,对其生命型态与人格特质,不仅理解,抑且时有同体之感。但知人论世,把诗中所见

---

① 龚鹏程.诗史本色与妙悟.第二章　论诗史.台北:台湾学生书局,1986.

之李商隐放到唐朝那个时代中去看,怎么都不对劲。新旧《唐书》描述他是一个背恩负义、放利偷合的人。冯浩替他编年谱,强调他诗中颇多企望令狐绹之事。张尔田另编了一本年谱,生年即与冯谱不同。对李商隐与牛党、李党的关系也有不同的描写,例如说李商隐诗"沧海月明珠有泪"即感伤李德裕贬官客死于海南岛者。徐复观则认为李商隐仕途之不顺利,与令狐家无关,是受岳家王茂元家族压抑排挤的缘故。这些对他身世不同的勾勒,不唯令吾人难以辨识其面目,亦使得要理解他的诗格外困难,以致长久以来"诗家总爱西昆好,独恨无人作郑笺"。

我读李诗,韦编三绝,但越读越糊涂。博考史籍,参稽诸谱,久欲断其是非,还原历史的真相,而竟左支右绌,越来越找不着出路。在此中往复沉吟,回翔而思,先后十余年,才逐渐发现到那种"知人论世"、"细按行年,曲探心迹"的诠释方法是有问题的。

1987 年我赴东吴大学演讲,即谈到诗里的作者和实际的作者应分别来看。诗中叙述某事,未必即真有其事。唐人干谒,有"舍弟江南死,家兄塞北亡"之句,见者吊之,作诗的人却说这不过是求其对仗工整而已。友人渡也,在某年父亲节时发表一诗,哀悼父亡。母亲节,又有一诗伤祭其母。后又见他一诗,说他哥哥因车祸去世了。我甚惊悼,谓其不幸竟至于是,去电慰唁,才晓得原来只是借题目作诗,羌无其事。

换言之,作诗者,或就题敷陈,或依语文格式构撰,与事实是有距离的。李商隐自己就讲过:"南国妖姬,丛台妙伎,事虽涉于篇什,实不接于风流。"他丧偶后,府主柳仲郢要送女人给他解闷,他才明说:我在诗里虽常谈恋爱,在现实生活上可不见得如此。这不正是诗中之我不同于现实之我的具体例证吗？诗人作诗,事实上往往有此。因此,根据诗语所述,去编排年谱、勾稽生平,本来就不可靠；再以此生平去解说诗句,循环互证,殆如水中捞月。

颜昆阳后来在《李商隐诗笺释方法论》①中,对于"知人论世"这套方法也有很多反省,但是对李诗有"就题敷陈"、"依语文格式撰构"和"虚拟其事"的部分则较少论及。我于1989年写《无题诗论究》,于1987年写《论李商隐的樱桃诗：假拟、代言、戏谑诗体与抒情传统间的纠葛》,想处理的都是这些问题。

李商隐集中有些诗,如《百果嘲樱桃》、《樱桃答》,是樱果本来无言,作者拟为问答之辞。又有代作者,如《代魏宫私赠》、《代元城吴令暗为答》、《追代卢家人嘲堂内》、《代应》、《代越公房妓嘲徐公主》、《代贵公主》、《代赠二首》、《代应二首》、《代赠》、《饮席代官妓赠两从事》、《代董秀才欲扇》、《代秘书赠弘文馆诸校书》等。这些诗,光靠"诗言志缘情"、"吟咏情性"这一大原则来谈,是不行的。他这一批作品,事实上为我们提供了另一个新的思考点。

文学作品固然出自作者的创造,但作品本身,可以因其文字结构而自成一独立的世界。魏晋南北朝盛行的文体论,就显示了这个意义：每一文体,均有其特殊的语言格式与风格规定,如诗是"缘情而绮靡",赋得"体物而浏亮",碑就须"披文以相质"。不论作者是谁,作者之情如何,文体的规范是普遍而独立自存的。这样的规定,体现在实际创作活动中即拟古或效某人体。拟一作品或一诗人擅长之文体,不仅在构句方式、风格上与之接近,用意命思亦复拟似。此即所谓拟意。义山集中亦有此类作品,如《拟意》、《拟沈下贤》、《效长吉》等皆

---

① 颜昆阳.李商隐诗笺释方法论.台北：台湾学生书局,1991.

是。《河清与赵氏昆季宴集得拟杜工部》、《杜工部蜀中离席》应当也属这种拟效之作。凡此,都不必是抒自我之情,而常以拟似所效之人之意为惯例。故效长吉者,必然不会有杜甫式的情思;且既拟某人,自己便要假装是那个人在说话,才算合作。代作及假拟问答的原理也是如此。

过去我们论诗,对此都不注意,认为诗必须与作者人格遭际密切相关才有价值,若只是虚构文字,即成为文字游戏。这在强调主体性方面,当然是不错的。但文字本身的客观性不免被忽略了。我们常常忘了诗歌既已创作出来,与作者亦不必然有关,李商隐这几组假设代拟的谑嘲对问,显然更是有意识地利用语言的特性,以幻构出一些情境。不是用言志抒情之说即能解释的,所以各家笺注者碰到这些作品无不解得乱七八糟。

而义山传统的悲剧形象,也使得大家忽略了他喜欢开玩笑,特别是以文字开玩笑的事实。其实义山集中戏谑之作极多,如《饮席戏赠同舍》、《谑柳》、《题二首后重有戏赠任秀才》、《韩同年新居饯韩西迎家室戏赠》、《寄恼韩同年时韩住萧洞二首》、《徘谐》、《县中恼饮席》、《嘲桃》、《戏题枢言草阁三十二韵》等。这种嘲谑,源远流长,相传李白《饭颗山头逢杜甫》一绝即是。但所作不多,中晚唐期间,像杜牧集中就完全没有这类作品。义山戏谑成篇,肇引风气,晚唐及宋代诗家,遂多此体。此等诗,无当风雅,艺术价值不算太高,但对文人阶层内部的巩固,颇有强化之功。情形正如后来盛行之次韵、和作、限题、击钵一般(我后来亦以此观念去解释清朝台湾诗坛流行的击钵联吟、敲诗钟等风气)。因击钵联吟和敲诗钟,从抒情言志的角度看,正是文字游戏。①

循此线索,我们其实也可在"抒情传统"之外,再建构一条"文字传统"的脉络。这其中,一种是依文类的传统及规范而构作者,如乐府辞及拟意、拟古、拟某人体。义山无题诗,后来也成为这样的文类规范,凡作无题,不必有本事,不必有实际托指及情感,然皆循义山无题之辞藻命意来写作。这是文类的型塑作用使然,作者可以因写作这一文类而熟习其文体内部之规则,参与这一文学传统。一种是作者顺文字之结构而起造者,如赋得体、试帖、命题作文、八股。所谓"未作破头,文章由我;既作破题,我由文章"(《艺概·制义概》)。一般皆只知人作诗,不知作诗者亦须依循文字之结构,是诗作人。箭在弦上,不得不发,文字是会带着人走的。一开了端(如赋得、开题),便顺文起造,构一题目所规定之境。第三种是作者假拟为他人,依他作想,如说他人梦,借揣摩形容的想象工夫,曲写他人心事。如陶渊明《形影神》三诗,假拟为形、影、神相与应答;唐人之宫词闺怨,设身处地作思妇宫帏女子语;鲍照代郭小玉作诗、元稹代曲江老人,代笔代言;牛僧孺李义山设为古人或植物器物相酬答……皆代人作语者,类同戏剧。所谓类同戏剧,不仅指它们都有与戏剧相似的美学典型,非表现的,而是模拟的、表演的;更指它们共同具备了"戏"的性质,所谓文字游戏、戏拟、戏作、戏弄。面对这些作品,我们必须具有不同于情志批评的方法,否则是无法处理的。

倘如说抒情传统所对应或所显示的,是生命美学的型态,那么以上这些我所强调的,亦可概括为语言美学的范畴。

---

① 龚鹏程.台湾文学在台湾.第一章 台湾诗歌的童年.台北:台湾骆驼出版社,1997.

八、文化的关怀

打开这样一个美学面向，如今叙来，亦似平平无奇，实则多历艰难。不仅常在争辩的语言戈矛场中度过，亦有友谊师道人情之压力，挣脱情志批评典范尤为不易。而即使挣脱了，疆宇独开，亦四顾苍茫，苦乏赏音。

在这个时候，我其实非常羡慕俄国以迄布拉格的形式批评学派或美国的新批评学派，因为他们此呼彼喁，遂共同开启了一个时代，与我的情境大不相同。

但我亦不引彼为同调，我跟他们实又非常不同。在讨论细部批评时，我即对于当时把古人评点比拟于形式批评的风气颇不以为然，说明两者对作品的看法、对人性的哲学观点、对批评的功能，态度都不一样。唯一相似者，只是双方都强调文字，都努力评析作品的语言构造。但这种相似也是表面的。新批评在分析作品时，侧重文学的紧密性、暧昧性、复杂性，讲反讽，讲矛盾语；在情节与结构上，讲究"起—中—结"的集中于一个焦点的统一性，均与其悲剧传统有密切的关系。跟细部批评一般所惯用的"起—承—转—合"、"顿挫往复"之说，亦根本大异。细部批评游心于小的审美态度，更是山水画式的多焦点移动，与山水画所追求的浑灏流转之美一致，而远于新批评。一种批评方法或观点，终究不能不与它所产生的文化环境有关，从新批评与细部批评的比较上，我们即可发现这一点。

因此，形式批评所采取的，常是减法。不再理会作者与创作时代，只把作品视为独立自足的有机体，分析这一首诗一阕词之美感便罢。而分析之方法又是具有普遍性的，什么时代什么人都可以用这种客观普遍的方法，针对其语言构造进行分析。某些批评者并不太从事实际批评，只谈诗语言之普遍特征、叙述文之普遍结构，而后用之于各个作品的解析上去，这也是简约极了。

我讨论语言美，则重视时间因素，想说明历史上不同时期的人对语言美的掌握有何不同。因此，我的理论论述往往与我对中国文学批评史的勾勒混在一块，除了像《文学散步》那样的写法以外，几乎都是即事言理，并具有史学气味的。用结构批评的术语来说，我这种"历时性"而非"共时性"的研究，或许正是他们准备扬弃的。

我也不喜欢谈普遍性与抽象性，而喜言特殊性与具体性。不仅每个作家、每个时代不同，民族间也不一样。因此，文化的问题仍然是不能不考虑的。我一再申辩中国小说为何性质不同于西方、为何不适宜用悲剧精神来解释、为什么它的结构原理异于西方，又为何中国诗歌没有史诗，都是想说明语言结构是与思维、与文化有关的。

中国语言有其特性，不能以普遍语法概括之，讨论文学作品之语言结构时，亦应注意这些特性。早自《马氏文通》以来，汉语即有若干特性是大家都知道的，如词类区分方面，"泰西文字……无助字一门。助字者，华文所独，所以济夫动字不变之穷"；拉丁语法中也无介词，只有前置词，马建忠参考前置词之作用，列了介词一类。可是他也说："介字用法与外动字大较相似，故外动字有用如介字者；反是，而介字用如动字者亦有之。"在句法方面，《马氏文通》则说："大抵议论句读皆泛指，故无起词。此则华文所独也。泰西古今方言，凡句读未有无起词者。"这些语法特性，迩来研究愈多，愈觉明晰。我们不能说这些都是表面差异，汉语与泰西语言之深层结构仍是一样的。因为结构主义所相信的一些深层结构，如二元对立，在我看，汉语恰好就不如是。汉语的一个特点正是正反无别、同义反复。故哀矜之矜，即骄矜之矜；薄既是少又是多（如磅礴、薄海腾欢）；止既是停止又是走（《论语·先进》："以道事君，不可则止。"止即趾，行走之意）；离既是分开又是碰到（如罹字，故应劭班固颜师古解"离骚"为遭忧，离即遭）；鲲既是小鱼卵又是其大不知几千里的大鱼；易既是变易又是不易；豫既是悦又是厌（《尔雅·释诂》："豫，厌也"）；厌既是讨厌又是满意（犹如餍），殆均如庄子所云"假于异物，托于同体，反复终始，不知端倪"（《大宗师》），二元是对立不起来的。只有正视这些特性并关联于思维与文化，语文的分析才能比较准确。

此外，形式批评不重视作者，以为作者原意不可求，也不必求。我同意原意不可知，但作者仍是不能忽视的，因他终究是那个语文构造物的造物者。同一造物者所造之物，大抵有其相似性，此即可见性气、偏好与技艺短长。《文心雕龙》说从文章上可以考知作者"为文之用心"，一点也不错。以我之心，知彼之用心，则文学批评活动事实上仍是一"心心相印"之过程，亦不能是纯属客观之行为，此所以语言美学最终仍要回转到与情志相结合的地方去讨论之故。

人文美学的处境

一、人文美学的路向

(一)台湾美学的特色

台湾的美学发展,自成脉络,是延续着王国维、蔡元培、朱光潜等早期美学研究而来的。朱光潜先生早年钻研心理学美学,对变态心理学、审美心理学讨论较多,又译介克罗齐论审美直觉的论著。因此蔡仪批评他是唯心论的美学,另著《新美学》以表反对。可是蔡氏唯物气息浓厚的美学理论,在台湾并没有市场,反而是朱光潜的著作,通过开明书店、正中书局而流通弗辍。克罗齐之书甚至还出现王济昌的重译本。在台湾,凡讨论美学者,几乎都通读过这类书籍。

不只蔡仪,其他唯物主义美学之命运也是如此,例如胡秋原于

1928年发表《革命文学问题——对于革命文学的一点商榷》，反对把文学当作阶级的武器与革命的宣传，而主张自由创造地表现人生。其后即本此意，以普列汉诺夫的理论为中心，于1930年完成《唯物史观艺术论》，宣扬自由的马克思主义。依普列汉诺夫的看法，艺术起于实用之需要，人的物质生活条件决定了美之形成与认知，故艺术的产生是由社会生产力和生产关系所决定的，是一种社会现象；在社会里的阶级斗争，遂又决定了艺术的演化。据此，普列汉诺夫声称他所建立的，是"科学的美学"，并强调"真正科学的，所以才是政论性的"。胡秋原运用了普列汉诺夫的这些观念，但他把科学之所以会变成政论，解释为客观性的力量；关于艺术之本质，也只注意到普列汉诺夫所指称的艺术是借形象思索，是人生之反映与再现，其形式必与思想配合等命题，而不太强调阶级斗争，认为艺术是人与人间精神结合的手段之一，对于唯物史观"夸张曲解"之处，亦有批评。故其着眼点与"左翼"或俄共迥然不同。虽然如此，其说在台湾也没有发展。

在台湾，科学性的心理学美学则是虽有延续却无发展。因为我们从审美心理、审美意识，很快地便谈到心灵的内涵与层次问题，心理学美学遂开展为生命美学。除了对王国维的境界说，及其以生命悲剧意识探讨《红楼梦》之美学路向，给予高度肯定外，方东美、唐君毅、徐复观、牟宗三等人也都各自展开其生命美学之论述。通贯中国儒家、道家甚至佛教之义理，或强调真善美统合人格的实现才是美学的终局；或认为应从人格把握艺术精神之主体；或主张美感经验当以价值追求为目的，重在生命意义的了解。波澜壮阔，影响深远。

另外，对于艺术形式、艺术品的美学讨论，台湾也较缺乏。在书法界有王壮为、史紫忱等人试图建构书法美学的体系，美术界则有现代画的论争。其后因形式主义、新批评一系列思潮输入台湾,在文学理论研究方面,刺激了语言美学的发展,如黄永武对中国诗学的建构、王梦鸥对文学美的探索,乃至结构主义、符号学的流行,也延伸到对电影等视觉艺术、音乐等听觉艺术的研究,涉及的层面亦十分宽广。但总体说来,不及生命美学部分抢眼,且多属应用,理论之开展较少。

这样的发展,自具特色。其特色所在,让我通过两方面对比来做说明:一是与西方的对比,二是与中国大陆的对比。

对比于西方美学传统,中国向来在自然美与艺术美之外,格外重视人文美的向度。这个向度的思考,早于也更高于其他。例如先秦时代孟子谈"充实之谓美"、荀子谈"习俗美",就都属于人文美的探讨,而一偏于个体生命的充实完美,一偏于人文世界风俗之淳美。前者开生命美学之路,后者则为文化美学。有关自然美的讨论,反而要迟到魏晋才渐渐成形,"风景"一词的出现、山水文学美感世界的奠定,正是魏晋美学的主要内容。《文赋》、《洞箫赋》以降,针对艺术品构成原理及审美活动所做的探讨,才逐渐建立起有关艺术美的研析传统。但与此同时,人文美并未被取代,而是融入自然美与艺术美的探究中。艺术美的极致表现,往往被认为应即同时是人格美的展现;山水自然的审美观览,也体现了审美者的人格心理。这种特质,恐怕已成为最具中国特色且不易以西方美学理论格局来笼罩的部分。

魏晋南北朝以迄隋唐两宋,是对自然美与艺术美之探讨卓然有成的时代,然而人文美之思考不仅渗入其中,更逐渐发展成生命美学、文学美学之外另一个"生活美学"的角度。经由文人生活,诸如赏花、品茗、饮酒、评文、论画、玩石、下棋、闲居、游园、听雨、度曲、观戏……的提倡、反省、咀嚼,至明代乃出现大量讨论"燕闲清赏"的文献,希望能把日常家居经营成为一种有美感、有品位的生活。

生命美学、文化美学、生活美学,正是中国美学的核心部分,且与中国人对自然美、艺术美的探求相通贯。未来中国美学的研究,要在西方美学体系之外,开展一个足资对照的格局,仍应循此恢拓之。中国台湾过去的美学研究史,其实已从一个特殊的角度说明了这一点。

与中国大陆美学的发展相比,则中国大陆在20世纪80年代中期以后的美学热,原本即是"文革"时期长期禁遏美学研究的反弹,也是对其学术环境不满而激生的。除了翻译西方论著之功不容抹杀以外,可以称道的,主要是走出了一个"人学美学"的方向。而正在这一点上,中国台湾的美学比中国大陆走得要快一些。

张涵主编《中国当代美学》曾总结中国大陆20世纪80年代的美学发展,说:"在当代,真正的美学便是人学,真正的人学便是美学……在理论上,就宏观而言,将是人类生态美学或人类战略美学的诞生。就微观而言,将是人类人格学美学或人类主体性美学的诞生。而在实践上,将是新人或新的人类之诞生。"[1]

为什么人学即美学、美学即人学呢?中国大陆的美学研究,在20世纪50年代主要是依马克思"存在决定意识"、"物质第一性"、"意识第二性"等而展开的。其中无论是主张美为客观、美为客观性与社会性的统一,重点都在物而不在人。1979年马克思《巴黎手稿》发行以后,美学领域才开始展开对人性论、人道主义、自然的人化、人的本质力量对象化等观念的广泛讨论。见物不见人的美学,乃逐渐形成以人之主体性为基准的美学思考。"随着论辩和研究的深入,人们越来

---

[1] 张涵,主编.中国当代美学.郑州:河南人民出版社,1990.

越明确地认识到：美的本质之谜，必须到人的本质中去求解。对客体的审美属性的揭示，离不开对主体的审美体验的把握。美学实质上是一门真正的'人学'或'人类学'。"

相较于中国大陆迟至 20 世纪 80 年代后期才发展出的这个新走向，中国台湾则在 20 世纪 50 年代、60 年代就已大有成绩了。

如唐君毅先生主张美学之终局，即在于"以善为主导的真善美俱现的统合人格之实现"。牟宗三先生主张康德第三批判仍未能穷尽美学之奥，必须把美学提举到与道德人格合一处论之，才是美学真正的完成。徐复观先生主张中国艺术精神即在于从人格把握艺术精神之主体，为人生而艺术，才是中国艺术之正统。高友工先生主张文学与艺术是整个人文教育的核心，美感经验则是以价值追求为目的，重在生命意义的了解。柯庆明先生主张文学之所以不同于其他的语言作品，正因它是一种生命意识之呈现，是基于情境的感受而对生命进行反省之所得。方东美主张客观世界之美必须以生命主体为基础，乃能有美的意义产生，只有客观世界不能构成任何美，而且生命与艺术原是合一的……

诸如此类，在整个台湾美学发展中当然只占一部分，但这个部分一方面可与大陆美学的发展相印证；另一方面可与西方美学相比较，呈现出东方美学的特色来，当然值得格外关注。

（二）与西方美学的关联

强调人文美学，固然使台湾美学的发展得以上接中国美学大传统，却也影响到我们对西方美学思潮的引进与融摄。

朱立元主编的《现代西方美学史》曾将现代西方美学主潮概归为"人本主义美学"与"科学主义美学"两大系统。[①] 我们若借用他的分析归类,那么,我们似乎也可以说:在台湾较为流行或讨论较多的西方美学思想,大抵都属于人本主义的系统。

例如克罗齐、科林伍德,都是主张艺术即直觉、即表现的,一般称他们为表现主义美学,其书在台译介流传不衰。其次,在心理学美学方面,虽然没有太多进展,但李普斯倡导的"移情说"、布洛的"心理距离说"、闵斯特堡的"艺术孤立说",均为美学论者耳熟能详之基本常识。而精神分析美学的一些主要观念,如弗洛伊德的潜意识说、荣格的集体意识说等,也被广泛运用到文学艺术的解析上去。此派学说在台湾心理学界并非主流,但在文学艺术界有迥然不同的地位,显然是由于美学探究者较为重视主体内部深沉复杂的因素使然。

现象学美学及存在主义美学之受重视,也是如此。自徐复观起,论者便经常援引现象学来处理中国美学、发掘中国艺术精神。除了叶维廉这种融摄其理论以进行中国道家美学的重构者外,直接译介讨论者也不少。存在主义更是对台湾20世纪50年代、60年代之艺术发展与社会美感态度,产生过巨大的影响。

还有一个强大的传统,即德意志观念论美学。黑格尔、康德的美学,甚至成为许多人对于"美学"这门学科的基本认知模型。新康德学派的卡西勒,也颇受青睐,其《论人》亦有两种译本。

20世纪80年代以后,法兰克福学派的美学,以及诠释学、接受美学等,在台湾地区亦均曾获得知音,推阐其说者,不乏其人。

另一支美学路向,所谓科学主义美学,当然也并非无所发皇。自

---

① 朱立元,主编.现代西方美学史.上海:上海文艺出版社,1996。

然主义美学的代表人物桑塔耶那,《美感》一书早有译本;实用主义美学的杜威《艺术即经验》也有刘文潭等人的介绍。瑞恰兹语义学美学上的一些观念,则和"新批评"做了有趣的结合。结构主义美学,更是顺着新批评、形式批评、结构主义这样的脉络而广受瞩目。

只不过整体看来,偏于科学的这一路确实不如偏于人文的那一路受重视。桑塔耶那的后继者,托马斯·门罗所主张的"科学的美学",宣称美学应在特定意义上成为自然科学;或顺着语义学美学而发展出来的"分析美学",乃至"实验美学",在台湾都缺乏同好,译介与讨论均极稀少。结构主义在台湾的发展,也与它在欧洲的情况不同。在欧洲,结构主义企图运用自然科学的方法达到人文学科的科学化。但在台湾只成为形式批评的一个余波,且迅速联结到符号学、诠释学,或过渡到解构主义、后现代理论去了。

这当然也可以说是一个缺点。可是我觉得它又不见得真是一个缺点,因为这种特殊的融摄西方美学之态度,其实颇具意义。怎么说呢?

整个西方体系美学,虽说渊源久远,但毕竟是启蒙运动时代的产物,充满了启蒙时代主智主义的精神。这从他们纷纷号称自己是"科学的"便可以窥知。然而,就大的方面来说,理性思维的主导性、启蒙运动的精神,现今都已遭到挑战与质疑,例如马克斯·霍克海默(Max Horkheimer)在《启蒙运动的辩证法》、《理性的蚀损》、《工具理性之批判》等书中,即一再指斥西方人的理性思维控制、异化了世界的罪恶,认为"启蒙运动的纲领,使世界原始的魅力丧失了⋯⋯对启蒙运动来说,凡不符合数理计算与功利原则的都被怀疑⋯⋯启蒙运动对待万物,就像独裁者对待人一样。他只知道他们被制用的层面。思维本身也物化而成为一个自身具足、自动的过程,是机器的一种非人化……数理的程序变成了思维的仪规"。而通过这样的思维仪规，启蒙运动者显然也企图将人类最深邃复杂的美感活动表述成理性思维的逻辑程序，故卡西勒才会说"十七、十八世纪美学之发展与数学之发展"有明显的类似点，古典美学追考美之普遍律则，完全以数学为榜样而形成。后来主观美学兴起，虽将美感思维明确地与理性思维分了开来，但其目的也只在于：避免将艺术视为随意的举动，而是要找出审美意识的特殊律则，将美之研究成为科学的探索。德国古典美学更是深受莱布尼兹"成体系的精神"（Systematic Spirit）之影响，"美学家并不想把想象从逻辑的支配下解放出来，反之，他们还想找出一套想象之逻辑"，康德美学便是其中最典型的代表。这条脉络的发展固然缤纷多姿，辨析微芒，但杜必菲说得好：

> 目前这个时代，我们开始自问：某些地方，我们西方人是不是应该向原始素人学习？……西方人相信他们的思想适合于完美地认知事物，他们深信那些理性的原则尤其逻辑的筑构是很好的事。原始素人对于理性与逻辑，宁愿抱着非肯定的态度，而情愿由别种途径来理解世界……令人觉得奇怪的是：几个世纪以来（而今日尤甚）西方人一直在争论什么是美什么是丑……对于这种莫衷一是的说法之解释，是对于无可否认的美之存在，许多人视而不见。美的体认需要特殊的感性，而许多人阙如。

美学发展迄今，其为一严格精密之科学，已大致可期，但美感呢？这种美学，基本上是抽离了美感的美学，所以杜必菲才呼吁大家转从原始素人的感性中去开发美与艺术。我们引述他的言论，意不在废弃既有的美学研究成果与道路,而是期望在理性与感性的争执中,重新体察美学研究对象之殊异性,发展出非逻辑科学性格的美学;从头回到方法论的思索上,省察以科学方法研究美的可能性与适用性。这样才有可能开拓出新的领域,突破美学既有内在的疑难。而台湾美学的发展,也即在这个脉络下,具有特殊的意义。

也就是说,看起来仿佛是缺点者,细思实非缺点;反之,那看起来好像是优点的长处(也就是台湾对人文美学的强调这方面),也许不见得就真的那么好,其中还是包含了不少问题。

让我从人文主义这个角度来分析。

二、人文艺术的失落

(一)人文主义与艺术

西方自文艺复兴以后,均把人文主义(humanism)之传统上溯于古希腊,认为人文精神或思想与希腊城邦政治的公民社会有关。是经由当时自由艺术(liberal arts)教育所培养出来的个人"涵养"和"见识"。而此一思想与精神又往下延伸,一直影响到近代西方社会。因此,人文主义可说是西方学术文化的主流。[①]。

这种讲法,就像讲民主思想与政治的人,老是把现在民主制度及思想之源头推溯至希腊雅典城邦一样。其实是以历史诠释去重构古

---

① 周梁楷.西方人文主义传统·序//Alan Bullock.西方人文主义传统.董乐山,译.台北:究竟出版社,2000.

史,以作为当代行动之依据罢了。雅典等城邦所实施的所谓民主制,与现今之民主制度大异其趣。起码"公民权"的观念及实际运作,便大大不同。一个拥有数倍于公民的奴隶之城邦,其所谓民主,实乃贵族统治而已。同理,人文主义强调要在各种自然、超自然、宗教力量之外,彰显人本身的地位与价值。可是古希腊的宗教占什么位置?当时人的价值与地位能与文艺复兴、启蒙运动之后人的地位相提并论吗?人文主义者所尊重的"人",在古希腊时期也与现代指涉不同,至少奴隶是不被视为人的。而一个把大部分人都非人化的社会,又岂能称为人文主义?

约翰·G.冈内尔《政治理论:传统与阐释》一书即曾指出:所谓传统,其实只是一套虚构的神话,是史家基于处理他自己这个社会所面临之问题、重新评价其当代事物而建构的一套说辞。它假设在历史庞杂纷纭的事相中,存在着一个足以统摄诸多事物,而且是一脉相传,并有逐渐发展过程的传统存在。且这个传统,对当代事物与思想也有着因果意义。[①] 文艺复兴时期的论者,正是为了处理当时社会所面临的问题,所以才借由诠释希腊史,发掘人文精神,来重新评价当代事务,推动改革。于是,一个由古希腊时期便已发扬辉煌的人文精神"传统",乃因此而被建构起来;而且它还不断发展延伸,成为一个贯穿在历史诸多时代与事物中的传统。

也就是说,人文主义或人文精神,不见得是西方文化的传统,却是文艺复兴时期所揭橥的价值及所追求之目标。

对文艺复兴的研究,汗牛充栋。本文也无意全面评析这个时代,只想指出:在一个提倡、揭举人文主义大纛的时代,美学与艺术在其

[①] John·G. Gunnel. 政治理论:传统与阐释. 王小山,译. 岳麟章,校. 杭州:浙江人民出版社,1988.

中所占的位置。

文艺复兴时期，天文学、数学、物理学、化学等各门科学都有突破性的进展。化学从炼金术蜕变为现代性的实验与分析；天文学由占星术或上帝中心观蜕变到哥白尼、伽利略、牛顿的时代；医学也由巫术而发现了细菌、血液循环，开始建设成一门专业；印刷术则助长了知识的交流、普及与提升。这些，每一项几乎都改写了历史，影响后世至为深远。

但是，人们谈起文艺复兴，立刻联想到的，恐怕不是维赛利亚斯（Andreas Vesalius，1514－1564）那几千张的肌肉、骨骼、内脏解剖图，不是温度计、望远镜的发明，不是鼓风炉、眼镜、时钟之改良……而是那些绘画与雕刻，以及恢复古典型式的建筑。

中世纪的绘画甚为呆板、平面化，雕刻也以浮雕为主，用以装饰墙壁与石器，而其精神则全是宗教的，目的是用以表现宗教情操。文艺复兴时期才以写实的方法来表现人与自然的关系，强调个人的感情。米开朗基罗等人以健壮、动态、变化多端的人体，为新时代的人造型。虽然可能也是装饰教堂，题材也可能仍取自《圣经》故事，但其中充溢着人的感情与生命力，与中古时期神压倒了人的情况截然不同。

其中，达·芬奇的人体，是由对真实体格骨骼之解剖研究得来的。拉斐尔画的《雅典学院》等画，更表现出理性的秩序之美，每一个人物均有其个性，有其独立之价值，又与其他人在画面上构成整体的联结。这些艺术，比那时的哲学与科学，更具体、更形象地以文艺复兴之人文主义面貌示人，使"人的价值"、"人的尊严"等理念默会于耳目濡染之顷。

因此,虽然 Alan Bullock《西方人文主义传统》一书对"大多数人都很容易把人文主义与文艺复兴时期的艺术视为同一件事。而不把它和当时的思想或文学看成是一件事"感到不满,要强调当时有些艺术跟人文主义关联并不太大。[①] 但谁也不能否认,艺术仍是文艺复兴时期最耀眼的成就,也最足以代表那个时代。

(二)由文艺环境观察

文艺复兴,是许久前的事了。但从 20 世纪初叶起,中国知识界就一直有人试图模仿这个时代,发起一场社会文化革命。胡适、梁启超都使用过这个词汇与观念。五四新文化运动,也屡屡被比拟为中国的文艺复兴运动。

如此比喻,当然甚为不妥。西方文艺复兴,是要复兴中古基督教化以前的古文明,中国文艺复兴则动辄以打倒传统文化为宗旨,两者显然异趣。但论者喜欢使用这个词汇,喜欢做此比喻,显示了一种企图在中国发扬人文主义精神的态度。因此,他们反对宗教迷信,提倡科学理性,强调摆脱权威,要自主发声,申张自我意识,重视人在宇宙自然中的主体地位。

顺此而为,民国以来的人文主义传统,确也有不少建树,对社会产生许多具体影响,在思想上尤其成果丰硕。许多人都自称是人文主义者,"发扬人文精神"更是大家挂在唇边的口头禅,包括当代新儒学学者对儒、道、释三教的诠释,天主教界对中国文化传统的重新认

---

① Alan Bullock. 西方人文主义传统·序. 董乐山,译. 台北:究竟出版社,2000:62.

定,也都是人文主义式的。①

但是,中国人文主义与文艺复兴时期的人文主义,实有绝大的不同。旁的姑且勿论,单就艺术来说。文艺复兴时期之人文精神,体现且弥漫于其艺术中,中国之人文主义则与艺术甚不相干。除了蔡元培曾提倡"以美育代宗教"之外,倡言人文精神者大多以思想辨析为主,甚少措意于艺术。艺术、美育,既未能成为新时代之宗教,更连在教育体系中占一地位都极为困难。一般知识分子,即使是标榜人文精神者,在其人文素养之培育陶成阶段,通常也无与于艺术;即便成为一名知识分子后,大抵也没有什么审美能力及艺术知识。整个社会,发扬着文艺复兴以来所强调的科学与理性,而对艺术却漠不关心。

依据台湾教育主管部门 1990 学年度的统计,台湾大专院校学生 1,187,225 人,博士于 1989 学年度毕业者多达 1,463 人,艺术类却是 0。硕士毕业者多达 20,752 人,艺术类亦仅 428 人而已。而且所有大专院校学生中,艺术类合计也只有 24,791 人,人文学科部分则全部仅 9 万人,而仅只工程类科就高达 30 万人,商业科也有 28 万人(详见下表):

表一:学生学科分类统计表(1989 学年度毕业生)

学科分类	总计			博士		硕士		学士		二专		三专		五专	
	计	男	女	男	女	男	女	男	女	男	女	男	女	男	女
教育	10323	2800	7523	47	30	568	701	2185	5741	0	1051	0	0	0	0
艺术	5778	1292	4486	0	0	191	237	619	1656	414	2079	0	0	68	514
人文	13573	3453	10120	77	72	276	568	2190	7397	458	40	0	0	452	2043
经济、社会、心理	29257	2964	26293	81	27	647	578	2225	3537	11	22151	0	0	0	0

---

① 详见:龚鹏程.当代儒学与基督宗教的会通.台湾南华大学学思年报,1998,140:159.

续表

学科分类	总计			博士		硕士		学士		二专		三专		五专	
	计	男	女	男	女	男	女	男	女	男	女	男	女	男	女
商业及管理	40423	17732	22691	62	32	2016	1184	9310	16028	4526	0	0	0	1818	5447
法律	2025	1094	931	4	3	122	78	968	850	0	0	0	0	0	0
自然科学	11655	3711	7944	108	36	1099	539	2466	1218	6	6127	0	0	32	24
数学、电算机	22489	11490	10999	98	9	1438	341	6268	3213	2914	6696	0	0	772	740
医学卫生	18478	5872	12606	81	58	610	714	3259	6573	1309	27	0	0	613	5234
工业技艺	6257	420	6107	0	0	18	0	168	85	234	6022	0	0	0	0
工程	74672	67388	7284	509	12	6062	706	23220	3367	26013	428	0	0	11584	2771
建筑、都市规划	4083	2661	1422	5	6	365	112	1403	587	632	629	0	0	256	88
农林渔牧	11553	3131	8422	65	25	483	327	1482	1718	722	5822	0	0	379	530
家政	4796	925	3871	1	0	24	79	545	2844	289	512	0	0	66	436
运输通信	3827	1350	2477	3	1	141	56	610	353	419	1878	0	0	177	189
观光服务	2104	1079	1025	0	0	13	15	308	768	700	99	0	0	58	143
大众传播	3099	1061	2038	1	1	57	140	965	1897	38	0	0	0	0	0
体育、其他	1987	1174	813	6	3	142	105	900	597	0	0	0	0	126	108
大专院校计	403523	129599	273924	1148	315	14272	6480	59091	58339	38685	53561	2	0	16401	18267

表二:学生学科分类统计表(1990学年度毕业生)

学科分类	总计			博士		硕士		学士		二专		三专		五专	
	计	男	女	男	女	男	女	男	女	男	女	男	女	男	女
教育	40337	13233	27104	468	364	4163	5525	8602	21215	0	0	0	0	0	0
艺术	24791	7990	16801	33	30	1111	1683	4955	10735	1597	2108	0	0	294	2245
人文	164491	23398	141093	593	679	1953	4206	15210	44852	2656	7738	0	0	2986	13071
经济、社会心理	37476	15519	21957	573	274	3587	3053	11352	18589	7	41	0	0	0	0
商业及管理	102835	91907	10928	818	509	8846	4948	56040	103471	17090	50378	0	0	9113	26817
法律	12203	6739	5464	107	29	1135	569	5474	4839	0	0	0	0	23	27
自然科学	27308	19285	8023	1280	350	3680	1770	14297	5875	0	0	0	0	28	28
数学、电算机	106439	65687	40752	1147	155	5634	1375	41141	19107	11687	14870	0	0	6078	5245
医学卫生	119202	31059	88143	957	538	2095	2582	20993	35708	3458	17812	0	0	3556	31503
工业技艺	2327	1808	519	0	0	121	6	1004	495	683	18	0	0	0	0
工程	303003	263885	39118	5306	364	18195	1955	125113	17814	61351	10093	0	0	53920	8892
建筑、都市规划	18128	12262	5866	204	42	1470	468	7071	3656	2221	1153	0	0	1296	547
农林渔牧	27027	13825	13202	631	220	1682	1245	8605	8698	1411	1079	0	0	1496	1942
家政	39049	4121	34928	7	15	136	478	2858	20337	801	12185	0	0	319	1913
运输通信	10583	6597	3986	78	20	661	180	3368	2042	1822	1145	0	0	668	599
观光服务	20339	6328	14011	0	0	115	147	2773	7362	3042	5345	0	0	398	1157
大众传播	16899	5793	11106	26	32	415	684	5153	9967	199	423	0	0	0	0
体育、其他	10158	6415	3743	97	16	898	480	5276	3124	0	0	0	0	144	123
大专院校计	1187225	595851	591374	12325	3637	55897	31354	339285	337886	108025	124388	0	0	80319	94109

从这些数据来看，就可知人文及艺术在整个教育体系中居何等弱势之地位。高等教育如此，中等及小学教育更是如此。中等学校中，音乐、美术等课，常被挪用来教英、数、理、化，几乎完全失去了作用。小学阶段的艺术教育，也仅属于美劳、唱游层次。部分家庭，以"才艺培养"的方式，让孩童学琴、画画，稍长则弃之，以免妨碍了功课。故艺术向来不曾成为我国知识阶层必备的人文素养。在知识界，艺术之研究、教学、人才的养成，也从来不是众所关注之问题，否则何至于在教育领域中如此弱势？人文学科的情况，亦复如此，不必赘述了。

故而整个知识界的构成原理，在知识、理性、认知，而非审美。这与整个人文主义精神是背离的。在文艺复兴时期所理解与描述的希腊人文主义教育中，至少有以下几点跟我们现在的教育颇为不同：一、人文主义教育强调以教育来塑造人类个性的发展；二、教育的内容，以语法、修辞、逻辑、算术、几何、天文、音乐为主，且须予以统整；三、提供书本以外进行教学和讨论的技巧及能力。相对于第一点，晚清民国以来的教育皆强调以教育来富国强兵或提高个人政经地位。相对于第二点，教育越来越不重视此类基本能力与涵养，所有这些科系都没有人要读，读了也没有"出路"（即利禄之途），而以实用技术及知识为主。且教育仅志在训练一技之长的专家，不重视统整，也仅偏于知识。音乐等美学素养，更不在考虑之列。相对于第三点，我们的教育概以书本知识为主，记诵之，演练之，考试之。书本以外，如何与人相处、沟通、理性交谈论辩之能力，付诸阙如。

由此可见，五四运动以来，我们虽然喜欢谈人文精神、企图效法文艺复兴，但整个教育方向及内涵，悖离了人文精神，以致于由此教育体制培养出来的国民也都普遍不具备人文精神和人文素养。

(三)由艺坛内部观察

再把视野缩小到艺坛内部来看。台湾艺术创作及教育,是现在的西式体系。音乐、美术等均是,稍辅以中小学书法写字训练及大学中美术科系的水墨画教育而已。这些,大抵也与人文精神无大关联。

书画的文人精神,事实上只是模仿、貌袭。因为整个文人传统,到现代业已断绝了。故溥心畬先生逝世时,周弃子先生便悼以文曰:"中国文人画的最后一笔。"嗣后画师辈出,固然各有艺业,文人画的精神也不断有人提倡,但是最多只能说该传统仍不绝如缕,尚未死绝罢了。借由书画来彰显人文精神,体现文人传统,实在是做不到的。

现代美术部分,则基本上是另一个方向的模拟。日据时期的台湾,透过日本,模仿西方,出现印象写生时期。光复以后,受美国影响,则有抽象表现时期。20世纪70年代以后,乡土写实风行一时。"解严"以后,则以前卫为标榜。1991年,倪再沁曾以《西方美术,台湾制造》一文批评过这样的历程,引起甚大回响,相关论战文字达25篇以上。据叶玉静《台湾美术中的台湾意识》的归纳分析,论战两派之不同,肇因于对西洋文化的现代主义有不同的认知。本土论者认为台湾执迷的是西洋现代的尾巴,而西画派则以为现代主义是进步智化的源头。倪再沁、林惺岳等人怀疑西洋艺术在台湾的适用性与存活率。倪再沁以西方文化"反生命现象"的病征,质疑西洋美术中的"变"与"颠覆",将使艺术与生活严重脱节。林惺岳则从"求新求变"的观点,解读西洋美术已由美感直觉蜕变为脑力激荡的偏差异象。且谓:由于历史因素造成台湾美术体质中非自主性的模仿与无选择的接纳,使得台湾美术难有独立面目。尤其是 1980 年以降,因信息狂潮与留学生回流,更是以西洋前卫的"渣",作为解放本土的"汁"。

相反,陈传兴、陈瑞文等人,坚信台湾美术要步上世界舞台,必须掌控最新理论信息,以展现与国际同步的思维。是故,掌握现代主义与后现代理论的精髓,才有可能使台湾美术脱胎换骨;反之,对现代主义的敌视与无知,就成为反智、反进步的"原初奴性反抗"。同时认为台湾的反现代主义传统中(文化、文学、艺术),根本没有对现代主义的认知基础与涵纳意愿。①

---

① 叶玉静.台湾美术中的台湾意识.台北:雄狮美术出版社,1994.相关文章如下表:

时间	作者	篇名	期号	栏目	编辑
1991.4	倪再沁	《西方美术,台湾制造》	242	美术评论特辑	王福东(主编)
1991.5	郭少宗	《两极化与候鸟行艺术》	243	冷眼横批	王福东(主编)
1991.5	杨智富	《翻书 盖书》	243	纯情派	王福东(主编)
1991.6	倪再沁	《艺评难为,期待美术评论的蓝波》	244	响应与挑战	王福东(主编)
1991.6	刘文三	《如何发展台湾观点》	244	响应与挑战	王福东(主编)
1991.6	李安国	《批判的反思》	244	响应与挑战	王福东(主编)
1991.6	郑水萍	《台湾美术史研究中的陷阱》	244	响应与挑战	王福东(主编)
1991.6	王文平	《激情过后的省思》	244	响应与挑战	王福东(主编)
1991.7	倪再沁	《艺评不可为,期待美术的导师》	245	响应与挑战	王福东(主编)
1991.7	陈锦芳	《拥抱故乡,分享乡情》	245	响应与挑战	王福东(主编)
1991.7	陈瑞文	《台文化与本土文化所出的片段思考》	245	响应与挑战	王福东(主编)
1991.7	王修功	《美术史实不容歪曲》	245	响应与挑战	王福东(主编)
1991.7	施井锡	《粪落池塘,惊动满天星斗》	245	响应与挑战	王福东(主编)
1991.8	倪再沁	《艺评再见,期待专业艺评时代来临》	246	响应与挑战	王福东(主编)
1991.9	许煌旭	《另一种对台湾美术的看法》	247	响应与挑战	王福东(主编)
1991.11	梅丁衍	《台湾现代艺术本土意识的探讨》	249	声东击西	王福东(主编)
1991.11	倪再沁	《台湾美术中的台湾意识》	249	美术评论	王福东(主编)
1992.5	梅丁衍	《"本土"诚可贵,"真理"价更高》	255	声东击西	王福东(主编)
1992.5	高千惠	《圆桌武士大风吹》	255	观念艺术	王福东(主编)
1992.9	陈传兴	《"现代"匮乏的图说与意识修辞》	259	响应与挑战	王福东(主编)
1992.10	胡永芬	《台湾美术及其意识的"位置"》	260	响应与挑战	王福东(主编)
1992.11	梅丁衍	《台湾现代主义"主体"的迷思》	261	响应与挑战	王福东(主编)
1992.12	倪再沁	《论 1990 年代台湾美术避难所内匮乏的语言荒谬的辩证》	262	响应与挑战	王福东(主编)
1992.12	罗青	《迎接第二波美术论述风潮》	262	响应与挑战	王福东(主编)
1993.2	林惺岳	《美术本土化的示意极申论》	264	主题研究	王福东(主编)

他们彼此固然针锋相对,但综合其所说,便可令吾人发现:台湾的现代美术,事实上就只是因袭现代主义而已。

而现代主义与人文精神间的关系,却恰好是大有争议的。例如当代新儒家健者徐复观,即曾本于人文主义之观点,对现代艺术深表不以为然。徐先生认为艺术应该是"在人的具体生命的心、性中发掘出艺术的根源,把握到精神自由解放的关键,并由此而在绘画方面产生了许多伟大的画家和作品"①。因此,他视现代为"非人的艺术"、"毁灭的象征",谓现代艺术:

> 把以前一切艺术的观念与传统,完全加以解体、粉碎了。艺术已经不是美的,也不是生命,也不属于精神。它断绝了对全人类的责任或关系,而与之背驰、反抗;爆破了人类的良心及由良心而来的活动;以还原于原始的黑暗混沌之中。他们倡言"艺术是愚劣",是"故意的疯狂化"。他们要由一切的混乱,由反自然的黑暗,以开辟出新的领域。艺术家与诗人,为了创作而必须集中其精神与生命,这乃属于过去的事……
>
> 真的,恰如西班牙的 Orte. Gayga Sset 所说"近代文学的特质,在于它的非人化"。非人化,即是超现实主义的具体说明……现代艺术、文学的上述倾向,对传统而言,可以说是一种彻底的革命。但是若稍加分析,即不难发现这是虚无世纪中反

---

① 徐复观.中国艺术精神·自序.第8版.台北:台湾学生书局,1993.

常的无穷苦闷的时代告白。①

他们不承认科学的法则性,却非常为科学的成果所掀动。因此,他们彻底反对的,只是人性中的道德理性及人文的生活。他们也向人生内部发掘;但他们发掘出来的是幽暗、混沌的潜伏意识,而要直接把它表现出来;拒绝由人性中的理性来加以修理淘汰;他们认为理性是虚伪的。他们不承认人性中的理性,不承认传统与现实中的价值体系,而一概要加以推翻、打倒。

徐先生的这种说法,现代艺坛颇有反击。可是林朝成曾针对双方的争执做过研究,认为徐先生对错综复杂的现代艺术发展并未全盘理解,故将达达、抽象、超现实混为一谈;但对抽象画等之美学基

---

① 以上文字分别见于《现代艺术的归趋》、《非人的艺术与文学》。徐先生这类意见甚多,可以参看下列各篇:

1960.5.24—25	《毁灭的象征——对现代美术的一瞥》	《华侨日报》
1961.6.9	《危机世纪的虚无主义》	《华侨日报》
1961.6.19—20	《中国的虚无主义》	《华侨日报》
1961.7.17	《非人的艺术与文学》	《华侨日报》
1961.8.3	《达达主义的时代信号》	《华侨日报》
1961.8.14	《现代艺术的归趋》	《华侨日报》
1961.9.2—3	《现代艺术的归趋——答刘国松先生》	《联合报》
1961.9.3	《从艺术的变,看人生的态度》	《华侨日报》
1961.9.8	《文化与政治》	《华侨日报》
1961.10.1	《爱与美》	《华侨日报》
1961.11.5	《现代艺术对自然的叛逆》	《华侨日报》
1965.1.1	《现代艺术的永恒性问题》	《民主评论》16卷1期
1966.12	《摸索中的现代艺术》	《东风》3卷8期
1968.2	《抽象艺术的断想》	《华侨日报》
1972.11.11	《中国艺术杂谈》	《新亚学生报》
1973.4.19	《毕加索的时代》	《华侨日报》
1973.4.27	《再论毕加索》	《华侨日报》

础,认知虽片面,反而更接近核心。① 换言之,徐先生的见解,代表着人文主义者对整个现代或现代主义艺术的批判,而这个批判也显示了现代艺术确有违于人文主义之处。

当代的人文主义论者,如前文所提到的 Alan Bullock,虽反对何塞·奥尔特加·伊·加特(José Ortegay Gasset)谓现代艺术为"艺术的非人化"之说,主张现代文学及艺术仍与人文主义有着亲和的关系。但其辩护,恐怕仍与他将希腊城邦文化纳入人文主义的谱系相同。

他从以下几个方向来解释道:一、参观毕加索画所获得的精神充盈感,与去佛罗伦萨看到的文艺复兴时期人道主义艺术时所感到的精神升华和兴奋一模一样。二、现代主义与过去的决裂,并不如一般人所以为的那样彻底、完全,一如文艺复兴那样。14 世纪、15 世纪的艺术家和中古仍有连续性,现代艺术亦未完全毁掉全部西方传统。三、20 世纪的文学与艺术,虽与从前颇不相同,但那是用新的方式看人与社会,以适应社会之变迁。可是在变的同时,它仍保持了与理性的联系,也保持了思想和艺术的训练,而这些是过去人文主义的特点。故现代这些东西,应视为是人文主义的一种新版本。

这些辩护,谁也不能说它没有道理。因为万事万物,自其变者而观之,肝胆楚越也;自其不变者而观之,则万古长新,固未尝变也。用这些理由去套,什么都可以说是人文主义的一种新版本。何况,从现代艺术家大多数人的自我声称,或社会大众对现代艺术的感观经验来说,看现代艺术所获得之审美体验,绝对与看文艺复兴时期的艺术品不同;一般人也不会认为现代艺术之连续性大于革命性。

也就是说,台湾在近百余年间,所接受的美学与典范、所表现之

---

① 林朝成.自然形象与性情:通过现代画论战重看徐复观的美学思想//淡江大学中国文学研究所,编.文学与美学.台北:文史哲出版社,1995.

美术风气,乃非人文主义或反人文主义的。艺坛内部,也不易找着什么人文主义者。

(四)人文学者的争论

在这样的时代或社会中,人文主义遂仅能靠少数人文学者来发扬。可是人文学者对艺术或美学之态度也并不一致,例如牟宗三先生便很轻视美术,也反对以美育代宗教。他说:

> 蔡元培先生欲以美育代宗教,误也。无论西方意义之"宗教"或中国意义之"宗教",皆不可以美术代。谢扶雅先生谓蔡氏之意正合孔子之意,亦误。儒家之教自含有最高之艺术境界。然艺术境界与蔡氏所说之美术不同。凡宗教皆含有最高之艺术境界,然宗教不可以美术代。宗教中之艺术境界只表示全体放下之谐和与禅悦。质实言之,只表示由"意志之否定"而来之忘我之谐和与禅悦。故孔子曰:"成于乐。"成于乐即宗教中之艺术境界。试看《乐记》中对于乐之境界之阐明,皆当视为儒教中之艺术境界,而非可视为美术也,美术何足以代宗教?美术自当是美术,教自是教。蔡氏之言,根本反宗教,亦根本反儒家之为教。[①]

后来他又在论人性时,区分两种人性论的路数,说"顺气言性"的才性一路,只能开出一美学境界,下转而为风流清谈之艺术境界的生

[①] 牟宗三. 人文主义与宗教//生命的学问. 台北:台湾三民书局,1987.

活情调。反之,"逆气显理"一路,才能开出超越领域和成德之学。①这时,"艺术境界"并不再是指宗教中所含之艺术境界,而是带有贬义的词汇,是要被超越之物。这样的两种艺术境界,其不同要透过先生对康德的论述才能了解。

牟先生在译毕康德《判断力批判》之后,曾说:"吾原无意译此书,平生亦从未讲过美学。处此苦难时代,家国多故之秋,何来闲情逸致讲此美学?故多用于建体立极之学。"把讲美学看成是闲情逸致与不急之物,轻藐之意,溢于言表。这与康德用美学来沟通知性与道德,把美学看得无比重要的态度截然异趣。牟先生也率直地批评康德这种态度,说康德述审美判断之超然原则颇有未谛,他自己则是要超越康德的。

如何超越呢?牟先生《以合目的性之原则为审美判断力之超越的原则之疑窦与商榷》一文,指出康德所说的判断力担当不了沟通实践理性和知性的责任。"即真即美即善之合一之境者,仍在善之道德的心。"须能挺立此心,挺立道德主体,方能"摄美归善",以善统真,以善统美,开出即真即善即美的合一之境。

这本于道德主体而开之真善美合一之境,就是他所谓的"儒教中之艺术境界"。此乃良知教,是由良知、善性、仁心所显之境。至于那未摄美归善,未逆气显理,只显示美的艺术境界者,就只是世俗所说的风流清谈、生活情调、美学境界,非其所能首肯者矣。

这种美学,其实是反美学的美学。要以超越美来包摄美,让美摄归于善之中。此时之美,实不复显其为美,唯显其为善而已。是以善所显之自由、充实、无相为美,故说是"即善即美"。其所谓美善合一,

---
① 牟宗三.才性与玄理.第二章 第六节.台北:台湾学生书局,1972.

绝不能倒过来说是"即美即善"。因为从美是生不出善的,美亦不能显示为善。

整个牟宗三的哲学,也贬抑情感而强调理性。他说:"本心明觉,其自身就是理性(法则)、就是觉情(道德之情)……觉情、理性与法则,这三者是一……如康德说,凡是情即是感性的,凡是心亦是感性的(所谓人心)……如是,则理性处无心、无情。"道德之情,非一般的感情,犹如人心并非本心或道心。故道德之情是觉情,是理性。在这样强调理性的哲学中,由感性主体发展出来的审美创作与活动,在其间之地位亦可想而知了。

倘依其所分判,则中国除了孔孟及若干宋明儒者,能经由道德心而开显一艺术境界或美善合一人格之外,一切文学艺术,其实均落在才性、感情一路,未能向上翻转出实践理性。这样的美学,不但难以应用于中国文学史、艺术史的研究中,也无法据以发展文学批评与艺术批评。方东美曾说康德哲学之弊在于:"除却真理外,其他艺术、道德、宗教价值亦殊无法安排,这在康德批判哲学里确是一个严重的问题。"[①]牟宗三的问题则比康德严重得多。

人文主义者徐复观,情况则与牟宗三不同。他在《中国艺术精神》一书中,先申论了类如牟先生所说的那一路美学,讲孔子所开启的乐教是如何仁乐合一、美善合一,使人的精神透到音乐中去,所谓"人欲尽处,天理流行,随处充满,无稍欠缺",故显其为美。但随之,徐先生就说这种艺术精神已逐渐转化于音乐,无待于乐教。为人生而艺术,超越一般人审美愉悦之层次、要求人向上提升以发其善心的艺术,也终因不好听、不好看而为世所厌弃。儒生、知识分子又不再

---

① 方东美.黑格尔哲学之当前难题与历史背景//生生之德.台北:台湾黎明文化事业公司,1979.

有对音乐的追求,更无僧侣之类教团组织维系音乐与仪节,以致这一路艺术精神毕竟是没落了。

在描述孔子乐教这一部分,徐先生与牟宗三先生一样强调了它美善合一、以仁心透显至音乐的性质,但具体解释并不相同。依徐先生的想法,是仁与乐会通,其根源处(亦即仁与乐之本质)可通,其最高境界也可合同。故可以道德充实艺术,艺术也助长并安定道德。这与牟先生摄美归善之说便极为不同。艺术较具地位,艺术本身就也可呈现出"大乐与天地同和"的境界,不必一定是要由道德心显艺术境界。

但无论如何,这一路,据徐先生描述,"为人生而艺术"者,终归转化、终归没落。故后世中国艺术,则都是由庄子学接来的血脉。"庄子所谓道,落实于人生之上,乃崇高的艺术精神。而由他心斋的工夫所把握到的心,实际乃是艺术精神的主体。由老学庄学所演变出来的魏晋玄学,它的真实内容与结果,乃是艺术性的生活和艺术上的成就。历史中的大画家、大画论家,他们所达到,所把握的精神境界,常不期然而然都是庄学'玄学的境界'。"①

这个讲法,在意涵上几乎就是说:那种美善合一、仁乐合一的型态,是无生机的,后世亦难有所发展;要开展出具体的艺术创作及艺术生活,只有靠庄学玄学这一路。

他解释庄子的"心斋"、"坐忘"为什么可以呈现艺术精神的主体,当然是非常精彩的。然而顺其说,我们恰好可以发现:他推崇的魏晋玄学或艺术生活和艺术,是牟宗三批评为"顺气言性",而希望予以超越者。

同时,"心斋"、"坐忘"所把握到的心,固然可以是艺术主体;但这

---

① 徐复观.中国艺术精神·自序.第8版.台北:台湾学生书局,1993.

种心，落实在人生上，只是去欲、去私、游戏、无用、虚静。这样的心、这样的人生，与徐先生阐发人文主义的人生观，难道可以忻和无间吗？

纯艺术的精神，真可以作为人文主义者的归趋？徐先生自己未注意到这一层，反而摄儒归道，说："儒道两家人性论的特点是其工夫尽路都是由生理作用的消解，而主体始得以呈现。此即所谓克己、无我、无己、丧我。"(《中国艺术精神》第二章)这是把儒学道家化了。儒家诚然也有此遮拨工夫，却更以建体立极为主，本心发愿，致知尽心，是"立于道、据于德、依于仁、游于艺"，而非仅游于艺，非仅以"心有天游"为工夫，亦非以艺综道德与仁，而显一纯艺术精神也。

徐先生这样的美学，追求"官知止而神欲行"，要去知去欲，以获"纯粹意识"(Reines Bewusstsein)，其型态实亦与人文精神或人文主义相去甚远。唐君毅《中国人文精神之发展》第一部第一章论《人文、非人文、次人文、超人文及反人文之概念》时，便曾判分孔孟为人文思想、墨子为次人文、庄子为超人文、法家为反人文之思想。[①] 古代荀子亦曾说庄子是"蔽于天而不知人"。人文主义者的美学，居然自认为人文思想于秦汉以后便无法再开艺术与艺术精神，或说"儒家所开出的艺术精神，常须要在仁义道德根源之地，有某种意味的转换。没有此种转换，便可忽视艺术，不成就艺术"，而遁入天界，以天为人，以心有天游为人生之旨趣，实在也是一件奇怪的事了。

唐君毅先生的情况又颇为不同。唐先生与 Alan Bullock 等人看法迥异，他认为：一、西方人文主义并非西方思想的主潮。二、西方人文主义在 19 世纪前，主要在礼仪、历史知识、文学技术、艺术中求表现，而未能在人类文化之全体及人性或人存在之本质上立根，故其最

---

① 唐君毅. 唐君毅先生全集. 台北：台湾学生书局，1989.

高表现亦只能到德国之新人文主义之透过艺术精神,以体验到一即自然即神之人的生命为止。三、现代西方之人文主义则有四型:(一)为偏宗教而重集体之教会组织的,如天主教中圣多玛斯之人文主义思想。(二)为偏宗教而要个人自由的,如贝德叶夫。(三)为重科学、重人之为一自然的存在、物质的存在,而又重人之集体的组织活动的,此为孔德、费尔巴哈之思想,后成为马列主义者。(四)为重科学以人由自然进化来,较重人之个体自由的。此为一般英美之人文主义及自由主义者,如罗素、杜威、桑他耶那、色勒斯等。四、以上这几型现代西方人文主义又都存在着极多的问题。

唐先生胪列这些问题为以下十四项:一、古代对人尚有一确定方向之看法,近代则无,人本身成为了问题。二、人文主义与宗教是否兼容,尚未解决。三、人文主义与科学之关系,亦无答案。四、如有超人文之超越界,此世界是以理性或实有或价值为第一义之实在,或以上帝为第一义之实在?五、若上帝为第一义之实在,人能否同于上帝?六、人若欲上达超越界,是否只能通过信耶稣或教会?七、到底有无上帝,或能否说有上帝,或是否必须说有上帝,或如何说上帝,目前均仍为未解决之争论。八、如吾人信人而不必信上帝,则人之本质究竟是个体性,抑或集体性的?九、如肯定人为一自然之存在,而与自然相连续,是否有独立于人以外之自然物之性相,能为人所认识?人对自然之知识,是人所发现或制造?十、人对自己之知,与对上帝、自然之知,何者为先?十一、人之存在以外,若有上帝及自然,人之存在是否须依赖它?若依赖,是内在的或超越的?十二、人之存在与其本性本质关系如何?十三、论人应重在理性一面,抑或非理性、反理性的一面。十四、人文主义对当代社会,能有何种实践性?

通过这十四问,唐先生一一考察西方近代各派及其与人文主义之关系，判断：西方现代人文主义思想中间问题之多，在根本上是因西方人文主义缺乏一个在本源上健康的传统。希腊偏于自然主义与理性主义，希伯来却信仰超自然主义，重视信仰，以神为本；尚个体之希腊雅典思想，与尚法制组织之斯巴达、罗马亦为对立，以致西方人文主义思想陷入上帝与自然、宗教与科学、法制组织与个人自由等种种对峙中。人的主体性不能真正树立。

故依唐氏之见，要树立人的主体性，仍应回到中国文化。综观唐氏一生，也极为关切世界文化问题及中国人文精神的发展。他的思想，总环绕这一核心而开展，念念不忘以"中国文化的精神价值"进行"人文精神的重建"，达成"中国人文精神的发展"（均为其书之书名）。

可是，唐先生所理解的中国人文精神，究竟是何种精神呢？这不是宋明理学格局或牟先生那种思路所能把握的。因为从宋明理学或陆王式孟子学来看，中国思想文化的根株主脉，在于心性论。然而，依唐先生之见，中国文化实即一礼乐文化。礼，涵政治、宗教及道德；乐，涵文学与艺术。礼，成就人生命精神的秩序、节制与条理；乐，成就人生命精神之充实、和融与欢喜。此种礼乐文化，兴于三代，既是我国文化的原始精神，又不断响应历代的新挑战而绵延下来，成为民族的具体文化生命。展望未来，唐先生更期待能把西方科技、民主、宗教等，予以"中华礼乐化"、"中国人文化"，形成一庄严阔大之人文世界。

依此礼乐文化观，其视中国文化之重心，便在道德与艺术。和西方文化的重心在宗教与科学，适成对比。

正因为唐先生之思想重点，在于重建此中国人文礼乐精神，故美学在其间便自然有着不可忽视的地位。从乐的这一方面说，唐先生又提出人格美、人文美之说法，来解释礼为何不只是对人生命的限制，而更能成就生命活动的秩序与条理。艺文美与人文美，两者合并起来，才能构成唐先生所谓的礼乐文化。

因此，美学，并不是唐先生整体理论中边缘性的东西。恰好相反，美学在唐先生思想中之地位，不但如康德之第三批评，用以通第一批判与第二批判之由，且其总体文化观，即是美学的。礼乐文化，就是礼文艺文俱美的生命境界，礼与乐两端，也通过"美"这个观念来通之为一。

至于专论礼乐文化之乐的一部分，唐氏也有《文学意识的本性》、《中国哲学中之美的观念之原始，及其与中国文学之关系》、《文学的宇宙与艺术的宇宙》、《间隔观及虚无之用与中国艺术》、《音乐与中国文化》、《中国艺术与中国文化》等文。论旨甚为繁赜。

也就是说，类似唐先生这样的人文主义者，其人文主义与美学甚有关系，甚或其本身就显示为一套美学。吾人欲求台湾之人文主义美学，不应求诸艺坛，反而须于此类人文学者著作中寻访之。只不过，类似唐先生这样的人太少了。即使同样提倡人文主义、人文精神，牟宗三、徐复观等人亦无法发展出人文主义美学，遑论其他？

三

（一）对近代美学传统的反省

我自己钻研美学，主要就是顺着对民国以来美学研究路数的反省而展开的。

自民国初年以来，整个教育文化环境，深受西潮冲击的影响，教育的体制、内容和学术的性格，都在变，变得倾向西方而远离传统。

因此中国传统的美术和美感教育,诗教、乐教等,在现代学术分科及侧重知识体系、科学精神的取向中,已不再能维持它传统的脉络与表述方式了。然而,人生不只是知识,不只是概念,提倡科学与新式教育诸君子,目睹教育偏向知识化、科学化、实用功利化之后,乃不得不提倡"美育"以矫枉救弊。我是在这个教育体系中成长的年轻人,对此当然甚有感会。但是,只站在这个立场上,终究是只能谈美育,而不能谈美学的。据此,我一如牟先生一样,不能同意蔡元培的"以美育代宗教"说。

比蔡元培更早,就主张在经学、理学、中外文学诸科中开设美学课程,以矫正新式教育之弊的,是王国维。他在清末,即曾对张之洞等奏定的《大学章程》表示不满,认为文科大学中必须设哲学科,因为"既授外国文学系,不解外国哲学之大意,而欲全解其文学,是犹却行而求前、南辕而北其辙,必不可得之数也。且定美之标准与文学上之原理者,亦唯可于哲学之一分科之美学中求之。虽有文学上之天才者,无俟此学之教训;而无才者亦不能以此等抽象之学问养成之。然以有此等学故,得使旷世之才,稍省其劳力;而中智之人,不惑于歧途"(《静安文集·奏定经常科大学文学科大学章程书后》)。

在光绪三十年(1904)所刻的《静安文集》及后来辑刊的《续编》中,大约有一半涉及美学问题,其中如《论哲学家与美学家之天职》、《古雅之在美学上之位置》、《红楼梦评论》、《叔本华之哲学及其教育学说》、《叔本华遗传说书后》、《人间嗜好之研究》、《论小学校唱歌科之材料》等文,均可以看出他浸淫之深。他基本上延续了康德等形式主义美学,谓一切美皆形式之美,故美之价值,即在形式本身,而不在于它外在的实用功能。审美活动,本质上即是一种不杂个人利害之念的而观玩此一形式的活动。

不过，康德美学，是启蒙运动时法国古典美学与客观性、英国经验美学与主观主义倾向、直觉美学与天才问题等，一连贯讨论的综合处理，故王国维事实上是通过康德、叔本华而得以贯通欧洲近代哲学与美学。他自谓精读叔本华《意志与表象之世界》两遍、康德"三大批判"四遍，又涉猎洛克、休谟之书，而对叔本华、康德有所修正与质疑。像《红楼梦评论》第四章、《叔本华与尼采》二文，都对叔本华有所批评，认为他的学说泰半出自主观的气质，无关乎客观的知识。《叔本华遗传说书后》复自美术家之遗传问题，驳诘叔本华智力不传自父之说。另外，从巴克、康德等人论优美与宏壮处，王国维发展出另一美的范畴："古雅"。古雅只存在于艺术，而不存在于自然之中，因为自然只具有第一形式的美，艺术则根据自然之形式或自创之形式，表现为第二形式，所以是"形式之美之形式之美"。优美与宏壮，必须与古雅合，才能显出它固有的价值；但优美与宏壮的原质愈显，古雅的原质也就愈稀薄了。这个讲法，是王国维作为中国现代第一位美学家重要的创说，是尝试对艺术美与自然美、审美判断之为先天抑后天、美之创造为天才抑学力等争论提出的解答。①

---

① 缪钺认为王氏"对西洋哲学并无深刻而有系统之研究，其喜叔本华之说而受其影响，乃自然之巧合。……静安乃诗人兼学者，而非哲学家，对人生虽有深刻之领会，而对哲思并无完整之体系；其喜叔本华之说，亦非对叔本华整个哲学源流本末精研深解，洞悉其长短精粗之所在，不过仅取其性之所近者欣赏玩味受用之而已"（《诗词散论·王静安与叔本华》）。此一观点，极具代表性和影响力，到叶嘉莹写《王国维及其文学批评》时，仍然觉得此类批评甚为正确（见第二编第二章）。其实王国维在《静安文集》序中即曾详细说明他怎样读康德、叔本华，并上溯休谟、洛克之事；在《人间嗜好之研究》中又畅论席勒之说，此岂不解叔本华哲学源流本末者所能办？叶嘉莹谓其古雅说全本康德优美宏美之分而来，不知古雅说是意在修补整个德国古典美学中有关天才论的问题，故有此误说。另一方面，如叶朗《中国美学史大纲》谓王国维只是把康德、叔本华一些结论照搬过来，且简单化了（第二十四章）。滕咸惠《人间词话新注》，亦全以叔本华哲学解释王国维书。但他们或者比附牵强，或者把王国维解释为一个从唯心论走向唯物论的学者，以致于对《红楼梦评论》结尾质疑叔本华、《人间词话》转回中国哲学观点之类问题，完全不能察觉，仅认为它是叔本华思想的注脚。这样的看法，昧于事实甚远。杨牧《王国维及其红楼梦评论》一文，批评王氏对悲剧、喜剧的理解不够正确，诚然。但他认为王氏论"壮美"有误，则系误读王国维文，王氏固未误也。参见：姚一苇，杨牧.文学评论.第一集.台北：书评书目出版社，1985.

但仅仅如此,仍是不够的。美学仍不足以安立人生价值,故王国维的内在深陷于近代欧洲精神理性与感性分割冲突的痛楚中。他在《静安文集》自序中说:

> 余疲于哲学有日矣,哲学上之说,大都可爱者不可信,可信者不可爱。余知真理,而余又爱其谬误。伟大之形上学、高严之伦理学与纯粹之美学,此吾所酷嗜也。然求其可信者,则宁在知识论上之实证论、伦理学上之快乐论与美学上之经验论……此近二三年中最大之烦闷。

这种烦闷,固然来自王氏本人的生命形态,但学问本身内在的两极冲撞,未尝不是令人无所适从的主因之一。他的质疑与烦闷,虽然没有答案,但它确实点出了现代中国美学发展中隐藏的疑难。可惜《静安文集》甫出版即遭查禁,未发挥它应有的影响力。后来研究王国维的人虽然很多,对美学却多蒙然,故这个问题也未获发展。

王国维之后,最重要的美学家,自非朱光潜莫属。

1927年,朱光潜入英爱丁堡大学心理系研究,约在1931年完成了《文艺心理学》的初稿,同时并写作《悲剧心理学》。这本悲剧论著,是由审美活动与心理距离来探讨悲剧的快感从何而来。初写于爱丁堡,1933年,在法国斯特拉斯大学心理系进修时完成,颇受完形(gestalt)心理学的影响,希望对形式主义美学的纯粹直觉说有所修正。在这段时间里,他还写了《谈美》(1932)、《变态心理学》(1933)诸书。1936年,《文艺心理学》也出版了。

《文艺心理学》被誉为自蔡元培提倡"以美育代宗教"以来,第一部讲得头头是道、坛坛有味的论美之作。其他几本,也都广受欢迎。

因此,朱光潜在现代美学史上确有他不可动摇的地位。不过仔细看来,朱光潜论美,跟王国维走的并不是同一条路子。他是从心理学、艺术心理学而逆入哲学美学领域的。

卡西勒曾在《启蒙运动的哲学》中敏锐地指出:18世纪时的英国美学,已将经验主义美学的基本要素包含在他们对美学问题最早的阐述中,因为"这些问题当时一般都是从心理学的观点去探讨。当时在英国,几乎已没有人怀疑心理学的方法乃是处理问题的真实的、唯一自然的方法"①。这一方面是学术潮流,一方面也是由于他们的基本美学问题,即朱光潜在《文艺心理学》第一章一开头就写的:"在美感经验中,我们的心理活动是怎样的?"

这是一个显然不同于客观主义探问"事物之本性"的取向,它不再追求艺术品构成的单一普遍原理,不再讨论艺术类型,而致力于描述审美静观的模式、探察艺术行为的心理原因。由这个途径,心理学乃堂而皇之地成为研究美的基本方法。

朱光潜留学英法时,正逢上此一趋势。但艺术心理学本身范围甚广,其课题并不限于艺术品,而兼括自然、人类和科学成果;其研究亦常涉及艺术行为者的职业与态度、艺术和媒介、不同社会团体及文化、不同类型的人、不同的暂时心境、兴趣及身心条件等问题。朱光潜对这些问题多无发挥,他只是沿着浪漫主义思潮及德国古典美学的说法,将审美能力视为纯粹直觉,然后,再以完形心理学破解他们将直觉独立于整体生活经验之外的理论,并引入布洛(Edward Bullough)"心理距离"说,以建立他自己的文艺心理学。而且,由于讲心理距离,因此他也很自然地接上了李普斯(Lipps)移情理论(einfu-

---

① 卡西勒.启蒙运动的哲学.第七章 第四节.李日章,译.台北:台湾联经出版事业公司,1973.

hlung)①。

在《悲剧心理学》第二章第二节中,朱光潜曾很果断地说:"哲学家也许有特权抽象地处理事物,心理学家却必须整个地处理具体经验。"这句话是他对由康德到克罗齐之"纯粹形式的直觉的形式主义美学"的批判,在这个时候,朱光潜是以心理学家自居的,包括他在1930年写《变态心理学派别》,1933年写《变态心理学》,均与心理学之发展有密切关联。他后来之较集中力量于美学的研究,或许也是因为他跟李普斯一样,认为美学是心理学的一个分支吧!

在这个基础上,朱光潜对美学的理解当然是褊狭甚或过于浅薄的。但他顺着这个脉络往德国古典美学钻研,先后译出克罗齐《美学原理》、黑格尔《美学》、歌德《谈话录》、莱辛《拉奥孔》、维柯《新科学》……贡献厥伟。

马克思主义在中国流行后,朱光潜开始受到批评。1947年,蔡仪开始以唯物主义艺术理论撰写《新美学》。此书之所以名之为新,是因为他以朱光潜所代表的心理学美学及德国形式美学作为批判的对象,点名批评朱光潜的地方就有38处。1949年修订出版的《新艺术论》里,也收有《论朱光潜》的附录一篇,主张美的哲学基础在于物质,而非意识,所以美是客观的,不依人主观的心理状况而有所改变。美感则是主观的,是与美对立的观念,且不能影响美。推其极至,他甚至会认为美属于自然物,自然物的属性与条件本身就是美,而且生物

---

① 完形心理学与艺术的关系,可参看:安海姆(R. Arnhein). 艺术与视觉心理学. 李长俊,译. 台北:雄狮图书股份有限公司,1984;刘文潭.《西洋美学与艺术批评》第七章及注中所引书. 第3版. 台北:环宇出版社,1984. 朱光潜运用完形心理学,并引入心理距离说与移情理论,详见《悲剧心理学》第二章。但事实上,克罗齐这样的美学家,未尝没有符合完形心理学的说法(例如《美学原理》第二章直揭"全体决定诸部分的属性",即为一例),很难说它们的错误"与原子论心理学的错误相似"。故朱光潜对德国古典美学的批判,并未击中要害。

比无生物美、动物比植物美,老鼠、癞蛤蟆一定比梅花、月亮美。

到了1956年,《文艺报》上发表了朱光潜《我的文艺思想的反动性》一文,说自己从前"发表的一些关于美学和文艺理论方面的著作,在青年读者中发生过广泛的有害的影响",批判浪漫主义、唯心论、封建文艺,认为讨论美感经验中我们的心理状态,是把美学推到狭窄的巷衖中,所以要从社会着眼,理解到艺术是一种社会现象,是以艺术形象反映现实的一种特殊的意识型态或社会上层建筑,对教育人民与进行革命斗争都是有利的武器。在这篇文章里,他说自己"对文艺完全是个瞎子"。

饶是如此,批判者仍不满意,以致引起了长达5年的美学大论战。参战者70余人,讨论文章达160篇左右。此后,美到底在心还是在物,也还一直争论不休。

唯心论美学与唯物论美学(德国古典美学与马克思主义美学)是现代中国美学两大支,斗争了几十年。但我们若穿透这些争议,便将发觉心物分立的架构,基本上是一些西方思想的模型。这一模型,能处理中国美学吗?这一点,在我个人是相当怀疑的。

因为在这一理论模型中,无论如何讲心物的关联性、讲主观与客观合一,其唯心或唯物的底子是脱不掉的。早期李泽厚曾经斩钉截铁地说:"美不在心就在物,不在物就在心;美是主观的便不是客观的,是客观的便不是主观的。这里没有中间的路,这里不能有任何妥协、动摇或折衷调和。任何中间的路或动摇调和,就必然导致唯心主义。"但后来朱光潜发展出马克思辩证唯物主义的主客统一说,李泽厚本人也在《中国美学史》第一卷开头肯定了中国美学"美与善的统一"、"情与理的统一"、"认知与直觉的统一"、"人与自然的统一"。似乎中间或调和已然达成,论者亦往往因其言统一而暗喜其已突破唯

物教条,殊不知此中仍大有分辨。这里我仅举王国维《人间词话》论"有我之境、无我之境"一则为例,略做说明:

> 有有我之境,有无我之境。"泪眼问花花不语,乱红飞过秋千去"、"可堪孤馆闭春寒,杜鹃声里斜阳暮",有我之境也。"采菊东篱下,悠然见南山"、"寒波澹澹起,白鸟悠悠下",无我之境也。——有我之境,物皆着我之色彩;无我之境,不知何者为我,何者为物,此即主观诗与客观诗之所由分也。

这一则,根据大陆滕咸惠的新注,王国维是采用了叔本华主观诗与客观诗的讲法,所以有我之境是"在抒情诗与抒情心境中,主观心情意志的影响,把它的色彩,染到所见的环境上";无我之境,则是"当我们达到纯粹客观的审美心境,从而唤起一种幻觉,仿佛只有物而没有我存在时,物与我就完全溶为一体"。滕咸惠认为这是谬论。因为这所谓客观,其实仍只是在审美静观中的一种幻觉,故仍只是客体没入主体而成为诗人之表象。可见王国维所说的主客合一、理想现实合一、情感理智合一,只是"在唯心基础上的统一,因而是头足倒置的"①。

姑不论滕咸惠唯物论的立场是否恰当,据王国维《人间词话》原稿,这个解释是对的。可是王国维后来修改了原稿,删去"此即主观诗与客观诗之所由分也"14字,又说"有我之境"即"以我观物","无我之境"即"以物观物"。这一改,就显示王国维已放弃叔本华式的讲

---

① 见:人间词话新注.滕咸惠,校注.济南:齐鲁出版社,1981:10—11,50—52.叶朗的《中国美学史大纲》也指出了王国维此说与叔本华的关系,但他忽略了原稿跟改稿的差别,也不晓得邵雍的性情说跟叔本华大相径庭,故混为一谈。

法,而归返中国哲学传统了。邵雍《皇极经世·序言》:"以物观物,性也。以我观物,情也。"性情说,是中国哲学与美学的中心思想,必须通过中国的脉络才能理解,故滕咸惠在此,只能默尔无言,存而不论。朱光潜呢?唯心主义时期的朱光潜在《诗论》中《诗的隐与显——关于王静安的人间词话的几点意见》一文,面对这个观物问题,简直困惑极了,他根据德国美学家立普斯的"感情移入说"来处理,认为"以我观物,物皆着我色彩"即移情作用,所以结论是王国维讲错了:王氏说的有我之境,其实是无我之境;他说的无我之境,乃有我之境。唯心与唯物式的理解,在这个地方,似乎都触礁啦!本想解释王国维,都解不通,于是只好说他讲错了。

从这个有趣的例子,我们便会发现:要在心物分立的哲学架构及传统中讲心物合一,确实是相当困难的事。现在有些美学家虽然援用了马克思辩证逻辑来解说心物与主客的统一,但执着于唯物的立场,本质上仍是不相应的。后来我在《文学与美学》一书中,论中国境界型态的美学;在《诗史本色与妙悟》一书中,论转识成智与超越辩证,即是想为此一问题提供一个解开困局的钥匙。

也就是说,我对民国以来,蔡元培、王国维、朱光潜以及马克思主义的美学路数都不相契,也均不以为足以为吾人应循之径。

(二)存在与生命的探索

在台湾,发展文艺心理学最重要的,我认为是姚一苇先生。姚先生于1965年起在中国文化学院讲授美学,讲稿分三编。第一编美学方法论,论哲学美学与科学美学在认知和方法上的差别。第二编就是美感经验论,分论感觉、直觉、知觉、想象、感受(情绪)、统觉。第三编,美的范畴论。后来第三编于1978年写成专书出版,第二编部分内容则收入《艺术的奥秘》,后来再以论直觉、感觉、知觉合为《审美三论》,于1992年出版。

姚先生对文艺心理学的阐发,远超过朱光潜。他在《美的范畴论》中讨论美的类型,也是王国维论"古雅"以后一大贡献。但姚先生整理、吸收、梳理之功多,而创调之才少,本身对美,以及美与人生的观点并不明显。

台湾有另一支由讲直觉进而言"生命美学"的路子。如罗光总主教《生命哲学的美学》即认为美的意义在于生命充实而有光辉,对美的感受来自对美的认知,而其认知本于直觉。直觉是与体验相关的,体验是生命的接触,若两个生命充实发展而产生互应,则形成趣味。因此生命哲学的美学特征在于活动,美在活动,以及形成幸福的观照。①

罗光总主教之说,颇有取于克罗齐。但他不同意艺术为直觉,只说直觉是认知方式,艺术美才是直觉的对象,而且感官直觉、理智直觉、神视直觉都非美的直觉。我觉得他对克罗齐之理解未必准确;本身对生命哲学之美学,阐释也不尽圆融;而以直觉论生命美学,似乎取径柏克森可以比克罗齐更直接。因此,我也不认同这一路向。

摆脱民国初年以来德意志观念论、直觉美感等,径自由哲学、人类学进路,发展形上美学的,则以史作柽为首。史氏自铸伟辞,与民国以降整体美学传统无甚关联,其著作也不引证、不讨论传统美学的理论和问题。他把整个人类之历史视为人类表达史,"因为唯有人类式之表达(如文字),确实是异于其他一切自然物之最大特征,同时也

---

① 罗光.生命哲学的美学.台北:台湾学生书局,1999.

是真正属人之延伸物……表达之突出,并不在于以独立性之表达,而对人的存在本身有所反控;而是以'表达'的方式来呈现人的存在,并求其对人的存在本身有所帮助(如知识、理论或科技等)。同理,人之突出,也不在于以独立之个体存在,而反控自然;而是以'人'的方式来呈现自然,并对之有所确切之把握。唯有在表达、人与自然三元或三层次一贯而下之系统中,才能在以'人'为中心,使属人之表达史转换为自然之存在史,并使属人之表达成为近存在之物"[①]。

在人、自然、表达三元一贯的系统中,表达无疑为其中介,也是其关键,但"外在形式性之表达一旦成为一客观性之独立物,同时更由此而形成各式各样无奇不有之对于动机、属人、自然等内在理想物之反控,其实那就是一切矛盾、冲突、虚假或乖谬之真正来源"。因此,史作柽强调:"属人之存在本身是一回事,属人之表达本身则又是一回事,或由属人之表达本身所引申而出之各式各样分析性的表达则又是一回事。属人之存在本身近自然,属人之表达即动机即表达之谓,其他则表达中之表达,三者若一贯而无从断裂,则各司所职相互而相成之。反之,若果有所断裂,即既无自然,亦无属人,唯空然而争论之表达而已。"[②]

在各种表达中,他特重"文字性表达"。文字性表达并不仅仅是用文字,他特别提出科学与音乐为人类文字性表达世界中,共通可能之代表,而且各占一端,科学属纯形式性之客观表达,音乐则在纯动机性之主观的另一端。一为纯符号表达,一为最近动机表达;或一属空间性表达,一属时间性表达。科学乃人类空间性可视符号表达之最高成就,音乐则为保持人类时间性动机或意识表达最直接之呈现

[①][②] 史作柽.哲学人类学序说.台北:台湾联经出版事业公司,1988.

物。他也花了很多笔墨来说明这两种表达的性质。

总之,据史作柽之见,人对人的真正了解,往往并不在于任何由个体所成就之文明成果中;反之,而在于对自身表达之属人自知性之存在性指向的确定。而它更清楚的意思是说,人如果有一种将表达转换或还原为存在的能力,那么,他就能对人本身之属人之意义,完成一较完整的了解或认识。只是此一表达与存在间之转换,并不只是一种理论或认识上之操作,刚好相反,它必须是一种以人为中心,所完成之属人认识之存在性之连接才行。

依此种"表达与存在"的连接观之,其美学即是人学,有时他也自称为形上美学。其格局甚为恢宏,立说甚为玄远,非寻常谈美论艺者所能及,但论述较凌乱,其表达则未甚佳也。且其哲学、人类学之进路,综整体人类文明而论之,虽能恢拓心志,呼唤人的存在意识,可是仅能令人朦胧认取人类审美创造之几而已,吾亦不能从其涂辙焉。

史氏喜论存在,我疑其尝受存在主义之震动。其整体论说固然与存在主义不同,但具有存在感和讲"忧郁是中国人的宗教"等,则是具有存在主义气质的。

存在主义美学在20年代末兴起,它与现象学美学在思想来源、基本观点和方法论方面都有许多类似之处。就其思想来源和方法论而言,两者都深受胡塞尔的现象学哲学和现象学方法的影响。就基本观点而言,两者都注重审美对象的伦理性质,都重视观赏者对作品的创造性重建问题,主张读者和作者一起创造了艺术作品,也都十分重视审美主体的作用。但存在主义在台湾,并不是因为现象学方法或美学主张而被接受的,乃是以一种存在的感受,去印证了存在主义所提出的人存在问题,或者由存在主义对西方文明的批判反省中带出对人实存为何的追寻。故史作柽这样对存在主义的吸纳,并非一孤立现象,方东美、唐君毅、牟宗三、徐复观在 20 世纪 60 年代也都有类似的处理方式。

我也是顺着这个角度发展的。我于 1978 年写《春夏秋冬》时,借着讲人的时间意识,来说人如何由对时间的感知而关切自我之生命,讲的其实就是一种对人存在的感受与体察。我认为时间是内在经验的形式,而空间则是外在经验的形式,人要认知他在宇宙间的地位,就必须睁开蒙翳的双眼,去认识、探求宇宙,并寻找他自己内心世界与天地宇宙的普遍秩序间之真正关系。正因如此,空间、时间遂从客观独立的,一转而成为情感、感觉的世界。这种摸索与寻找,并不来自意识的自觉,而是一种从原始蒙昧到触感自然,内心深处所激生的冲动,我称它为"希祈",而这种探寻的状况,我称它为"情境的追寻"。

空间是人与宇宙自然的认同,而时间却是与人类自身生命关系最密切的内在经验。人的生命在时间的流动里衍生,过去、现在、未来,借着记忆的辨识和认同的过程,人得以认识自己,并认识自我和外在世界间变动的因缘。就这个意义来说,时间,永远是人类关切自我生命的钥匙。我这本书即由此切入,探讨人的生命感知。

可是这时候,我并没有援用存在主义的说法,我用的是弗莱(Northrop Frey)的原始类型说。欲以此言明人在面对自然景物变化时,内心会产生不同的反应,发生不同的存在感。春天会有"生之悸动",夏天会有沉静的安顿与观照,秋天是"天高气清,阴沉之志凝",冬天则是"霰雪无垠,矜肃之虑深"。

即在此时,友人蔡英俊翻译了西班牙存在主义作家乌纳穆诺(Miguel de Unamuno,1864—1933)的《生命的悲剧意识》。我细读了这本书,对我影响很大,也写过详细的书评讨论过这本书。他的哲学思考,原先只想极力阐释西班牙的灵魂与精神,说明 19 世纪以来西班牙自处之道。但因他坚信"所有人类灵魂都是兄弟般的灵魂",是以他所思考与探索的问题也指向全人类生命和人性的底层。西班牙天主教的宗教意识,固然是全书所致力勾画的主题,但他所呈现与揭露的,却是那些深深震撼我们的存在问题。

依他看,生命的悲剧源于理智和心灵的冲突,他说:"第一个上帝(理性的上帝)是人类自身借着定义而显现的外在的无限投影,祂是抽象的、非人的人的上帝。另外一个上帝(情感与意志的上帝),则是人类自身借着生命而彰显的内在的无限投影,祂是实实在在的人,有骨有肉的人的上帝。"理性,并不是可以全然舍弃的;但他更要强调知识和理性必须为生命的本质服务,它才具有意义,仅仅为了知识而知识,只是一种生命的浪费或扭曲。

面对着 19 世纪理性主义与"为知识而知识、为真理而真理"的科学观和实证主义(Positivism)的狂潮,乌氏不断地驳诘:"没有自我意识、没有人格,纯粹的思想会有可能吗?"一个哲学家在投入思考之前,他必须先是一个人;而人坚持自己无限存在的努力,就是我们真正的本质,也是一切哲学的内在起点和一切知识的情感基础。这种对个体能无限存在的渴望,其实是碰触到"死亡"这个问题时才会产生的。

因要面对死亡,人们在这不可逃避的苦难中,因受苦而产生了悲悯,产生了爱。死亡,是相互的感通与结合,也是一种了无牵绊的关怀。当我们从自我意识的执着开始,逐渐逼向自然世界的同情与关切时,"宇宙性的爱"于焉展开。在此时,我们将会发现全体万有和宇宙同样是具有意识的人。这种将它所爱的每一件事物人格化的宇宙的意识,乌氏把它称作"上帝",他激切而坚定地宣称:"信仰上帝就是创造祂。"

由此可见，他是以（一）肯定宗教精神和信仰为一切理性之基础，不可废弃；（二）上帝为非实质意义之存在，是人借着生命而彰显的内在的无限投影，为两大支柱构建他的理论。而其所以要如此，则是为了面对时代的问题。

从本书最后一章《唐吉诃德与近代欧洲的悲喜剧》里，我们可以清晰地看出乌纳穆诺对人类心灵、欲望的探索，以及在生、死、宇宙和真理之间界定人的地位；宗教智能的重新提出，并宣称知识、理智和科学的畸型发展有其严重缺憾等，无不涵应着一个大时代的主题，那就是从文艺复兴以后，由理性和科学所带来的"精神危机"（La Crsede I Esiprit）要如何突破？如何消解知识文明所带来的威胁？乌纳穆诺和他同期的哲人一样，为此忧心不已。

欧洲自文艺复兴、理性主义兴起以后，理性与信仰之间的争衡，主要表现在：一、以神为宗教信仰的对象，在人的理性中得不到肯定；且上帝既是一超越神灵，则在人内在的修持里亦不能见到。二、如此，则上帝超越外在于人而独立存在，与人没有什么关系，上帝即本质地与人疏离了。这是西方哲学与神学发展中的大事。乌纳穆诺此书即是针对这两点提出新的诠解。

在乌氏的理论里，他从本质上确认理智与生命、哲学与宗教之间永无协调之可能；人类思想的悲剧性历史，根本就是理智和生命之间冲突的历史，是以它有其存在上的限制，需要宗教予以弥补。他以此解决了天主教长期徘徊在理性主义和神秘主义之间的困境；也说明了人固然不得不借助于理性或逻辑，但有关生命的安顿，仍需在宗教中获得。但吊诡的是：乌纳穆诺所说的宗教与上帝，涵义和中古以前以神为本的观念并不一致，我们可以说他是经由对人高尚精神的认识来说明相应于此一精神的上帝，是经由对人的肯定而肯定上帝。

乌纳穆诺这样对西方文化及人的存在处境之反省，令我大感震发。我本忧生，亦为五四文化革命以来之文化发展忧，谓民主科学之云云，非见道之学，不足以建体、立极，亦弗可以安心。乌纳穆诺认为理性不可以解决生命问题，于我真是心有戚戚焉。由此再溯存在主义之说，则巴雷特（William Barreit）《非理性的人：存在主义哲学研究》给了我更多启发。

此书第一编是《当今时代》。第一章：存在主义的问世；第二章：遭遇虚无（宗教的衰微、社会的理性安排、科学与有限性）；第三章：现代艺术的证言。第二编《西方传统中存在主义的源泉》，第三编《存在主义大师》，第四编《整体的人对理性的人》。由目录就可看出他是想把存在主义放在时代的脉络中，说存在主义正是有感于此一虚无时代与人生，乃上溯西方非理性的思想资源，批判科学理性的狭隘，以形成"整体人"。依他看，存在主义的主要论题，对英美哲学来说，往往是一些令人反感的东西。诸如焦虑、死亡、假我与本真自我之间的冲突，大众的无个性，对上帝之死的体验等问题，几乎都不是分析哲学的论题。然而，它们却是人生的课题：人确实终生在本真与假我的需求间奋斗挣扎，而且我们也确实生活在一个神经过敏及焦虑增长得很厉害的时代。

在我们的社会，世俗的目标已占了支配地位；经济的组织又增加了人支配自然的力量；而且从政治上看，社会也已变得更理性化、更讲究功利、更民主，并且也造成了物质的丰富与进步。启蒙时代的人曾预言，理性将胜利扩展到社会生活的各个领域。但是，就在这时，理性受挫于它的对立面，受挫于层出不穷又预料不到的现实事物，例如战争、经济的危机与脱序、群众里的政治动乱。再者，在一个官僚化、非个人的大众社会里，人的无家感和异化感更趋强烈，他已经开始感到，甚至在他自己的人类社会里，他自己也是局外人。他被三重地异化了：不仅对于上帝、对于自己是个陌生人，而且对于提供他物资必需品的庞大社会机关也是个陌生人；同时，最糟糕又最终极的异化，是人同他自己的自我的异化。在一个仅仅要求人胜任他自己特殊社会职能的社会里，人更会变得和这种职能等同起来；而他的存在的其余部分和他真实的自我，早已消失不见。

存在主义就是要揭露这些。因此这种哲学体现了当今时代的自我质疑。存在主义的全部问题，都是从这种历史情势展开的。异化和疏离对人生基本的脆弱性与偶然性的感触，理性面对深层存在的无力、虚无的威胁，以及个人在这种威胁面前的孤独与无遮无蔽状态，才是它所要探究的。

但到此为止，巴雷特这些对存在主义的描述虽然精彩，与美学无甚关系。其所以发生关系，是因他注意到现代艺术中人的形象越来越模糊，现代小说越来越关心无面目无名字的主角人物，他既是每一个人又不是每一个人。一个时代，人越来越不清楚他该有的形象，岂不显示了虚无已经成了现代文学艺术重要的主题之一吗？它或是直截了当地说出来，或者只是通过描写人物在其中居住、活动并且拥有其存在的环境作品流露出来。他举了许多雕刻、绘画、小说和荒谬剧为例，并说一个时代可以把它自己显现在它的宗教里、它的社会形式里，但是，或许是最深刻、至少是最清楚地显现在它的艺术里。又说这种表现是与存在主义同步或相呼应的，"在我们的时代，存在主义哲学是作为我们时代的理智表达而出现的，而这种哲学还显示出它同现代艺术有许多接合点。我们越是密切地把这两者连在一起考察，存在主义哲学是我们时代真正的理智的表达的印象就越是强烈，正如现代艺术以形象和直观形式表达我们的时代一样"。

不仅如此,他还认为存在主义哲学和现代艺术不只处理类似的主题,而且还都从危机感和同西方主流传统决裂出发。

因为与西方主流传统决裂,所以现代西方艺术反而与东方或原始艺术有合契之处。这未必是因现代艺术师法东方,而是东西方在哲学倾向上本来就不相同。西方重理性,东方重生命,故现代艺术反传统,自然就类似于东方了。据他看,"东方和西方艺术形式观念之间差异的真正原因,说到底是哲学观的差异:从希腊人以来,西方人就相信存在,一切存在,是可以理解的,相信任何事物都有他的理由(至少从亚里士多德中期经托马斯·阿奎那直至现代初期的主导传统都持这种论点),并且相信宇宙终究也是可以理解的。另一方面,东方人却认为他存在于一个对于西方人的理性心灵来说是无意义的宇宙之内,并生活在这种无意义性之中。因此,对于东方人来说,似乎十分自然的艺术形式,应当和生活本身一样地无形式或有形式,一样地没有理性"。

我发现他如此把存在主义和现代艺术关联起来说的路数,是可大有开展的。

因此,1985 年,陈瑞贵主编《明日世界》,邀我写稿,我即循此路数,写了《现代戏剧与人生哲学的探讨》,刊于该刊 126、127 期。从史特林堡梦幻剧,讲到贝克特《等待果陀》、伊欧纳斯科《椅子》等荒谬剧及卡缪的剧本等,认为现代戏剧呈现了现代人疏离与异化的存在处境,体现了社会的不完整和人生的畸裂。

(三)境界型态美学的界定

但对现代剧及存在主义凸显人生荒谬感和世界无意义的态度,

我却有所保留。我注意到巴雷特说它们与东方哲学有相似之处。可是，我更觉得它终究呈现的是西方传统的困境，若真能契会于中国哲学，或许便能解决其中诸多疑难。

因为现代戏剧所处理的，基本上是人存在的焦虑与困境。但是，存在主义的中心问题，是"自我割舍"。所谓自我割舍，是指一切自我封闭的毛病，自我与民族、与国家、与宗教、与团体产生的疏离感，构成了人存在的痛苦，例如人与神的割离就是其中最明显的一种。这种割弃，放到哲学或文化传统里说，是西方文化几千年发展后，总结下来的大疑难。这个疑难，逼使人开始面对自己去思考：人生究竟还有什么意义。但不幸的是，答案很令人沮丧，因为一切无意义虽然都来自人自己的创造，可是人之丧失与割离永远不能避免，所以人生事实上也是无意义的。这个思想路数，有点像佛家。佛家讲人生各种缘相，总括起来就是"苦"。人唯有正视这个苦，了解到人生皆苦、万法皆空，才能兴起悲情。存在主义对人生、对世界也充满了悲情。但它不像佛家在此还能有所翻转，佛家以三法印摧破一切苦，人生即能得到翻转，得到解脱。现代艺术和存在主义哲学则不行，因此唯有虚无，唯有忧苦而已，一切不抵达于无意义之"恶趣空"不止！

我觉得这是它哲学上有了问题。存在主义，基本上是讲价值的，可是它抓住实践过程不放，只就人存在的历程来讲价值，而不能或不注意超越领域方面的断定，这样，其实就无存有，而只有活动了。这样，价值当然定不住，人生和世界当然也就是一片空虚，无意义。其次，它不再讲上帝或虚构上帝，所以形上的向往与依靠往往取消了。这个取消不要紧，但一定要从自我的这一面，挺出道德主体才行，否则一切价值与意义便都漂浮沦丧了。但存在主义所讲的自我，偏于非理性面，故亦不足以立主体。再次，人之存在，若真的要把他看成是一个异于物的存在，则不能不把他看成一个自觉活动。可是存在主义并未如此，故其所讲之存在亦非真存在。

我认为，这些都是存在主义的问题，是现代戏剧的问题，但同时也是现代哲学整体的问题吧！自觉的价值活动以及道德主体的强调，就是中国传统哲学能够提供给西方传统后迷惘的一帖药。

这是"破"。中国哲学究竟如何可以提供或可以提供什么解决的方案呢？我在1984年发表《中国哲学之美》，即是处理这个问题。认为人要肯定与认识自我，不能仰赖任何外在的力量与经验，而根本是一种内在理解自我、认识自我的历程。人只有内在地理解他的生命，了解到人之所以为人，己之所以为己，才能真正地去肯定自己、成就自己。而也唯有排除生命中的妄情，方能切实理会到主体生命到底是什么。此即儒家所说的"成己之学"。

这不仅是儒家如此，整个中国哲学所开显的人生境界，一直是"众里寻他千百度，蓦然回首，那人却在灯火阑珊处"的，要求我们反求本心，反身而求。一如佛家所说"几处寻春不见春，芒鞋踏破岭头云。归来笑拈梅花嗅，春在枝头已十分"，强调"自性圆明，不假外求"。这种哲学对于人之存在最有保障，不同于外求现实经验或形上意理的哲学进路。由人之存在而言，使人生具有意义的，不是我们遭遇到什么，而是我们做什么；因此，倒过来说，人也只有自己，才能摧毁自己。每个人如果能够成就自己，则他本身便是圆足无敌、至高无上的，此即称为圣人。

圣人，只是一个充分完足了自己的人，并非外在于人的权威者。只有外求现实经验及形上意理的哲学系统，才会默认神或上帝的存在，以提供人能充分完足的依据。在中国哲学中则无此问题，亦无此必要，因为如此必然无法使人充分成就自己，最多只能令人成为一名丧失存在根源的疏离人。

这种丧失存在根源性的缺点，中国儒、道、释各家都看得很清楚，所以儒家主张内在的修养，由道德意识来显露自由无限心；道家则主张以虚静心消除造作，而显一切有；至于佛家，则有息妄修心、泯绝无寄、直显心性等讲法。通过这些"降伏己心"的工夫，使得人生不断超越提升，而进入到一切存在的根源地位上去。

所以中国哲学里面，会一再强调这个心，不但是自己的心，也可以透见天地之心。《易经》上说："复，其见天地之心乎？"所谓天地之心，就是一切价值与意义的根源。而人，就是这个根源，故《中庸》说："人者，天地之心也。"

由于肯定了人能与天地合一，肯定人能通过自身的修养而不断超越提升，因此中国哲学中认为人生不是平面的进步或阶进式的进步，而是立体地提升。中国哲学亦同样因此而不呈显为平面的分解系统，而只显示一境界义。

在平面的人生观与世界观里，才会有内外、主客、"能"、"所"二元对立的问题，宇宙上下两层不能相通。如何由平面变成立体呢？这就必须讲价值了。由价值讲存在，能（主体）与所（对象）便不是对立的存在，二者都由价值来提住。例如在中国哲学中的"道"，虽说是道法自然，人又法道，但我们不能理解为人生价值规范是依宇宙自然律而建立的。因为假若宇宙自然律是支配万物生成变化的根本原理，人当然也只在此规律中活动，不能自作主宰。如此，则与中国哲学的基本认定不符。在中国哲学中，如果人确实能自作主宰，则价值之道的建立，只能来自主体的自由，自然律不可能为人生价值规范提供基础。故不能从存有来讲价值，仅能从价值来讲存有。在人生实践的过程中，至多只能说人可以"选择"自然律为其行动之典范。但自然律一经人的选择,即以价值的身份纳入主体对行动的抉择判断中了。

换句话来说,中国哲学中,存有论其实就是价值论(a system of ontology is also a theory of value),是依人在价值实践历程中所达到的境界,来讲世界的存有。人的实践路数不同,所达致的心灵状态,亦复不同。于是世界遂也不只是客观实然的既成事实经验世界,而是依我们的实践而不断升进而异趣。这些不同的世界,显然都属于价值层,代表了实践的心灵价值,呈现了多层而非平面的世界。这种世界,就具有不同层次的境界。

"境界"一词,最早用于佛家经典中,梵语 visaya,《俱舍论颂疏》:"若于彼法,此有功能,即说彼为此法境界"(《第二分别界品第一》),指人在内在意识中确实有所感受者而言,又同时也指自家势力所及之境土。近人所最熟悉的境界说,是王国维在《人间词话》中所说的:"古今之成大事业大学问者,必经过三种之境界。"在此之前,如庄子《应帝王》中所说的壶子四示、禅宗所说的三关,乃至孔子自述为学的诸阶段,都是类似的例子。中国人评艺术,喜欢分为神品、妙品、精品、能品,也是如此。

依牟宗三先生说,形上学有两类:境界型态的形上学,是依观看或知见之路讲形上学(metaphysics in the line of vision),而实有型态的形上学,则是依实有之路讲形上学(metaphysics in the line of being)。老子是境界型态,儒家则是实有型态。只不过儒家不同于西方那种观解的实有型态。因为在观解的实有型态中,只存有而不活动,不具创造性,是认识主体思索的对象,而不是存有与主体结合的。儒家则必须经由人之实践来说,而人心又须以天道来规定,成为实践的实有型态。这个讲法当然不错。但依我上文所述,就中国哲学普遍肯定内在主体,讲究反身、复、常心等主观价值来说,中国哲学中的形上学,都是依实践所达至的心灵状态而呈现的世界。因此,我认为境界型态应该都是儒、道、释形上学的一般性格。

而且,顺着这个讲法,我还要描述一下中国的"境界型态美学"。因为这种境界型态的哲学倾向,自然也影响到我们对人生的看法和艺术的表现。例如在论艺术时我们常会提及的"无心"、"不工"、"无声胜有声"之类,就跟我国哲学息息相关。

苏东坡尝说文与可画竹,"遇物赋形,得于无心"。所谓无心,是由工夫转化而出的境界。这种无,可以概括老子的无为、无知、无欲、无身、虚其心,庄子的无己、无功、无名、吾丧我,甚至儒家所说的克己,都是指人能刮除生命中的虚妄与执着,真正以本心来观物,所以它是指实践的工夫。但经此工夫,当然也会造就出无的艺术和人生,如《礼记·乐记》所说:"乐由中出,故静;礼自外作,故文。大乐必易,大礼必简。"简易,就是整个礼乐文化精神之所在。因为乐之本质,是从天性湛寂之中自然感发流出的,不是情欲之盲动或发泄。故乐,必然是静淡,如孔子所谓"无声"(礼记·孔子闲居)及老子所说的"大音希声",而不可能是五音繁杂,令人耳聋的。这样的分别,就像诗歌本来是语言的舞蹈,但若真正知道诗歌不只是语言的艺术,更是"在心为志,发言为诗"的。如此诗艺术便脱离了文字巧丽精工的层次,而进入"大巧若拙"(无意于文)的境界。无意于文,是工夫;简易平淡则是境界,代表诗艺术的最高极至。在这种平淡简远之中,其实蕴含了所有人生一切智慧与力量,所以它的平淡,并不是真正的贫乏无味,而是含藏了一切滋味与内容。山高水深,可供人永远含咀品赏、挹之无穷。

只有在这个层面上,我们才能讲无声胜有声。因为如果只在平面的世界上讲,则文字与声调旋律当然是越繁复曲折、越抑扬多姿,愈能让人感到有兴味。但我国艺术不是这样说的。由艺术之本质来看,艺术之创造若出自人类的创造心灵,那么,艺术便不能只是情欲生命虚妄的鼓荡,而应该也是透见宇宙真理及价值的一种途径。但是,文字表达,固然是真理的表现(representation of truth),然而,太造作或执溺于文字,却经常甚或必然形成对真理的误传(misrepresentation of truth)或曲解(falsification)。因此,艺术创作,就是要以最精简朴素的语言形式最有效地显示真理,用最不执着语言的方法来使用语言。于是,在创作态度上,即形成忘言、忘象、忘画、无意于文的型态,而在艺术表现上则成为简淡朴拙的风格。

这样的艺术创作,就显示一种特征,显示它不只是一种技术,而是真理(道)的呈现,是一种技进于道的历程。从人间事相的描摹,跨越到超越的价值领域上去,而保证了文学的道德价值。如此,中国文学乃在评价上肯定了"繁华落尽见真淳"是最高级的艺术表现型态或人生境界。

再由作品形式上看。由于整个西方文化中传统善恶对立两极化倾向十分浓厚,所以小说戏剧形式上最主要的表现方式,经常是以平面化的两极对峙为主。例如描写善恶冲突、战争、警匪等,淋漓酣畅,至为精彩,肯定正反双方公开而严重的对搏。另有些作品并不直接处理对立冲突,不同时正面肯定双方,而只凸显一极,以这一极朝向另一极活动,描述一个人的行动、挣扎、冲突、追寻的历程。故其小说与戏剧多有一主角或英雄,以此为一主线,构成情节及追寻终结的结构。除这两种之外,也有表现理想这一极的,致力描绘天堂、乌托邦或爱情等。

这三种模式,在中国文学中皆甚罕见。我国文学不仅少有单纯歌颂、描述理想世界,以供人作追寻或投入;将爱情、天堂、乌托邦等视为人生之价值领域,对之俯心膜颂,认作崇高伟大若不可渎亵者,也很少处理善恶对搏的问题。跟西方小说戏剧比起来,冲突性不高。再者,我国小说戏剧也不必以一主角来串连情节,形成事件的结构关系。整个小说的世界观是开放而广含的,仿佛一个具体的人世,在这个人世里,本来就是人人皆可为主角的。不像以个人主义哲学为基底的世界观那样,一切事件人物皆缘主角个人而联结成一组有意义的关系。

由于缺乏主角的情节统驭性,所以我国小说或戏剧,若据西方文学的标准来看,基本上多是不及格的。如《红楼梦》《水浒传》之类,一章一回,均可单独看待,因此根本也无所谓"情节"或"结构"。为什么会这样呢？西方小说戏剧,在发展中深受悲剧传统的影响,因此小说戏剧艺术的构成,主要就是以悲剧的叙述结构:"情节"(plot)为主。情节中必须含有戏剧性的(dramatic)冲突。这些冲突,包含了人与自然、人与社会、人与人、人与自我、现实界和理想界的矛盾与争抗,而其进行,则有赖于因果关系,因为"叙述"是与时间相呼应的。中国小说戏剧完全不是这样,既乏情节与结构,亦未必有戏剧性的行动。它仿佛一幅中国绘画,并无固定的透视焦点,而是多重透视的,在这个"世界"中,人人皆可自为主客,每一部分也都完具圆足,自有主角。所以一幅山水,截下一角来,也不觉得是一个残缺的部分,而根本自成一幅山水;一出戏,只演一折;一部小说,只看一回,亦皆是如此,自成佳趣。不必一定要镶在一个固定的情节构成的结构中,才有意义。它可以交光互摄、随机流动,以气脉相通的方式,呼应综摄为一整体,展现不同的结构型态。巴雷说东方哲学与西方不同,故其艺术形式也不同,所指即为这一部分。

境界型态美学,就是这样可以同时描述中国人生哲学和美学性质的术语。由人生命存在的问题,曲折探问至此,才逐渐形成一个生命美学式的格局。我提出这样一个术语,并借此分判中西,说明中国艺术在形式和精神上的特点,后来也有不少影响。

(四)生命情调的抉择

在这种格局中谈文学与艺术,当然也会讨论作品中显现的生命情调。

例如我解析李商隐诗,会注意到李商隐一生屡以杨朱自喻,如《西溪》诗"苦吟防柳恽,多泪怯杨朱。野鹤随君子,寒松揖大夫。天涯常病意,岑寂胜欢娱",《荆门西下》诗"洞庭波阔蛟龙恶,却羡杨朱泣路岐"之类,均属自伤之作,所谓"东西南北皆垂泪,却是杨朱真本师"。这在其他诗人集中是很罕见的情况。造成这一现象的主要原因,我认为是由于李商隐本人特殊的生命型态中有一种强烈的寻求生命之寄托的倾向。他常感身世悠悠,对于时间,尤有深刻的感怆,每每在物华繁盛时,便兴起众芳芜秽、繁华消歇之感,像《夕阳楼》、《岳阳楼》《乐游原》……这一类诗,都是如此。他之伤春,而且以伤春作为人生的一种情调,也未尝不是由于这种特异的性格。

伤春,始于《诗经·豳风·七月》:"春日迟迟,采蘩祁祁,女心伤悲,殆及公子同归。"《传》:"春,女悲;秋,士悲。感其物化也。"《笺》:"春,女感阳气而思男;秋,士感阴气而思女。是其物化,所以悲也。悲则始有与公子同归之志,欲嫁焉。"义山之伤春,则异乎此。因为义山说:"年华无一事,只是自伤春"(《清河》),"通谷阳林不见人,我来遗恨古时春"(《涉洛川》),"对泣春天类楚囚"、"莫惊五胜埋香骨,地下伤春亦白头"(《与同年李定言曲水闲话戏作》),"细意经春物,伤醒属暮愁"(《即目》),"曾苦伤春不忍听"(《流莺》)。这些伤春的作品,有些可以用艳情来解释,有些却显然与思念女子欲娶之意无关。因此注家有时以艳情为说,有时则说是悼亡,是政治讽喻,是唐人以下第为伤春。但我以为,义山如此刻意伤春(所谓"刻意伤春复伤别"),伤春在他的生命中一定占有一种感情的主导地位,否则何以能说"我为伤春心自醉,不劳君劝石榴花"或"天荒地变心虽折,若比伤春意未多"?故而我们觉得伤春不是思得女子,是义山生命情调中无端而有的一种美人迟暮、众芳芜秽之感!

像这一种人,才会时常有"无端"之感。犹如当年卫玠渡江,而说:"对此茫茫,不觉百感交集。"义山就有这样怅触无端、百感沓来的情况,如《锦瑟》的"锦瑟无端五十弦"、《别智元法师》的"云鬓无端怨别离"、《潭州》的"今古无端入望中"、《属疾》的"秋蝶无端丽、寒花只暂香"等,无不是这忧来莫名、愁去莫止。

而这番无端的哀感,来自生命内部最深邃处,所以基本上是无法排遣的;但义山的悲哀,又在于他一直想要替这无可排遣的无端之哀,寻个安顿。他在情感上、在事业上,及至于仙佛之向往上,都不只是纯粹的沉溺、发泄或遭遇挫折后的逃避,而是为了寻找内在安顿的人生渴求。他一生不断在做这样的找寻,所以也徘徊在情爱、仙佛与仕途之间,往复交缠,茫茫然不知涯涘。这样的人生,可说是矛盾极了,悲苦极了,他不晓得怎样才真能安顿他自己,什么才真是人生的归趣。因此,他从内在的体验上,开始逐渐理解到杨朱歧的意义。

因为歧路代表一种抉择,路固然通往目的地,但选择本身就是令人迷惘、狐疑,甚至痛苦的。抉择时诚然可以有坚持理想的昂扬,但选择必然也代表某一部分的割舍。生命濒临割舍,已经是一种难堪的痛楚了,偏偏这些岔路又令人无法确知自己的抉择与割舍是否可以正确无憾,在此,于人又不能不有所怀疑。杨朱之所以临歧而泣,阮籍之所以穷途痛哭,哭的都是这种人生抉择的悲哀。

而李商隐的悲哀,比他们更甚,因为他不但徘徊于歧路,有人生失路之感伤哀痛。更深层地,他也晓得这些路,可能没有一条是可以安顿人生的路。所以,他在两性关系上,歌咏情爱,肯定情之尊贵;但同时,他又确信情爱只是虚幻的,"莫讶韩凭为蛱蝶,等闲飞上别枝花"(《青陵台》)。在人与外在世界的关系上,他追求现实世界的政治秩序与功业,有"欲回天地入扁舟"的抱负,有理想主义的气质;但同样地,他对这样的事功及评价,也感到不可信任。而且历史兴亡,在时间的淘洗之下,现实世界的事功,更是显得脆弱无意义。集中如《李卫公》《旧将军》《过伊仆射旧宅》《筹笔驿》《武侯庙古柏》《咏史》《茂陵》等诗,都表现了这种意识。同理,在人与超越世界的关系上,他也是既向往仙道,视为生命中的终极归趣,又对这种安顿方式感到幽渺难凭,否则他就不会说"八骏日行十万里,穆王何事不重来"(《瑶池》)了。这岂不是一种矛盾吗?李商隐就生活在这层层矛盾之中,徘徊于这不可消解而又必须执着的伤痛之中。他说"却羡杨朱泣路歧",正是因为杨朱所泣,只是人生之抉择的苦痛,他则根本无路,只能站在原地,伤情地高吟:"东西南北皆垂泪!"

历来解释李商隐诗,有以爱情、以党争等不同的解释路向,由生命情调及其生命中的问题来解说者,毕竟罕见。我在1984年所写《文学中的人生抉择问题:李商隐与佛教》,或更早期,20世纪70年代所写的《由鲍照诗看六朝的人生孤愤》《李贺秋来诗》《义山诗小笺》《说龚定庵的侠骨幽情》等文,都表现了这样讨论作品的路向,独树一格。

这里所谓的生命情调,虽说是李商隐、鲍照、龚定庵或什么人的,但那都只是作品中的作者,是由作品看出其中显示的生命态度。生命态度不同,作品所表现的美感趣味也必然不同。

因此,这便可作为一种文艺批评的方法。例如我们看柳永的词《定风波·自春来惨绿愁红,芳心是事可可》那一阕。词写薄情郎离去后音讯全无,女子坐在楼中,百无情绪,很后悔早时没把他的雕鞍锁了,把他关在房里,不准他外去乱跑。看起来,这只是一般的闺怨,但从生命美学的角度看,就会觉得此词其实已超越了唐诗及五代词中所表现的闺怨情怀,而跃向一个更广大深沉的人性探索领域去了。据贝德叶夫(Nikolai Berdyaer, 1874—1948)的说法,人类之爱,可以区分为两种形式,各有不同的性质基础,一是"超升的爱"(Love that ascend),一是"凡尘的爱"(Love that descend)。男女之间的爱恋,往往属于前者,由残缺不圆满开始,尽力使它实现丰富与完美。但它本身也可能是个恶魔,蛊惑了一切受它吸引的人,使男女在爱中疯狂,心神贯注地为爱的追求而努力。至于"尘凡的爱",则是只付出而不求报偿,是悲悯、同情的爱,不为自身,也不为追求能让我们丰富壮大的事物,它只把自己的丰盈倾其所有地给予旁人,例如父母之于子女、释迦之于人类等。它常和男女爱恋之具有选择性不同,因为仁慈、悲悯是指向所有的人类,与选择无关。当然,这两种爱的形式,是可以互相含容,而不必截然划分的。真实的"超升的爱",是应包含充满悲悯、体谅的"尘凡的爱"才对。如若一位陷在爱中的女子,无法体认怜悯与慈悲,则她所拥有的"超升的爱"其实蕴含了邪恶的力量,奴役了爱者本身,也奴役了被爱者。它可能是残酷的占据,并蕴蓄着凶狠的暴力。本词上半阕深刻描述这个被它奴役的女子的心灵和神态,下半阕由锁雕鞍的"锁"字开始,明显展示了她意欲奴役被爱者的企图。她希望另一个完整的生命,可以完全拘锁在她所安置的框框里,被她佩带在身边,以满足她的"爱"。这种对爱的执着当然是深刻而可敬的,但也是残苛而暴戾的。柳永在这阕词里所显示的生命被爱奴役而也准备奴役别人的态度,就是李商隐所不曾有的。柳词与李义山诗之不同生命情调亦即由此可见。

而另有些词人,曾被认为是具有尘凡之爱的,如王国维曾说李后主词:"俨然有释迦基督担荷人类罪恶之意。"可是,后主词意也许正与释迦截然相反。浮屠以破"执"得解脱涅槃,后主则是以"执"将自我的生命投入痛苦的深渊,是"迷"而非"觉"。且这种痛苦与执着,并不基于人性本身的考虑或认识(如王国维自己那样),而是来自他身世背景之刺激,所以也与全人类无关。

换言之,他是一个纯主观的词人,重在自我内在经验的倾吐,而这种内在经验与情感,又都环绕着一个主要线索(亡国)而发展。这是他后期词作的基调,所有的作品都不脱这个范畴,成为故国之思的不断变奏出现。这样狭窄的题材、经验及类似的创作手法,按道理说,应该是三流词人的特征,后主却能凭此而成为词中之帝,道理何在呢?这就仍然回到上文所说"执"的问题上了。

人皆不能无所执,但有所执、有所系,即必有所憾。普通人之执着,不过名利情爱,拥有者既小,所憾亦少。后主所曾拥有太多,一旦尽失所有,整个心灵便随之崩塌空虚了;但他又不甘于幻灭,乃不得不徘徊于执着与幻灭之间,一再遭到精神与现实两极的撕裂。所以他这种"执",非常人之执。沉溺极深,其创痛也最巨,而他的创作手法又刚好能如实地体现这种沉哀,是在一个破碎的人间世里,赤裸裸的孤寂灵魂号泣于春风秋雨之中。此情此笔,当然能撼动人心。

凡此之类,讨论作品所显示的生命情调,分析每一位作家对生命的不同态度及作品中对生命问题的不同处理方式,便成为文艺批评中重要的课题。我于1982年出版之《词选析注》，内中亦颇多此类方法之运用。

在我之前，论生命与境界者颇不乏人，如刘述先即有《生命情调的抉择》一书。但仅就人生哲学说，并未触及文学美学领域。唯柯庆明《境界的探求》一书探讨文学境界，悟道在我之先。柯先生认为文学阅读是一种唤起内在主体的觉知活动，在此内在之体验中，人才能形成生命意义之自觉与生活上种种抉择的可能性。因而，在文学作品能够成功地作为一种知识时，无疑的就是一种生命的知识；一种同时涵盖着生命体验的语言表达、生命存在的心理历程，以及人类生命的同时是存在因而也是伦理之意义的完整且一贯的探索的架构，一个可验证的有效的架构。①

(五)审美的意识与方法

文学作品是一种关乎人作为一主体性存在的知识，因此柯先生认为它只有透过每个人一己所生发的主体性觉知来验证；而在阅读时能否发生这类主体性觉知，除了作品的诸般性质之外，又有赖于读者的阅读态度、语言敏感，以及想象参与的各种能力的具备。

也就是说，文学阅读，旨在透过对文学作品生命意识、存在状况的体验，达成我们自己生命的觉知。这样的体验与觉知，不是科学的客观的分析而是主客交融、作品与读者互动的。要想达成这样的互动，看出作品中的生命意识，或运用分析作品生命情调的方法去看作品，读者须另有一些方法。柯先生说读者须有语言之敏感、想象之参

---

① 柯庆明.境界的探求.台北：台湾联经出版公司，1977.

与以及主体涉入的阅读方式,所指即此。换言之,讨论作品中的生命情网,是一种文艺批评方法。读者要能体验作品中的生命情网,却还需要有些方法,如柯先生说"想象之参与",等等。可是,这样说只是一个方向上的点明,说明文学知识之获得不同于科学知识而已。读者要用什么方法来使自己具有语言之敏感、想象之参与及主体之涉入诸能力,看得出作品中的生命意识呢?

我在1985年出版的《文学散步》中有几章谈如何欣赏文学作品,就是要讲这个方法问题。

我说:美感活动,是一种人文意识的活动。故美的感知与判断,跟个人意识的发展息息相关。一个人的知识、经验、生命情调,无一不是美感的主要凭借。主要原因就是审美活动的性质,并不是孤立的,它虽不同于道德的、社会的、实用的等各种活动,可是,各种人文意识的发展和活动,却深深影响了美感活动的内涵。因此,读者一切培养美感的活动,实际上便是与整个生命和思想意识内涵相牵连的。他应博观各种美的型式,思考各种美的价值观,扩大审美口味,提升审美层次,建立美感价值,以丰盈自我的生命。提升美感层次和扩大审美口味,重在提升拓展自我的美感经验,使读者能涵蕴包含各种美的趣味。但是,既然美有不同的型式,有不同的层级,而文学欣赏本身又牵涉到审美主体的活动,那么,这些美,在读者本人的生命中,占着什么样的地位,自然就会有一种价值的区分。而这种美感价值观,是通过读者本人生命与意识的发展而获得的。所以人若要建立他自己的美感价值观,即应从提升他本人的生命内容着手。

这要怎么做呢?我建议透过知性与感性的辩证、语言与心灵内容的辩证、对象与方法的辩证来进行。所谓知性与感性的辩证是说知性与感性是在我们每天生活中起作用的。但是,知性与感性虽每日运作于生命中,我们很少自觉地对它们思考或感受。我们若能对自己知性与感性的运作和内容,做一番知觉的分析,做一些概念分际的辨明,则我们的知性能力就可以不断成长。同时,我们还可以细腻地体会自我感性经验的内容,了解自己情感的走向和历程,并透过这样的体会,增加感性能力与内容的细腻度。这样子,经过不断的反省,生命不断进展之后,我们更可以把眼光放得宽广些,对自己以外其他人的情感做一些概念的辨析,以概念的层次架构、说明各种感性经验。于是,我们的知性能力也增加了。而就在这种辨析或增加中,其实也就隐含了对于架构中方法的运作。例如:爱,是一种感性经验,尤其是文学作品中极端重要的内容;但爱这一经验,实有极多殊异的面相,例如浪漫爱就和肉体爱不同,我们可以尝试着去辨析各种爱不同的性质与内涵,以增益我们对爱的知解与体会。

类似这样,我们给予每一层次一些概念的辨析,并安装一个术语,在感性经验的型态与意识中,挖掘其内涵,必然也将使我们的生命提高一个层次,由肉体爱而浪漫爱而层次上升。但是,生命每提高一个层次,可能又遭遇到新的感性经验;人,就在这一连串过程中,不断辩证发展地把生命推高,不断发展,而达到"极其至"的阶段。

然而,一切心灵内容,毫无疑问的,均须以语言予以落实。因为完整而混沌的心灵内容,只有以语言的逻辑性来疏通、整理,才能使之精确。虽然语言的叙述只能是单向性的,只能处理一条线索,步步分析,步步展开。可是,运用这样的展开和分析,却可以让我们把握,并思考到心灵内容的贫乏、稀薄与不周到之处,而予以填补;运用重新经验与思考的分析,去填补,使之趋于充实和完美。

如此,当然也一定会使心灵层次及内容,不断扩充提升。而我们即在不断提升时,不断尝试以语言去表达。可是,心灵提升或丰富到某个程度之后,固有的语言可能就不太容易表达这一丰富而独特的内容了;到了这个时候,便不得不考虑着去创造新的语言。故独特的辞采,也正显示着独特的生命情调和心灵状态。此即语言与心灵内容的辩证。

但我们面对这种语言与心灵内容的辩证发展时,似乎还须另有些作为,才能掌握控制这一发展过程,使它形成知识。这些作为,简单地概括,我们可以总称之为"方法"。所谓方法,即是寻找认知及感性对象中的线索,试图通过某一线索,以"出言有章"的方式,展开有关于对象的思考和解释、剖析,去透视其内部的关联与外现的意义。这是人类建构知识所必须要使用的一套程序。但方法是如何建立的?是不是我忽然间有了一个想头,就有了一种方法?待会儿换了一个想法,又有了另一种方法?方法不是这样,它必须是在方法的自觉意识中逐步发展出来的。我们自觉地意识到我们是怎样地去思考感性及认知对象,思考它哪一部分,如此思考有何意义及目的,而我们这样的思考是否真的可靠,等等。只有经过了这样的自觉意识过程,才能真正地建立一种方法。这个过程,即对象与方法的辩证。

(六)

通过以上各种方法,读者可以体验作品中的生命意识,并由此获得生命自我的提升。这是由读者这一面说的。但若由作者这方面看,所要追问的问题就更不一样了。我主要想探索艺术创作的主体何在,其次则要讨论如何使此一主体朝更高的境界升进。

艺术创作的主体,不会与知性主体相同,这是较容易了解的。显然它也不同于道德。这也就是康德要在纯粹理性与实践理性之外,再以"判断力"来指称的原因。判断力,指审美判断力。牟宗三先生则认为它不是以担任沟通知性与道德为责任,故只能由挺立道德主体,开真善美合一之境。徐复观又以经"心斋"、"坐忘"所得到心为艺术主体。这些讲法,我都不赞成。我认为可由中国艺术的发展来说明艺术创作主体为何,它与善的关系又为何。

这个解释,就是由我国气类感通的哲学看。依气类感通的哲学,人与天地宇宙四时是相感通、相融合的。一人之身即一个小天地,可以与天地因同类的关系而相互感应。如《吕氏春秋》卷十三《应同篇》说:"类固相召。气同则合,声比则应。鼓宫而宫应,鼓角而角动……无不比类其所生以示人……黄帝曰:芒芒昧昧,因天之道,与元同气。故曰同气贤于同义,同义贤于同功,同功贤于同居,同居贤于同名。"天地之间,精气一上一下,圜周复杂,无所稽留;于是万物殊类殊形,而各有分职。但因同气之故,皆可以相感。由于讲天与人的配合,每一个人的生命,即显示或具有天地四时之象,于是《吕氏春秋》便自然发展出"本生"和"全生"的观念。全生或贵生是对个体生命的重视。顺着这个观念,《吕氏春秋》也肯定了情欲的地位。《情欲篇》说:"身之欲五声、目之欲五色、口之欲五味,情也。此三者,贵贱愚智贤不肖欲之若一。虽神农黄帝,其与桀纣同。"这个尊重个体生命、正视情和强调气类感应的观念,在汉代皆有承继与发展。早期对情的问题,或如孟子之存而不论(《尽心下》:"口之于味,目之于色也,耳之于声也,鼻之于臭也,四肢之于安佚也,性也,有命焉,君子不谓性也"),或如荀子要"化"掉,庄子要"无"掉。其实都没有正视情。需到汉代,才因言气类感应而正视情。

先秦人性论之重点,在于辨性,即讨论人之本质及其存在底据的问题。这些问题,汉人也仍很注意,但论性皆远逊于先秦之精微。因此我们可以发现,两汉人性论的重点,其实正是在于对情的重视。这是因为论性的问题时,不能仅着重于性本身的肯定与辨析,而更要追探性的活动状况。而情,就是性与外物相劘相切以后的活动。其次,人性在践履过程中,情欲问题永远是道德实践必须面对的。先秦已立道德实践之大根本大方向,两汉则必然要正视情、讨论性与情之关系。故两汉人性论,基本上就是环绕着"情"而展开的。

这种正视情的态度,使得汉儒之礼乐政教虽为节制情欲而设,但与先秦不同的,是它也同时"本于情性"(《乐记》),而非如荀子般要"矫饰其情性"(《儒效》)。在这种理论的推展上,因性阳性阴、性静情动的区分,又自然在先秦所认识到的道德主体、认知主体之外,认识到感性主体的问题。

以《礼记·乐记》来说,《礼记》也重月令,即采《吕览》十二纪为之,其宇宙观也同样是一个四时感应的宇宙,所谓"圣人作乐以应天"。又举四时为说,云:"人心之动,物使之然也。感于物而动,故形于声。声相应,故生变;变成方,谓之音。"天地人事一切均以感应为说。情,则被解释为感物而动,故形于声。声相应,也是人之所以能与天地万物相感相应的根据。《乐记》云:"乐者,音之所由生也,其本在人心之感物也。(哀乐喜怒敬爱)……六者非性也,感于物而后动。"这个感物而动之心,即感性主体,所以又说:"民有血气心知之性,而无哀乐喜怒之常,应感起物而动"、"凡音者,生人心者也,情动于中,故形于声"。喜怒哀乐之感,皆感物而动之情。而这个情,又是音乐之所由出,是艺术创作的根源。

气类感应,不只可内感物之情来讲感性主体,作为艺术创作的根源,也可顺之而讲有情世界。因为天人感应本身便充满了情感,更会逼出人对自然的美感体会,正如唐君毅所言:"董子之言仁为天心,言天实有爱恶喜怒哀乐之情,表现于寒暑与春夏秋冬,而重天之感情之顺四时而流行……使人觉此天之情感,乃在一自然秩序中,自动自发以流行者。人在四时之中,乃无时不与一有情之天帝相觌面;人亦得于自然四时之神气之运中,随时见天之感情意志。故曰:春气爱、秋气严、夏气乐、冬气哀……合以见此天与万物之无闲相依,而悲喜相关,其情之遍运于四时,未尝有一息之或已。又因此天之喜怒哀乐之情,复即表现于四时之气,以接于吾人形体。其情乃不只为人心之所知,亦人之形体之所感,而未尝与人之形体一日相离。"(《中国哲学原论·导论篇》第十七章第四节)天人感应的世界,乃一有情世界。在此一有情之世界,即以一抒情的自我,与四时山川、天地鬼神相感发。

如此,乃有"风景"、"光景"等词。汉人因气言景,把金水木火与天地日月星辰都看成是景气,人则可以因气相感,此即构成一"情—景"关系的体察。如钱锺书《谈艺录》所说:"流连光景,即物见我,如我寓物,体益性通,物我之相未泯,而物我之情已契。相未泯,故物仍在我身外,可对而赏观;情已契,故物如同我衷怀,可与之融会。"此即情景交融之问题的发轫。

流连景光,而遂不免于流连哀思。春女思,秋士悲,四季气化流行的自然,本来就提供了一个人情思抒发感兴的场域,令人感慨无端,吐属悲愁。也由于有这样的抒情性格和生命感受,才可能出现《古诗十九首》这个我国抒情传统的历史起点。

在流连光景、吐属悲愁的有情世界里,艺术创造被认为是感情主体在遭到感触后不得已的吐露行动,如《乐记》所云:"凡音者,生人心者也,情动于中,故形于声。"《诗大序》也表达了同样的看法:"诗者,志之所之也,在心为志,发言为诗。情动于中,而形于言;言之不足,故嗟叹之;嗟叹之不足,故永歌之;永歌之不足,不知手之舞之,足之蹈之也。情发于声，声成文谓之音；治世之音安以乐，其政和；乱世之音怨以怒，其政乖；亡国之音哀以思，其民困。故正得失、动天地、感鬼神，莫近于诗。"情有所感动，故创造了诗；诗形成了，又能感动天地鬼神及主政者。后来《诗品序》所说"气之动物，物之感人，故摇荡性情，形诸舞咏，照烛三才，晖丽万有。灵祇待之以致飨，幽微藉之以昭告，动天地，感鬼神，莫近于诗"，大抵即顺此旨而发挥之。共感互动，而成就一有情的世界。

　　天地四时阴阳之气，鼓动景气物色；物色之动，又摇荡人心。这时人在与外物交感中所体验到的，应该是一种深刻的美。在这种美之中，人的美感经验，是一种同一关系。同一关系，可以是自我此刻与现象世界的感应，也可以是现象世界自有的感应。前者是"我"因"境"生"感"，由"感"生"情"，终于"情"、"境"可以交融无间。这是一种自我因"延续"而导致的"同一"，创造一个无间隔距离的"绵延"世界。后者是"我"以"心"体"物"，以"物"喻"我"，因此"物"、"我"的界限泯灭。这是一种自我因"转位"而形成的"同一"，由于物物"相等"，因而有一个心物无碍的世界。

　　汉代"天人感应说"所经常受人诟病的宗教气息，如果从这个角度来观察，那也会有全然不同的意义。因为审美经验基本上是依感应而成的，汉人之言天人感应，遂在本质上成为一神圣的、美感的经验。

　　所谓神圣的经验（numinous experience）含有超越理解，并能给予人一种独特的、了解人类情境的启示与赞颂等涵义。汉代的天人感应说，盖即有此类经验。春气暖，秋气清，人仰观天地生物之意，切感万物同气相依之情，直契天心，若可知其灾异变化之意。其实就是让人在一美的觉知里，达到与宗教信仰神交的感悟。此一感悟，亦诗人之情也。唐君毅说："（天人感应之说）即于四时之气之中，以其情志，与人之身心相接,实亦宗教信仰之一至美者。世之诗人,之于四时,见天心之来复,于春见天之喜气洋溢,于秋见'天地为愁、草木凄悲'者,其于此意,尚略相近也。"《诗品序》说:"灵祇待之以致飨,幽微藉之以昭告,动天地,感鬼神,莫近于诗。"一由天人感应之宗教情怀见其通于诗人之感物,一由诗人之美感创造观其显示神圣经验,都点出了这个涵义。

在人与天地万物交会感通时,交感的经验内容,同时是道德的,也是美感的。有宗教体验的人都晓得,在感应灵祇时,内心会洋溢着幸福滋美与正直和平之感。而且,康德曾经提到,对道德人格和道德律的根源(道德之父、天)的尊敬问题。天与道德人格(最高善)都是先天的形而上的表象,对这样的先天的表象,我们怎能实行尊敬的行为呢?其实践规范如何建立?康德说:有理性者对道德律之尊敬,是以感性世界的存有者之身份来作此尊敬,并依此来建立实践规范。《春秋繁露》亦云"德莫大于和,而道莫正于中,中者,天地之美达理也"(《循天之道篇》),由感通而知的天地之道,乃"美达理"的,很难说它属于道德抑或属于美感。况且,所以获致这种经验的方式,应当也与学道者寂而有感、感而遂通之境界无异。《春秋繁露·立元神篇》描述人君立元神,应"志如死灰,形如委衣,安精养神,寂寞无为";《通国身篇》又说人应"形静志虚,执虚静以致精",皆消解我执以使人能寂而有感,感而遂通也。凌曙注引庄子《齐物论》为释,确能说明这种道德理想世界与艺术境界之证入,可能需要类似的主体修养方法。

由此,我们遂发现依气类感通的宗教情趣,可以开显道德与美感两端,但虽两端而合一。就像《文心雕龙》谈艺之极,必归道原,上诉真宰,亦是两端而合一,美之与善,不仅觌面相亲,抑且属于同一活动。另外,据《淮南子》说,此自然之法则,须专精励意,委务积神,上通九天,激厉至精,方能知之,《文心雕龙》所谓"陶钧文思,贵在虚静,疏瀹五脏,澡雪精神",亦仿佛相似。

因人能感,具有感性主体,故能与世界相感应、相感通。在气类感应的有情世界里,又因流连光景,而发现自然之美;因吐属悲愁,而发诸吟咏,形成了抒情的传统。其发言为诗又可以感动天地,与万物相应和,则其美感经验就同时也是神圣经验,在此经验中,美善合一。美的感知和道的体悟,工夫和境界上都是趋同的。我觉得我如此说,不仅可以证立感性主体,而且过去在思想史、艺术史、美学理论上许多纠结不清的问题,也可以一并获得梳理。

艺术与垃圾:当代艺术生产与文化产业论纲

一、艺术生产方式的改变

(一)生产方式

当代艺术生产方式与从前有很大的不同。过去我们讲艺术,对其起源有许多假说,如游戏说、劳动说、巫术与宗教作用说、自我表现说等。所谓起源,指的事实上就是它产生的缘故。而以上这些艺术生产的原因或方式,目前虽然也都还存在着;诗言志,歌永言,用艺术来表现自己,或雕石刻木来祭祀崇拜,均未敛迹,然而可能皆已不是主流,业已边缘化了。

现代社会的现代性,表现于艺术领域中,其精髓实不在"现代艺术"上,而在于它的生产方式上,已由个人化、神圣化逐渐转变为工商业生产之快速化、大量化、标准化、商业化。

现代艺术,本来是反对或反省现代社会的,要揭露现代社会带给人精神伤痛的种种处境,但最终亦成为商品。艺术品之价值,由"质"变成"量"来计算。例如绘画,大画家和小画家怎么分呢?看他的画一平尺多少钱!画以尺计,而不问所画为何,正显示了艺术本身的数量化。

(二)生产场所

早先,艺术创作总是较孤独的行为,大抵创生于书斋、寺院、崖窟之间。由于艺术贸易、艺术品买卖市场兴起,乃有作坊。如景德镇陶瓷,广接外国订单,为供货之需,便得建立大型作坊。各种工艺美术大抵都形成于此类作坊中。

作坊规模可能越来越大,相同艺品生产之作坊也可能聚集于一处。作坊越来越多以后,该地就会成为某类艺品之重要生产地,如上文所说的景德镇。当时福建、广东各地陶瓷出口,往往就打着景德镇的招牌。漆器方面,福州的脱胎漆、扬州的雕漆、平遥的推光漆、天台的夹纻漆也一样,艺以地名。其实其他地方也做这类艺品,只是规模及名气不及罢了。

不只工艺如此,一般认为是较高级艺术的文人书画亦然。市场上流通的作品,其实多出于作坊制造。临、仿、作伪都有。著名的明代"苏州片"即属此类。其中苏州专诸巷钦氏父子所作,人称钦家样,指的就是钦氏作坊。我们现在常看到的《清明上河图》二三十种,大约都属于"苏州片"。近年出现于拍卖市场的史可法书法长卷、宋徽宗《王济观马图》等,即为苏州所出。被故宫博物院以重金拍回的所谓国宝米芾《研山铭》、拍出4.3亿天价的黄山谷《砥柱铭》亦疑为"苏州片"。

现今之艺术生产当然仍大量仰赖作坊,各地的艺术村,如北京"七九八"、"宋庄"即属此类。但另有与过去不同者,在于过去往往是单一行业的作坊聚合起来形成规模经济,如陶瓷之景德镇,书画之"河南片"、"苏州片"。现在渐多异类聚合型的作坊。

典型的例子,是德国为纪念格林兄弟而于1975年打造的"童话之路"。南起格林兄弟出生地哈瑙,蜿蜒六百公里,一直到不莱梅,沿途为《小红帽》、《睡美人》、《灰姑娘》、《魔笛捕鼠人》、《不莱梅音乐师》等故事的发生地,以及卡塞尔格林兄弟博物馆等。把这些地方用格林兄弟生平史迹和其童话创作串起来,做成文化旅游路线,整体带动了各个城镇的观光旅游效益,是以一主题聚合相关事物,以形成文化产业之范例,后来被各地广为效法。

另一个例子,是美国的布兰森。布兰森是美国中部密苏里州塔尼县的一个小镇,当地人口不过8000人,但每年接待的游客总量高达750万人。为何此地居然能有那么多人去呢?因为该地有50家剧院,夏季每天有超过130场的演出,所以它被称为"美国现场音乐之都",剧场座位比纽约百老汇还要多10000多个。这个小镇,在国际上并不太知名,因为主要是美国本地人去消费。该地无色情、赌博成分,故非常适合家庭旅游。环绕着剧院,该地的主题公园、餐饮、水上运动、卡丁车、高尔夫、特色景点、探险、游戏、垂钓也都做得很好,所以既是单一作坊之聚合化,也是异类整合而成的文化产业。

这类文化产业,近年大行其道,如上海把美术电影制片厂、益力多乳品有限公司、太太乐食品有限公司、红星美凯龙环球家居设计博览中心、嘉定安亭汽车博物馆以及上海汽车制动气场改建成的两个创意园区整合起来,变成一个工业旅游景点(含四家工厂、三家行业博物馆、两个创意园区），就很可称道。而形成此种形态，或许也与目前"城市综合体"的概念有关。过去的城市，是分区分块的，商业区、住宅区、工业区、休闲区，一块一块；现今则倾向于将它们综合起来，艺术生产方面亦是如此。

但作坊聚合，无论是同类或异类聚合，内部通常仍维持着一个个作坊，仍弥漫着小规模、手工业的气息。当代更具代表性或特色的，还不是这一类，而是工厂、企业。

其中一种，本身并不直接生产艺术，而是间接地利用企划、广告、经纪、营销方式促成了艺术生产。它的身份十分复杂或暧昧：因为从传统角度看，它只是中介者，本身非生产者，但在当代，这个体系直接决定了艺术生命的形式、数量和内容。它与销售平台、拍卖公司、物流、银行等，共同支撑着艺术创作活动和市场。

另一种更值得注意，那就是企业对其自身产品之设计、技术开发、企业理念及形象之塑造，最终使其产品成了艺术品，其企业所经营的也成为不折不扣的文化产业。典型的例子，就是苹果计算机。

由书斋、崖窟到作坊，到集合式作坊，再到企业，艺术生产场所与方式，显然都有了急剧的变化。

（三）生产性质

在书斋或庵堂、崖窟里头写诗、作画、雕神龛的人，创作之目的，只是自我表现、游戏、劳动或供神；其艺术作品是否产生经济效益，殊非预期。如有财利，乃艺术作品本身价值之外附加的剩余价值。我们可说这时主要追求的是文化之价值与意义，财富功能只是附加的。

作坊则不同，其产品主要是卖钱的，故古人贬称曰"工艺"，地位在"艺术"之下。工艺品不是没有文化价值,如瓷、漆、染、织,其制造、形制、图案本身也都具有文化价值,不过工匠们是要把它拿去卖钱的。

另一种又倒过来:本是做生意,但发现加上了文化元素,生意就更好做了,所以利用文化价值来扩大、提高经济效益。例如,主题餐厅、生态酒店、艺术化包装农产品、京剧照相馆、德国童话之路、成都宽窄巷子、上海新天地、以希腊神话命名的香水等都是。

这一型,虽说本身只是消费着文化,利用文化为它的产业及产品添脂敷粉,但对艺术生产仍不乏推波助澜之效,相关艺术活动或产品也会被它带动起来,引发消费者关注,并形成新市场。

相较于以文化去卖钱,以文化来赚钱,企业型文化产业可说是企业本身即文化。

二、艺术生产方式与文化产业之性质

(一)以文化为产业/以产业创造文化

企业本身即文化,又可大略分成两型:一是以文化创造产业,一是以产业创造文化。

以文化为产业,听起来好像跟刚刚介绍过的以文化来赚钱的类型相似,但其实不同,典型的情况是宗教产业、灵修产业。

宗教本身当然是文化,但当代宗教团体不乏已将之产业化,成为一大企业体的。以台湾佛光山来说,其旗下有全世界120多个国家与地区之寺院、精舍、禅净中心,还有报社、医院、大学、中学、小学、养老院、电视台、杂志社、佛光缘书坊、滴水坊茶座、美术馆、佛陀纪念馆、国际佛光会等,其实就是一个庞大的企业体,与其功德主之间更有紧密的经济互助关系。慈济功德会亦是如此,全台湾四个人里面就有一个是慈济会员,推动着该会在全球做慈善事业。其事业内容是文化,而其事业组织、功能、运作机制及利润收益,与企业相比,却也有过之而无不及。

此类宗教产业,不只佛教为然,新兴宗教尤堪注意。如统一教、巴哈伊、卢胜彦、清海无上师等均是如此,所带生的宗教与商业化争议也一直未断。

但这或许是因它们一属于传统宗教之变貌,一属于新兴宗教,所以才引来那么多争议,若身处一种只运用其宗教性而并不真属于宗教的场域,那就未必会有这许多争议,只管赚钱了。这是一种什么东西呢?就是灵修产业!

灵修产业,是利用现代人精神空虚、价值崩溃、信仰迷失、工作压力大、人际关系紧张、神经衰弱等困境,广采各种禅、密、瑜伽、星座、塔罗牌、风水、气功、净化、放松、香熏、音疗、静坐等方法,让人产生心理上的舒压减重之感,重新体会身心合一、天人合一、物我合一之境界,而形成的一大产业。

其次级产业就是更偏于技术层面的美容、SPA、按摩、自然医疗等,为当代一大新兴产业。

这些产业中,艺术生产甚多。宗教产业推动着建筑、雕塑、造像、法器、书画之生产,建立博物馆、美术馆。灵修产业则不乏音乐治疗、颂钵、观画冥想、请佛像供养之类。篇幅有限,例子就不举了。

近年各地普遍盛行的古村游、古镇游,略亦近于此类。游客到这些古村镇来,是透过文化旅游以获得文化之熏陶、理解、体会,古村古镇本身也是以博物馆形态自居的。虽说大部分尚达不到博物馆之性质,仍不脱开门摆地摊、兜售自家文化的意味,但渐渐已朝这个方面在做。一些古村镇的内部的小型博物馆、展示馆也还有些看头,是以文化为产业的雏形。

至于产业创造文化,情况其实更普遍,因为整个奢侈品产业、时尚产业、电子创意产业等可说皆属此类。

所谓奢侈品,乃实质物品之价值甚廉,但靠其符号意义使人趋之若鹜之物。如名牌衣服、皮包、首饰、化妆品、保养品、名酒、名茶、名烟、名表、名车之类。若是仿品,就只要一两折的价,可见它们卖的全是该品牌所带给人的符号意义和感觉。人们之所以愿意花超出它物质应有价格数十乃至数百倍的钱去消费它,也是因为相信拥有它就拥有了一些品位感、审美态度、符号性的社会阶级身份感等。一切奢侈品之款式、设计,也都要充分艺术化,让它本身仿佛即一艺术品,否则就不可能卖到那么高的价。

因此,时尚产业、奢侈品开发,就是对艺术生产最重要的推手。一款一款的时尚产品,形塑着当代人的品位、价值观、生活态度。

电子创意产业亦复如此。影视、动漫、计算机绘图,与艺术生产之关系固无论矣,就是单纯的电子业也不可忽视。因为它们正成为这个时代强劲的文化产业主力。

苹果计算机即为此中典型。乔布斯曾多次登上美国《时代周刊》封面,他过世后,亦有许多刊物,如《看历史》月刊形容他创立的事业为"苹果禅"或"苹果教",因此苹果计算机不只是电子科技产品,更是一项文化事业,对人们的精神世界、生活态度业已产生巨大影响。

(二)艺术家

在这种新的艺术生产机制中,艺术家显然比过去有了更多的选择,他可以依附于以文化为产业者,也可以被收编进入产业里去创造文化。因产业必须网罗艺术工作者做设计、提供创意,因此艺术家有了庞大的新空间。

过去,为了鼓励企业与艺术家结合,台湾当局曾经规定大型地产建设或公共建筑必须拿出一定比例之经费与空间来放置公共艺术、造型艺术。如今不必政府监督,产业找艺术家设计品牌形象、产品形制与包装,均已司空见惯了。

艺术家这时便已不再像从前那样,为自己生产,为人民生产,他们开始主要为企业生产了。

因而一个新的课题就是:艺术家的自我何在,或应如何保持?艺术是否有或尚有独立性,如有,在这个新时代,有何价值需要保持或如何保持?

艺术家当然仍可以保持他原先孤芳自赏、自我表现之形态。只不过,如今要想孤芳自赏,远较古代困难,且其间充满着辩诘的紧张关系。因为他所创造的艺术品、艺术价值,与由产业所创造出来的产品之间,存在着竞争关系。到底谁才能代表真正的艺术,难说得很。

从大环境上看,艺术家也是迷茫的。过去生产与休闲是相对的概念,人总在生产之余才能休闲。艺术与生活也是相对的,艺术总在违反或超越日常性时才能生出。艺术家与工匠更是相对的,艺术家岂能有匠气?

如今一切区分与界限均已被打破或已含混了。生活艺术化,事实上同时艺术也就世俗化、日常化了。你若说现今艺术品均已庸俗、媚俗,倒也没什么错。而雅俗之辨,在这个时代也恰好就是个大问题。

(三)艺术品

在这个文化产业新时代中,艺术生产规模化、快速化,而且以产业方式来制作、营销,要把我们的日常生活艺术化,当然就会令艺术品数量激增。任何事、物,都会被艺术品化。"文化产业"又被称为"文化创意产业",即显示着这个特点。

但在此新时代,艺术生产形势虽看来一片大好,实际上也制造着无数垃圾。大量、快速、标准化生产的艺术品,实即一堆数量可观的垃圾,铺天盖地,配合着广告营销,充塞人们的耳目。

称它们是垃圾,毫无贬义,是陈述事实。怎么说呢?

以时尚业为例。它们的设计、包装、形象策划,无不充满艺术感,是艺术生产之劲旅。但所谓时尚者,过时即不尚也!新产品推出时,艳光四射;稍晚一点,人们就要弃如敝履了,因为业者必须立刻推出新款来刺激消费。

不是奢侈品时尚产业才如此,资本主义市场中的产业结构本来即是如此。

所以永远不会坏的电灯泡虽然谁都会造,但没有任何一家公司会生产它。生产了这样的电灯泡,以后还吃啥?

故文化创意产业既是产业,其创意就必须保证它很快便会过时,须要新创意与新产品来顶替。当旧创意、旧产品被它的销售商撤下架子之时,它可是一钱不值的呀!苹果计算机的用户,只能不断追捧新开发出来的款式,谁不把前几个月珍若拱璧的旧机子视同垃圾?

在文化产业不断制造垃圾的同时,我们还应注意到那不断被毁坏的自然、社会与人。

几乎每一桩文化产业案例都是毁誉参半、争议不断的。凡被拿来作为案例,鼓吹文化产业伟大光明前景的,都有更多人在批评它破坏了原来的生态、自然环境、社会网络以及人与人的关系。

辑二

由学会的运作看台湾的中国古典文学研究

　　台湾的中国古典文学研究,在台湾中国古典文学研究会成立以前和以后,是截然不同的。对于这个"划时代"性质的说明,以及古典文学研究会的功能,李瑞腾《中国古典文学研究在台湾》一文有详细的分析。下面我先征录他的文章,再做些补充:

　　　　台湾的中国古典文学之研究,主要以大学中文系和中文研究所为重镇。直到日前为止,台湾共有18所公私立大学设有中文系(三所师范大学称"国文系"),其中14所设有中文研究所,而研究所中设有博士班的总计8个。他们把教学与研究依前人的习惯分为辞章、义理、考据三方面。依我的看法,可以用另外一种区分的方式,那就是:语言、文字之学,包括文学、声韵、训诂、文法、语法、修辞等;文学,包括文学概论、各体文选及习作、专家专著、文学史等;学术文化,包括国学导读、经子史方面的专著、思想史等。他们主要是面对古典。早期的师资都从大陆来台,各有学术背景,除台大、辅仁、东海以外,大部分都可称之为章

(太炎)黄(侃)系统,重小学、经学;对词章之学或"文学"比较不重视;在词章方面,则重诗词、古文而轻戏曲小说。但台湾各大学中文系的古典文学研究人力在20世纪70年代末突然集结,汇聚成为一股庞大的学术力量,古典文学的研究展现起飞之势。1979年,由一群中文学术界学者所发起的台湾中国古典文学研究会成立,引起学术界和教育界的广泛注意;同年并举办首届中国古典文学会议。由于当年类似的学术活动尚不多见,所以各媒体有关的报导很多,普遍都持肯定的态度,颇多鼓励与期待。近13年来,台湾中国古典文学研究会历经七届五任理事长(黄永武、王熙元、张梦机、龚鹏程、李瑞腾),共计举行了16次古典文学会议,其中包含一次大规模的国际会议,6次主题式的研讨会;以《文心雕龙》为中心的中国文学批评研讨会、宋诗研讨会、五四文学与文化变迁学术研讨会、大陆地区古典文学的教育与研究研讨会、20世纪中国文学研讨会、文学与传播关系研讨会。

除此之外,台湾中国古典文学研究会举办两次研究生论文发表会,协助陈逢源文教基金会举办青年诗人联吟大会、古典诗学研修会,并远赴香港进行三次浸会文学讲座。由于所有的活动几乎都与各大学的中文系合作,会议实况并有传媒加以报导,同时大部分的论文也都结集出版,其所获致的效用与影响,不言而喻。大体来说,十几年来的台湾中国古典文学研究会,在研究及学术论辩风气的提倡上有很好的成绩;在古典文学研究的论题上,比较有计划地去发现并试图解决有关的问题。除此之外,在新一代研究人力的开发与培养上它做了很多的努力。目前大学中文系的师资大概都是新式教育所培养出来的学者,年龄在五六十岁的人很多都已经是博硕士,他们在上一代的期待中成长,带有保守倾向;而年龄在三四十岁之间的年轻学者现今已经逐渐成为中文学术界的主力,他们的知识来源复杂,社会科学或其他人文学的知识多少都有一些,对于西洋思想流派、研究方法等,也或多或少都有所接触。古典文学的研究因此而产生变化,第一是打破古今的对立,对于现代文学有所认同,至少是不再排斥;第二是把文学和美学作为一种艺术类型,逐渐脱离文献式、考证式的研究,而有了比较充分的论述;第三是把文学和社会与文化结合。从时代的意义上来看,1979年正好是大陆"文革"结束之后力图开放改革的关键年代,台湾中国古典文学研究会是以重建、振兴中国文化为其主要目标。

而对台湾来说,长期开发经济的具体成效及各种负面的作用,都很清楚地可以看出来,过去文化复兴运动的保守性与封闭性使得传统文化机能日益萎缩,甚至于逐渐被现实社会所遗弃。在这样的情况下,台湾中国古典文学研究会以比较积极的做法,使古典文学不断再生,结合现代社会与生活,致力于有关古典文学的出版与研究。1989年,年轻的学术界新锐龚鹏程博士接掌台湾中国古典文学研究会,以更大的视野、更弹性的方式面对传统与现代、台湾与大陆、中国与世界之间的各种文化性议题。1991年,龚博士因为出任公职而较难全心推动会务,第七届理事会改选李瑞腾为理事长,盼能求新求变而不忘本,在既有的基础上,走出更宽广的道路。

以上是李瑞腾在1991年的描述。这里有几个重点,一是古典文学研究会成立,代表台湾中国古典文学研究已正式建立了一个学术社群,形成了群体意识,出现了群体活动,也重建了这个群体内部的伦理关系。

一、学术社群之成立　过去古典文学研究是分散在各个学校、各个中文系所的,彼此互不隶属,也不相干,既无社群组织,也无群体意识。现在才开始有一个可辨识的古典文学研究界,有横向的整合与联系,且出现了新的活动型态。例如开会员大会,办学术会议,每个人在活动中担任分派的工作角色,议事、接待、联络、印务、交通、餐饮……各司其职。

这种新角色、新活动样式,对各校之中文系教师来说,是全新的经验。我至今仍能回忆起当时参与者生疏而又兴奋的心情、粗糙却又隆重的活动过程,那是对整个中国古典文学研究界的洗礼。在这种新状况中,传统的师生伦理,各校单独的伦理关系、研究方法及风气,也都受到冲击。特别是古典文学研究会所办的学术研讨会,以建立客观之学术讨论规范为目的,完全打破了师生伦理、辈份伦理,为古典文学界提供新的行为典范,有极大的冲击。

二、人力结构的改变　瑞腾谈到了古典文学研究会对研究人才的开发与培养,这确实是古典文学研究会一大功能。顺着瑞腾的讲法,我们也可以说在台湾之古典文学研究,可以渡海来台传播火种的林尹、高明、潘重规、台静农、郑骞、李辰冬等为第一代。他们所培养出来的黄永武、王熙元、吴宏一、于大成、罗宗涛等博士为第二代。成立古典文学研究会的,也就以这些人为主力。但借着会务的推动、研讨会之办理,立刻带起了一批更年轻的博士生、讲师,形成了新锐力量。这就是我和瑞腾这一辈人。这种新研究人力之培养与开发,除了提携人才、促进学术及权力结构新陈代谢之外,它也具体塑造了新的学风,使整个新一代的思想、视野、方法都与前世代有显著的差异。我在1989年《幼狮》月刊所办"年轻一代的古典文学研究"座谈会中曾对此有些分析:年轻一辈和长一辈的研究在形态上很不一样,长一辈常是各做各的,各学校、各系和同侪之间较没有什么来往,不擅长以论学的方式来建立彼此的交谊。可是年轻一辈却很习惯同辈之间互相讨论,慢慢的,他们养成了一种论学的风气。而且年轻一辈也很习惯共同来进行某项学术研究,长一辈就不习惯如此。早期开会时,我们可以发现,长一辈是不能批评的,一经批评后,立刻交情破裂;他们不太习惯学术讨论,而年轻一代却很习惯这种讨论方式。其次,在面对时代问题和与其他学科的对应上,年轻一代比长一辈有活力而敏锐,尤其是在传播媒体的应用和操作上,恐怕不是从前这一辈学者有过的经验。所以,年轻学者的影响力和影响面也比从前大。事实上年轻一辈也有心如此。由于他们在教育过程中感觉到压力和焦虑,所以他们更愿意从事文学的社会教育,如编书、演讲、座谈。这些工作是长一辈老师们很不以为然的,他们觉得这都是在"做秀"。另外,年轻一代的研究量比长一辈多了很多。以古典文学研究会为例,便可以看出40岁以上的学者都已经变成主席和讲评,写论文的都是三十多岁的这一批人。而在品质上,我想也比以前好得很多。新一代和长一辈另一个最大的不同,可能在研究方法上。一是年轻一代整个研究是建立在长一辈长期耕耘的结果上,这已经造成立足点的不同。再者,早期的中文系可以说是没有什么研究方法,只有一种文献学的研究方法,譬如屈万里先生编的《国学导读》,纯粹就是文献学的东西。我们所谓的"治学方法",其实就是文献学方法,也就是目录、版本、辨伪。表面上看来,方法似乎很多,事实上,方法只有一种,而且很简单,远不如现在年轻学者使用得丰富。

不过,仔细看来,方法的不同也只是一种表象,他们最大的不同应是方法意识的不一样。就是说任何方法都可以用,方法本身没有好坏。但是年轻一代和长一代不同之处,在于他们有方法的自觉。如我为什么要用这种方法,不用旁的方法?这个方法好在哪里?不好在哪里?而且面临到研究对象时,会由于对象的不同而有不同的运作方法。我觉得这才是新一代比长一代进步的地方。至于他用了什么方法,倒又在其次,主要是方法意识比以前明确。同时,年轻一代在谈方法等问题时,可能老早就脱离套用的模式。现在我们做研究,主要在说明中国为什么有这样的讲法?它内部的理论结构是什么?它为什么可以这么说?要把这些讲清楚是很费力的。这种工作在从前也做得比较少。从前所做的大都延续"五四"以来学科的模型,以及从刘大杰以来文学史的几个简单的研究。而现在其实早已经另辟蹊径、自成规模了。像李丰楙先生做的道教的文学研究,就是文学社会学的研究,这种研究在早一辈的学者中几乎没有人做;包括我个人所做的文学观念史的研究,在早一辈当中也看不到相关的论文。

再者,对传统文学的术语,如神韵、妙悟等,我们也都知道它蕴含很多精微的道理,可是里面到底如何精微法?为什么这个观念可以串到那个观念?我们要把它讲清楚。以目前的情况来说,很多长一辈的先生要不就是不了解我们在做什么?要不就是看年轻一代的论文很吃力。从术语的使用和思考方式,步步都在做后设思考,这种文章读起来是很累的。跟从前流畅、清楚的文章比较起来,现在的文章复杂多了。这样的学风转变,纵然不能完全归功于古典文学研究会,古典文学研究会仍占有极大的影响份量。这个学会的会员曾经多达500人,几乎囊括了当时所有大学中文系的文学教师与博、硕士生,在形塑新学风方面,自有它不可忽视的地位。

三、文学研究方向之调整　　早期的古典文学研究,仍多传统笺注考证之余风,且偏于从历史背景、作者生平来讲作品,对作品之内涵及美学价值亦少抉发。古典文学研究会透过研讨会所倡行的,则是一种新的学风,所以瑞腾说它将文学视为一种艺术类型,逐渐脱离文献式、考证式之研究,而且对新文学也不再排斥。事实上,古典文学研究会对比较文学的态度也较开放。这开放且活泼的学风,固然有整体社会与学界互动(如与外文系、比较文学界之互动)之关系,也与当时积极参与研究会的青、壮年学者有直接关系。但一个集合各校人士所形成的学术社群,本来就具有打破各校原有藩篱、原有门户及本位主义之功能,这样的学会,其学术性格必然是朝开放多元发展的。古典文学研究会后来还主办国际性研讨会,邀请美国、日本、中国香港、新加坡等地学者与会。又与香港浸会学院合作,派员赴香港交流(我本人与瑞腾、颜昆阳、简锦松,即于1988年赴港,主讲《文心雕龙》,并拜会香港大学、香港中文大学);与日本文艺研究会合作,举办"20世纪中国文学研讨会";另并举办过域外汉文小说的专题研讨会。这些,都开启了台湾古典文学研究者世界性的视野,影响了后来相关研究的方法与方向。

四、研究议题的开创 古典文学研究会所办活动,除了被动或静态的会议(例如每年一度的大会,以公开征稿的方式办理,会议的内容即依来稿状况而定)之外,另有不少主动企划之会议及活动。此类会议与活动,事实上是选择议题以创造风潮、鼓动群众为目的。此类主题式会议,从题目的规划、议程的安排、撰稿人的邀约、主席及讲评者的配合,甚或召开的时机与地点,都需缜密研究。

在这方面,古典文学研究会做了许多创造性的设计。例如时间的控制,以按铃来表示;讲评人或称为特约讨论人;会议结束时有观察员做观察报告;会议数据同步出版等,属于议事程序上的创造,现在已普遍用之于各类会议规范中。因此如今视之，或以为寻常，而当时规划，实际上却花了不少心血。至于议事内容，则古典文学研究会曾针对《文心雕龙》、宋诗、域外汉文小说、20世纪中国文学、区域文学与文学传统、五四运动与文化变迁等，办过专题研讨会；也与各媒体合作，策划过不少座谈会，在导引研究风气方面，确实是有贡献的。

五、与社团及媒体的合作　古典文学研究会乃社会性人民团体，因此必须与社会互动，这是它与校园团体不同的地方。其出版品主要由学生书局出版。学生书局也是它长期、主要的支持者。事实上出版《古典文学》是蚀本的，但学生书局资助出版长达十多年，此种合作关系，乃古典文学会得以发展之重要条件。而古典文学研究会活动之宣传，主要仰赖台湾《中国时报》、《联合报》、《"中央"日报》之报导。报纸也常会摘选会议中的部分论文刊载，以示支持，并促使民众关心，甚或赴会场听讲。此举使古典文学研究不仅仅是校园内部学院中人的事，也有不少民众热心参与。此外，学会又与《"中央"日报》合作过一个民俗文学的星期专刊、与《大华晚报》合作过一个古典文学星期专刊，都达到内部整合人力、外部宣传推广之效果。在与其他社团合作方面，合作最久的，是陈逢源文教基金会。曾经在阳明山中国大饭店等处合办过暑期诗词研习营多年，又在各大学轮流举办大专青年诗人联吟大会，至今不绝，推广古典诗词创作及吟唱，颇有成效。这类活动，固然属于推广性质，但像吟唱比赛这样的活动，因涉及学校荣誉，所以各校对于唱腔、曲谱、吟唱方式、舞台表演，颇肆钻研，对研究仍是极有帮助的。学会另外也与一些宗教团体如宜兰玉尊宫等合办过活动，也都成效不恶。成立于1979年的台湾中国古典文学研究会，在20世纪80年代成为台湾地区古典文学研究最重要的推动团体，其成效大略可以上述各项来概括。但20世纪90年代以

后,这个研究会的功能与活力可说已渐下降,为什么会下降呢?大概也有下列诸原因:

一是古典文学研究会虽为一学术社团,但运作这个社团的,非契约原则,而是情义。创会诸元老,事实上均颇有交谊;参与办事的中青辈学者,也多半为创会人员之朋友与门生。因此,研究会办事,在缺人、缺钱,也可能毫无权位名分的情况下,仍能有效推动。聚会议事,谈谐并作,殊不寂寞。可是岁月不居,几任理事长,黄永武先生退休,渐渐隐居世外,甚且移民加拿大;王熙元先生忽罹癌症,撒手西去;张梦机先生,遽患中风,亦无力过问会务;我则离开中文学界,先是进入政府机关,再则转入历史学界,又兼办教育,更无暇经营这个学会。李瑞腾自己在现代文学、台湾文学、世界华文文学领域的研究也越来越多,无法专力于古典文学研究会会务。王国良、李立信两兄相继接手,办起来自然也就较为吃力。至于创会长老们,或退休,或病疾,亦渐乏心力参赞会务。人情渐疏,组织功能却又甚为松散,维系或推动便都极感困难。此为师友论学情义团体之通病,古典文学研究会也不免于此。

既知如此,为何当初不朝健全组织化发展呢?这就是第二个问题了。古典文学研究会并非工会,所以对从事古典文学研究者来说,此乃一兴趣团体,参不参加,并无强制力之权利义务关系,也与其权益无关。相反地,一个学校若它参与古典文学研究会的活动,它本身固然可以获得若干好处,但它反而要让渡一部分权力和利益出来,某些学校或人员是不甚乐意的。例如在一个学校中,前辈老师说了就算,为什么要让古典文学研究会插进来指手画脚,教我们怎么开会、做什么研究?申请政府机关补助经费时,需要由学校具函;这些经费,学校不会自己用吗?自己不能申办吗?为何要与古典文学研会合作？这些问题，即是古典文学研究会因其仅为一学术兴趣团体而产生的尴尬处境。同时，学会固定经费仅赖会员会费，而会费极低，因为要鼓励研究生参加，故根本无法维持日常运作。亦无固定办公场所，社址随理事长更迭而迁移，包括邮局账户之开户数据都是如此，档案数据当然也无法有效保存与整理。又无固定办事人员，理事或秘书长在其本职之外，兼办了这个学会的大部分事务。若逢大型活动，才情商动员，参加者基本上也都是义工无给职。在这种情形下，要健全组织，实在颇为困难。在台湾的人民团体中，这些情况甚为普遍。但也非毫无改善之道，因为发展得好的学会及兴趣团体仍然不少。然而，这必须仰赖一些社会条件。例如台湾管理科学学会，每年所办之会议，可以达到一天300篇论文的规模，57个场次同时召开，会议论文以光盘发行。工程师学会，出席者要缴费，这都是古典文学研究会望尘莫及的。可是管理学会办这样的活动，可以找到安泰保险公司赞助，古典文学研究会谁来赞助呢？文史哲出版界、文具业，大约是我们仅有的穷朋友；要筹经费，仅有向有关部门申请一途。而20世纪90年代以后，教育主管部门又不接受人民团体的申请，只能通过学校，以致经费的取得日益困难。

在媒体合作方面，20世纪80年代中期台湾解除"戒严"，媒体生态丕变，报刊增长及企业化之发展，又使得报纸原先的人文性格全面改变，文学副刊大多转型为综合性生活化副刊，以适应大众口味；仅剩之版面，亦乏影响力。故古典文学之论述与研究，越来越难在媒体上表现。发挥的空间，甚为局促，连曾与古典文学研究会合作之《大华晚报》都关闭了。《"中央"日报》文史版，虽夙负盛名，但该报之经营销售亦江河日下。大局势如此，益发凸显了古典文学研究界缺乏社会资源，以致发展不易的窘况。

第四个问题,在于中文学界内部学术风气之转变。20世纪80年代古典文学研究的主要学术动力,是为了彰明中国古典文学之审美特质,说明中国古典文学的优点。关联着这个目的,才发展出对中国文化与文学特质的探索,并讨论针对中国文学之特性,应该用何种方法,才能相应地了解。这样的研究,是相较于西方文学而说的,因此其研究视域及问题意识中,都有一个中西对比的架构。通过中西对比,一方面说明中国文学之特点与长处;一方面又获助于现代西方文学理论,来对中国文学提出新解,阐明中国文学之美。但20世纪90年代以后,随着"解严"及两岸关系之发展,政治社会环境变动,促使中文学界也形成了变迁。其参照架构已逐渐调整,而且学术研究之动力,已经是以彰明台湾现代文学之特质与优点为主了。在中文系的研究传统中,向来重古典而轻视现代。且既属"中国文学"系,对于台湾,当然甚少专论;偶尔谈及时,讲的也是台湾的中国古典文学而已。20世纪90年代以后,这种态度被批判为缺乏时代感与主体性,希望论者能将眼光集中于现代文学,而且是台湾的现代文学史。本来,学术史的发展就是不断矫枉的过程。新一代的研究者,必然要求重视前一时期遭到冷落轻忽的部分。过去中文学界确实对现代文学关注不足,对台湾的文学现象与历史少有探究。因此,20世纪90年代以后,逐渐调整视域,正视此类领域,是合乎研究规律的。但台湾文学研究渐由旁支而成大流(许多人认为它已成为主流或显学)之理由并不止于此。因为过去古典文学研究同样不断遭到"未正视现代""不关心社会"之类批评,可是它"彰明中国文学传统之特性与价值"的立场仍被学界广泛支持,仍具有高度的正当性。大家只会抱怨中文学界在这方面贡献太少,绝不会说不必致力于这个目标。而也因为这个目标获得认同,所以中文系才得以继续将主要气力用在中国古典文学研究上,忽略现代文学。整个中国古典文学研究,更因此而带有民族主义气息,含有文化传承与发扬的神圣使命。

当然,在中文系中,也不是所有人都去研究台湾文学了。每年古典文学研究仍依学院教育体系之运作,自然生产出若干论文、博士、硕士、学士,也举办了不少活动,开了许多研讨会。从数量上看,甚或远超过20世纪80年代。然而,整个古典文学研究的动力已消逝了。依循自然、机械的教育体制制造过程,而炮制的研究,犹如丧失理想与目标的人,仍在继续吃着、睡着、生活着而已。不只如此,他还常会陷入自我角色认知的困惑中,问"我是谁",考虑着要不要改个名字,叫作台湾文学系。在这样一个新的学术情境中,中国古典文学研究的正当性已渐降低,古典文学研究会想要有所作为,自然就越来越困难;它想争取社会资源,也日渐不易。连有关部门补助会议、委托研究、成立奖金奖项、设置基金,中国古典文学研究都越来越难得到了。

在这样的时代,古典文学界本身的学术生态也相应地产生了变化。这是第五个原因。亦即:20世纪80年代的古典文学研究会,是在一个大的方向与目标下,对中文系所的人力、研究方法、研究动态的整合。所以它适度地打破了各校的门户与本位主义。可是,20世纪90年代以后,这个大目标、大方向涣散了,统合的力量自然也就消失了,各校乃又逐渐回归其本位去发展。从另一个角度说,早期各校亦无以举办研讨会之类型式来进行研究的习惯与经验,研究只是个人在书斋里的活动。但古典文学研究会在各地举办,各校逐渐学会了这种方式,也学会怎么办会议了;新一代的研究人才,成长于20世纪80年代,亦已习惯此种活动。因此,也就会自己规划办理,不必再仰赖古典文学研究会主办或与古典文学研究会合办了。这两个因素互为激荡,乃形成20世纪90年代以后各校各自为政的局面。台湾高雄师范大学办"先秦文学与思想学术研讨会",台湾政治大学办"汉代文学与思想研讨会"、"明代文学研讨会"、台湾成功大学办"魏晋南北朝文学与思想学术研讨会",台湾大学办"唐代文学研讨会"、"宋代文学与思想研讨会",台湾清华大学办"明代戏曲小说研讨会",台湾中山大学办"清代思想与文学研讨会"……分门别类,划地分疆,古典文学研究会之功能也就萎缩了。

  观察台湾中国古典文学的研究历程,透过学会运作,是一条非常有用的线索,因为与它有关的面向非常广,以上只能视为一部分简单的勾勒。但有关学会、会议、媒体、出版以及教育体系、社会文化脉络等,大抵已可看出一些端倪。对于台湾的中国古典文学研究状况,我们期待能有更进一步的从文学社会学角度进行的分析。

台湾区域文学史的写作与传统

　　1990年台湾中国古典文学研究会主办的"区域特性与文学传统"研讨会,是台湾第一次探讨区域文学史之性质与方法的活动。该会议主题文章《区域特性与文学传统》即由我撰写。迄今8年矣。八九年来,台湾文学作为一个区域文学,相关研究及论述固然蔚为显学,但对于区域文学史之性质及区域文学史著之撰写方法,讨论其实甚少。真正具有方法学意义的,除我那篇文章外,或许只有陈万益《现阶段区域文学史撰写的意义和问题》。但陈先生认为1995年以来,如《台中县文学发展史》、《彰化县文学发展史》、《嘉义地区古典文学发展史》、《台中市文学史初编》等,都归功于叶石涛《台湾文学史纲》,谓此均是"在《史纲》影响下的一系列的区域文学史的撰述"。这样的推断,我甚不以为然。叶老《史纲》面世后,因社会环境大脉络之改变,本土意识逐渐高涨,台湾文学研究渐趋热门,叶老之书当然成为后继者必须参考的数据。但区域文学史的写作缘起必然不直接来自叶老《史纲》之影响,而是文化行政体系的业务推动。这些文化行政机构之所以会开始调查其境内之文学现状,清理其历史,则又与《文讯》月刊于1990—1991年推动之大规模《十六县市艺文环境调查》有关。当初我与李瑞腾讨论这个计划，并由台湾中国古典文学研究会与《文讯》分头推展区域文学研究，对文化行政体系之运作亦有些参与及了解，深知《文讯》之功劳不容抹煞，而仅读叶老之书也绝对引生不出这些区域文学史著来。其次，叶老之《中国美学史大纲》重在替台湾文学定性定位，而且是时间性的架构；其后各区域之文学史，却是以地域为框架的。在这个地域中的文学发展，固然也可能采用叶老的分期方法去描述，但各区域文学史著既是就一县一州而非就台湾文学立论，其著作渊源及性质便可能另有来历。这个来历，其实应从文化中心编写新地方志的风潮去索解。各县、市之方志，修撰权责本在民政局民政课。但民政课编制小，经费少，办理亦不积极，方志中的《艺文志》体例写法也很老旧。20世纪90年代初，宜兰县设立县史馆，附于文化中心，用新的方法与观点，邀请学者编修县史，对其他各县、市有很大的启发。其后才有台中县、台中市等地文化中心起而邀约学者修撰各县、市文学史之举。故它基本上是方志的延伸或扩大。清朝章学诚论方志，已提到编方志必须配合编掌故与文征，谓"仿纪传正史之体而作志，仿律令典例之体而作掌故，仿文选文苑之体而作文征。三书相辅而行，缺一不可"（《文史通义》卷六《方志立三书议》）。依章氏的想法，这种文征，性质之一，就是画界论文，"若近代《中州》、《河汾》诸集，《梁园》、《金陵》诸编，皆能画界论文，略寓征献之意"（同上《和州文征序例》）。元好问《中州集》、房祺《河汾诸老诗集》、赵彦复《梁园风雅》、姚汝循《金陵风雅》等书，被他视为区域文学史，划界论文，略存保留文献之意。这是第二个特点。区域文学史只是"略寓征献之意"，而非一地之文献汇编。它以文学性为重，故章氏论其渊源时，又或上溯之于《文选》、《文苑》。

然而，区域文学史又与一般仅重文藻的选集不尽相同，它必须同时又是史。章氏批评《元文类》说："其撰辑文辞，每存史意。序例亦既明言之矣。然条例未分，其于文学源流，鲜所论次。又古人云：'诵其诗，读其书，不知其人可乎？'作者生平大节及其所著书名，似宜存李善《文选》注例，稍为疏证。至于建言发论，往往文采斐然，读者兴起；而终篇扼腕，不知本事始末何如。此殆如梦古人而遽醒，聆妙曲而不终，未免使人难为怀矣。凡若此者，是并论文有余，证史不足。后来考史诸家，不可不熟议者也"（同上）。

可见选文须存史意，其书亦须论次文学源流，才符合区域文学史的要求。这是第三个特点。故《与甄秀才论文选义例书》又说："括代总选，须以史例观之。"（卷八）在章学诚那个时代，州郡编修地方志，在《艺文志》部分，已经"类辑诗文记序，其体直如文选。而一邑著述目录，作者源流始末，俱无稽考"（卷八《修志十议》）。所以他主张"仿《国风》而汇辑一邑诗文，以为专集"（同上，《天门县志艺文考序》），在方志之外，另成一书。这样的书，他称为文征或文选，看起来只是辑录文章或选本。但章学诚论史，有"史纂、史考、史著"之说，这样的书，在文学作品的征录方面，固如史纂；但加上了本事始末、作者生平、著作大要的考辨、文章源流的论列，它就是不折不扣的区域文学史了。

我们现在几个县、市所编的地域文学史，从现实的事件及性质上看，是地方史之一；从区域文学的编写传统上说，则应即是这个传统的延续，不论作者自觉或不自觉地，大家都在发展这个传统。当然，区域文学史还有另一个传统。因为区域文学史实际上有两大类，一是土地性质的，一是风格含义的。如章学诚所谈及的《中州集》等，都是土地性质的，具体指中州地域之文学。可是像江西诗社宗派，就是

"其诗江西,而人非尽江西也"。是以诗人风格皆出于江西人黄山谷而说此为江西派,派中人却并不都属江西人。清朝桐城派本出于桐城,后来的发展,逐渐成为风格含义,也是类似的例子。故如江西诗派史、桐城派文学史,它都无土地疆界之意,无庸划界论文。这种区域文学史之"区域",是虚的,是风格意义的,故不受当今看重土地的意识所青睐。编写各县、市文学史者,无人考虑这条脉络,亦无人发展这个传统,是非常自然的事。土地性质的区域文学史,首重"划界"。这个文学的疆界,有时以自然地理为划分依据,如《中州集》、《河汾诸老诗集》或岭南、巴蜀、江右之类。有时则以人文地理或历史地理为标准,例如行政区域就常被用来作为文学领土的疆域。这就是陈万益先生所谈到:讨论区域特性时,首先会面临到的行政区划的问题。因行政区划时有变动,故陈先生可能认为采用"地区",比限定于行政区划的州、县更为妥当,也更能说明该区域之文学特性。不过,事实上,语言、文学、艺术等人文事务,硬要套在一个自然地理的疆域中谈,同样也会碰到不能完全吻合的情况。以州、县政治划分论文学,一如以朝代政权起迄论文学,都是抽刀断水,勉强做了区分;而实际上,文学并不尽能符合此类划分之需的。换言之,既要划界论文,则无论是以县、市行政地区为界,或以自然地理等其他方式分区,都是合法且必要的。但从效能上看,也都有不可尽合的缺点。原因无他,地域,是我们用以理解文学现象的一种线索、一种观看事物的思维框架。我们用这种框架去了解文学的分布状况,与我们用时间序列去探索文学的流变,性质相似。可是文学并不仅只能从时间或地理视角去了解,每种方法与线索均有其作用,亦有其限制。此外,现阶段区域文学史著中,江宝钗《嘉义地区古典文学发展史》是专论古典诗文的。其余三种也都重视古典文学的整理。固然因从事者多为中文系之学者,但古典诗文之区域研究传统也是不可忽视的。连横在撰写《台湾通史》之际,同时也编写了《台湾诗乘》。其后彭国栋《广台湾诗乘》、李渔叔《三台诗传》也都有意为史。对各地诗社之研究,也不妨视为区域文学之研究,这个传统在现阶段区域文学史撰写上的作用或影响,仍待估量,不能仅从偏重讨论新文学的《台湾文学史纲》去谈渊源、说影响。

文学理论与其他学科的关系

　　文学理论千变万化,所与关涉的各项学科也极多,如语言学、哲学、宗教学、美学、历史学、社会学等都是。范围如此之广,论述实难。因此本文只能择其一端,谈一个方面的问题。

　　文学的作者面、作品面、读者面都可以谈,但本文不从这些方面谈,而是就整个文学与历史社会的关系上看。历史社会与文学的作者、作品、读者都有关系,是因文学生发于历史之中,其本身即为一社会事件,故文学研究辄不能脱离历史社会之认识。某些文学流派或理论,更是强调历史与社会对文学的制约作用,或主张文学及研究应具有社会功能。文学史,或对历史上的文学进行探究,也离不开历史社会之理解。文学,在这些地方,均与历史学、社会学关系密切。

　　当然,谈文学理论与历史学、社会学之关联,题目仍然太大,本文只能再由一点切入。那就是由宋代女性的社会生活,谈对历史与社会应如何研究;再关涉于历史社会学式的文学研究,讨论社会文化式的文学理论,而集矢于女性主义文评,反省其方法与实际。看看我们在做这种历史社会学式的文学研究时,应该注意些什么。

一、方法与材料：由妇女生活史谈起

中国古代妇女生活史的研究，往常以"女诫"资料为依据，或征引儒家道学人士规范性言说为参照体系，而得出古代女人受压迫，生活局限于闺门之内、礼教之中的印象。

这些印象，深入人心，历有年所，且颇符社会革命之需、女权运动之用。因此也很少人能发现它们只是一批画歪了的脸谱，与古代妇女实际的生活大有距离。

造成此等误解的原因，非常复杂。但社会及意识型态方面的问题，本文暂时无法处理，故只先谈他们据以描摹中国古代妇女生活的那些材料。古代妇女的生活实况，是那些"女诫"阃范文献所能反映的吗？

研究者往往未及分辨"描述语言"和"规范语言"的不同，错把规范语句当成描述语，以为儒家卫道人士或世家大族长者的规箴劝诫即当时之实事，或至少是当时妇女生活的一般准则，以为社会就是依这些规诫在运作着的。这真是缺乏头脑呀！

儒者的期望、理想，大家世族长辈的规箴，都只是规范性语言。规范性语言指向"应然"，而非"实然"，表达的是一种理想的状况。一、这种理想，必须与现实颇有差距，所以才能成其为理想。二、这些理想也必是屡说无效，社会实况从来不符理想，故才须一提再提，不断强调。不符理想的现实，反而保障了规范语言的必要性和它的道德价值，充满了辩证的诡趣。三、这些作者主要是男人的训诫与规箴，代表的只是男人的希望。但女人什么时候会听男人的呢？其与现实差距辽远，岂待问乎？四、女人若有时也跟着男人的话语说着类似的规箴诫律,要求女人如何如何,那也必定是自己斟酌利害做出的策略选择。也就是说,在女人的生活世界中,是运用着这些规范语言,而非依着这些规范语言去生活的。生活世界的逻辑,另有其实然的性质。例如世家大族男性长辈要求其妇女谨守礼法的门风,其妇女也就守礼谨严了。为什么?这不是她们愿意被道德礼法所束缚,乃是因为守礼愈谨,头脸愈不易被人窥见,愈能在婚媾市场上博得高价钱,身价会愈高,聘娶的对象会愈好,"世希难得之货"嘛!可是,所谓守礼谨严也者,实况如何?天晓得。分香纳履、待月西厢,诸传奇故事、笔记小说中,这类故事可多着哪。但实迹虽然如此之多,表面上仍要维持着一个礼法门风的形象,嫁娶双方才会满意,嫁者得了实利,娶者满足了虚荣。这实利与虚荣,就是生活社会实然的逻辑。满足了这些,是运用了规范的语言而得,故而在心理上也获得了符合正义,满足了伦理规范的道德感,因此大家心照不宣、乐此不疲。五、这样的游戏,不是人人都玩得起的,也不是人人都有资格玩的。世家大族长辈可如此规诫其族中妇女,其族中妇女也乐于配合,表演着礼法门风(请注意礼法门风的表演性质),可是一般庶民却无力如此。家中贫窭,恃手而活,仅靠男人,岂足以养家活口?女人都不免要出来工作,谁又能在家知书达礼,大门不出二门不迈?出来卖茶、卖酒、卖衫布、卖胡粉,又怎能男女授受不亲,头脸不轻易让人得见?

过去做妇女史的朋友,利用那些"女诫"及儒家理学人士道德规箴资料时,忘了做阶级分析,常没追问那些材料都是些什么样的人在说的话,所以才会把特殊阶层或群体为巩固其利益而发的言说,视为整个社会共许共遵的伦理原则。要改善这种情况,除了在研究方法上要再仔细斟酌外,材料也应改为采取较足以反映其社会生活的文献。

例如,收录诉讼判词和官府公文的《名公书判清明集》就比《温公家礼》、《袁氏世范》一类书更能显示宋代妇女生活状况。《清明集》明刊本第7卷《立继有据不为户绝》条,载吴琛有四女一子,四女为亲生,一子是收养的义子。吴琛死后,女儿告官,说义子不应继承财产,所以诸女要按"户绝法"分财产。官府则认为收养在三岁以下的视同亲子。且女儿未嫁可得嫁资,已嫁便不能承分。可见宋代子女争遗产,与现代无甚差异。女儿基本上以置嫁妆的方式事先分得了,儿子要待亲亡后才可以继承遗产方式得财。① 但女儿对遗产也未必不觊觎,仍会想办法去争取。从财产权的角度看,男女很难说就是不平等的。何况妻子的嫁妆,在婚后,所有权仍归她所有。跟现代的情况也无大异。其他如第10卷人伦门中《因争财而悖其母与兄》、《子与继母争业》、《妻已改适,谋占前夫财物》等,大抵也显示了类似的意义,可以让我们观察到妇女在保障或争取财产权方面的活动。而这些活动又与现代社会相同或相近,绝不像一些古代妇女史研究者所形容的那样:女人毫无财产权,甚至连她自己都只是男人(丈夫、儿子)的财产,任人支配,毫无保障,也无"法"去争取。

同理,一些儒家对女人的禁制,例如男女授受不亲之类,在实际运作中,反而可以形成对妇女的保卫网。

《清明集》卷十四《卖卦人打刀镊妇》的判词就可以证明这一点。刀镊妇,是替人挽面的职业妇女,被一个算命的在酒醉后打了,官府认为:"男女授受不亲,正欲其别嫌也。男不许共女争,亦惧其以强凌弱也。"算命的找女妇挽面,已属不当(因为他大可以找男的),该妇不

---

① 袁俐.宋代女性财产权述论.杭州大学历史系宋史研究室,编.宋史研究集刊,1988(2).但财产权其实又分所有权和使用权,有些时候,两者是分离的。妇女的财产权有时看起来会不如男性,但由使用权,亦即支配权方面看就又未必。现代人常开玩笑说女人结婚后,"先生的钱是我的,我的还是我的"。指的就是:不论先生是否拥有所有权,妻子常是家庭财产的主要支配者;而其个人可另行拥有资产所有,也是众所承认的。宋代情况亦复如此。

肯,"又从而辱骂之,其情理可谓强暴",所以判他有罪。在这里,女性以其性别差异及体能生理上先天的弱势,在法律上反而占据优势;儒家男女授受不亲之说,则在道德上给予法律一种道德解释。也就是说,所谓"男女授受不亲",在实际社会生活中,究竟是种禁制束缚,还是对女性的优遇与保障,应在动态的关系中看。这,毋宁也是较符实情的。

刀镊妇,是妇女在社会上谋生供职之一类。社会上似此之职业妇女,其实古代也并不比现在少。那些不必任职谋生者,反而会被官府认为是不务本业、游手好闲的女人。《清明集》卷十三《邻妇因争妄诉》条说:"街市妇女,多是不务本业,饱食终日,无所用心,三五为群,专事唇舌。邻舍不睦,往往皆因于此。"对于妇女无所事事,批评的口吻明显地与其同情体恤刀镊妇"借缴面之末技,以资助衣食"者不同。此即可见彼时对于妇女出外以职技谋生的态度。

另外,一些男女不平等的规定,反而对女人较好。例如宋律规定犯罪者缘坐时,女并得免(见《宋刑统》卷六《杂条》)。户籍脱漏者,家长徒三年;户内无课役者减二等;若户内无男子,以女人为户,又减三等,只杖一百(见卷十二《脱漏增减户口条》)。收养子时,养杂户男为子孙时,徒一年半;可是若收女养,只杖一百(同上《养子条》)。婚嫁时,若女方违约妄冒,徒一年;男方如妄冒,罪加一等(卷十三《婚嫁妄冒条》)。女子论罪,都比男的轻。至于离婚,双方可协议离婚。但女方若随便离去,徒二年;男方随便休妻,徒一年半。什么叫不能随便休妻?休妻有要件,即所谓"七出之条"。但纵犯七出,若曾持舅姑之丧,娶时贫贱后来贵了,或离婚后女方无娘家可归,也都不可休。如果休了,要杖一百,且勒令复合。凡此,则可见男女并不完全平等,但法律上对女性也并不特别歧视或压抑。

诸如此类。要重建古代妇女生活史，显然就应从这样的文献入手，才比较能由社会生活而非理念世界去理解古人。底下，我准备用法律文书之外的另一种材料来介绍宋代妇女，那就是笔记小说。兹以洪迈《夷坚志》为例。

二、鬼狐仙怪之外：自媒自献的妇女

《夷坚志》卷二第一篇《张夫人》就是讲一个世家大族内眷偷情的故事。说京兆人钱嘉贞迷路，逢一大官宅第，乃河中府尹张相公居所。相公薨，唯夫人在。留宴留宿之外，夫人竟来荐枕席。令他欢忭不已，如游仙都。"一夕，正欢饮间，闻户外传呼呵导之声，云相公且至。夫人遽起，诸妾皆奔忙而散。"钱窜伏暗室，怖不敢喘，睡去，醒来时才发现身在棘丛古冢间。

我在上文说过，礼教云云，从来不是古代社会的实况，高门巨族之所谓礼法门风，其中多有不可闻问者，此即其一也。这是典型的"一夜情"。前则借口相公已卒，夫人孀居，以便恣意偷情；后则借口相公归来，把小白脸迷昏了，弃诸郊外，让他以为遇了鬼。

卷二《吕使君宅》又载一人迷涂，逢一大宅。也是前邕州吕使君宅，也是已卒，娘子守寡。留宿，侍寝。后，他每三四天就去找该女一次，且与其姐乱。但后来结局与前一则故事不同。因其人妻死，故可正式纳该女为继室。待其人死，女亦离去。其子往访，只见古坟，不知其处。这不也是寡妇自售的伎俩吗？

卷三《西湖女子》则说某官人游西湖，见一女，慕之。女亦与相绸缪。但去她家提聘遭她父母拒绝了，怏怏返乡。5年后再赴西湖，于途中又碰到该女。该女自称已嫁人，丈夫作库务事，暂系狱，因出外求援,所以遇到。与其人同至其旅店,遂相狎。留了半年,其人想带她一齐返乡,她才"敛衽颦蹙"说当年分手后即已相思而死,现在已不是人;只因与该生有宿缘未尽,故来相从,现要分开了,并说该生与她相处久,阴气入体已深,此后当吃平胃散以补安精血。天亮后,恸哭而别。

这也是诳傻子的话。该女子或许真嫁了人,但夫系狱外出求援云云,必为谎言。或许她是逃了婚或是逃了家,或者成了逃妾,恰好踫上了老情人,赖上他,缱绻了半年。一旦他想带她回家,她就要再托词遁走了。阴气入体,宜服平胃散,只是编出来的鬼话。平胃散能驱什么阴气呢?①

卷六《茶仆崔三》不再说鬼而讲怪。黄州市民李十六开茶肆,其仆崔三。夜中有人来叩门,崔三开门看,乃一少女,云左侧孙家新妇也,因取怒阿姑,被逐出,中夜无所归,乞留宿。崔好心收留了。夜中妇挑崔,遂共宿。鸡鸣而去。后常来,且常拿出官券来资助崔。崔三之兄崔二知其事,虑为鬼魅,布卷网待之。三更后,戛然有声,果然逮到一头斑狸,烹杀了它。但半夜女子仍然来了,且大骂崔三,说幸好只杀了她的婢女。崔谢罪,女子也原谅了他,和好如初。

这是暗示该女为狐狸。而其实乃女子设局,弄一只死狸来让崔三相信她有异禀。她之前托词云为左侧孙家新妇,当然也是假的。淫奔之女,时窃家中物以资助情郎罢了。

卷九《南陵美妇人》也是女子以物赠男的故事。南陵民某生,就县治大门之内开酒店,夜中见一美妇由宅堂出来,执其手,回到他店中。留寝,早上才走。他夕复至,每至必有赠饷。初得钱,久而携银

---

① 卷二十七《暨彦颖女子》是个类似的故事。谓暨彦颖入一邸店,一女推户而入,自称南邻京氏处女。留与共宿,并随归里。经岁而忽自谓为鬼,请别去。

盏瓶罍等。后生逢一道士,认为他满脸邪气,恐怕是遇见了鬼,给他一符贴门口。女来见符,大骂。生怖,急忙搬家。①

像这样的故事,书中甚多。大抵均无确证女子为鬼为狐,只是女子自称或陡遭艳遇的男子心中蓄疑,故以鬼以狐为其解释。如卷十六《小陈留旅舍女》说黄寅进京赴考,抵小陈留旅舍,夜中有女叩户,说住在附近,少好文笔,颇知书,闻君读书声,欢喜来就。"微言挑谑,略不羞避",遂共寝,鸡鸣而去。来往半个月,黄寅友人来,拉他入都,女子才来告别,携手而泣。黄寅送了她五两银子。后黄寅走到二十里外柳林,见一庙座侍女,很像所遇到的女子,"详观之,其色赧赧然,若自愧之状"。这不是黄寅对自己飞来艳福的心理解释吗?既疑其来,复恋其去,见神座侍女而认定我遇上的应该就是她。这种心理,其实老早即被这些女子洞悉了,所以装神弄鬼,让那些男人昏头转向,以为真遇着了神仙、鬼魅、木客、花妖,或是狐狸等精怪。

女子假托神怪,自媒自献,还可见诸卷十八《南陵仙隐客》。那是说濠梁士人林森在村野置一室,读书以准备科考。一夕夜读时,女子来叩户,林叱曰:"汝何鬼耶?故以半夜来相戏侮?"女笑谓:"我南陵仙隐客,吾父令我为夫妇。"林启户纳之,而出语责詈。女子才改称是南陵王知县女,父已没,喜欢他发奋苦学,故来相就,"至于以室女之身,自媒自献"。且出其父纸书为证,明其非鬼。两人后来共同生活三年余,生一子。林森想带婴儿去拜访女家,女子不肯。林启疑,访王知县,村人说早死了,只有其女儿之坟在附近。林去找,看见墓有一孔,仿佛鼠穴,所以认为该女子不是鬼就是鼠怪。回去后,诘问女子。女子"默无一语,若有愧容,挟儿径出,自尔绝迹"。

---

① 卷二十五《解俊保义》条,说解俊夜逢一女,以言挑之,女欣然相就,夜夜都来,且时以金银钗饵为赠。后解俊在路上踫到卖符水的,告诉他该女应是亡魂,捡了些符给他吃,女遂绝。其事与此相似。

这一则非常有趣。明说了是女子自媒自献,而先是诡称为仙,再则假托是王知县女。男子则先认定了她是鬼,再疑她是鬼或者是怪。女子却在男人动疑时,趁机藉此离去。

类似的故事太多,不再征录了。综括这些故事来看,偷情或淫奔者,包括了处女、逃妾、寡妇等各色女子。有不少托称出身高门第,如张相公夫人、吕使君夫人、王知县女。也有些虽不如此自称,但由其行为,例如可以赡给男人,或拿钱物给情人,亦可知其出身门第是较高的。她们找的对象,往往是比自己低一点的,如茶仆、酒保、小官,要不就是士子书生。书呆子好骗,与读书人交往也较无后遗症,这些女人以他们为对象,很容易理解。地位低一点的男人,逢着这般艳遇,自以为他们碰着了高门第的女子甚或仙姑,更符合男人在两性交往时喜欢自认占便宜的心理。女人也善于运用这种心理,在男人既疑且喜之际,说神说鬼说妖说怪。

而她们既是淫奔,既是偷情,当然不欲人知,假托神怪,正是一个好方法,更可合理化淫奔、偷情的情境。在男人认真起来以后,假托神怪,还能让她们保留一个退路,使她们可以藉此别去。当然,要不要走,仍要看她们自己。西湖女子、小陈留旅舍女、南陵仙隐客都趁机走了;茶仆崔三、吕使君宅的女人则留了下来,吕使君娘子甚至与男人共同生活到男人死了才走。而不论来或走,这些故事无一例外,女人都握着主动权,男人只是被摆布被利用的,女人利用他们来满足欲望或生小孩而已。

这不是宋代特殊的景况,大家只要想想六朝的遇仙故事、唐人传奇《游仙窟》、《会真记》,就可明白这是一个普遍的现象,绵延若干朝代的事例。早期多说女仙,后渐说鬼,继而说狐为盛,直到《聊斋》以后。

传奇或笔记小说,具有史笔的性质;其记载,有时也接近现今社会的八卦社会新闻,故亦可用为史料。就算不由真实的、历史的角度看,纵或小说具有虚构、想象的成分,这些遇仙遇鬼遇狐故事,也在它高度类型化之际,显示了它折射社会真相的意义,类聚了共同的主题。

这些主题或征象,都告诉了我们:只用男尊女卑,女子是男性及其家族之生育工具,夫为妻纲等几个观念,或"家中燕享,男女不得互相劝酬,庶几有别"、"无故不出中门,夜行以烛,无烛则止"、"女子年及八岁者,虽至亲之家,亦不许往"、"诸妇不得刀镊工剃面"(《郑绮·郑氏规范》)一类"女诫"家范资料来看宋代妇女生活,是拿错了地图。宋代一向被认为是道学礼教对妇女压迫增强的时代,可是以上这些故事中女性情欲自主的状况,显示了她们受了什么礼教的压迫?

三、家事劳动之外:社会场域的妇女

《夷坚志》又载妇女营生事甚多。卷五十《吴六竞渡》条云"初,永年监兵方五死,孀妻独居,营私酿酒。每用中夜,雇渔艇运致,传入街市酒店,隔数日始取其值",看来生意做得不小,所以也雇了人帮忙。

卷四六《薛湘潭》条,说薛某出外访案,在路边一小店,"一老媪在焉,入座将买酒。媪曰:'此间村酒,二十四钱一升耳,我家却无。'薛取百钱,求买二升。媪利其所赢,挈瓶去。少顷,得酒来。与媪共饮。媪喜甚,献其熟牛肉一盘酒斟",遂谈及一桩凶杀案,说"某家小娘子,与东家第三个儿郎通奸,后来却被杀了"。这妇人也是开酒店的,只是店小,不似前者做卖酒大盘商。[①]

[①] 女性卖酒,由来久矣。《野客丛书》卷十五:"今用女倡卖酒,名曰'设法'。或者谓汉晋未闻,仆谓此即卓文君当垆之意。晋人阮氏,醉卧酒垆妇人侧。司马道子于园内为酒垆列肆,使姬人酤鬻酒肴是矣。"女人开酒店,自古已有,但宋代显然更盛。

卷四三《罗山道人》也是妇人开小店的。罗山县"有沈媪者,启杂店于市,然亦甚微",有道人来求食,媪说:"别无好蔬菜伴饭,少俟碾面可乎?"遂进面。道人感荷,送了她一副造酒方。后乃以善酒闻名。

除卖酒开店外,还有一些别的营生,如乳娘、接生婆、医生等。为医者,如卷三七《屈老娘》云:"武陵城东宋氏妇女,产蓐所用乳医,曰屈老娘。年已八十余,尝以满月洗儿。"卷八《张小娘子》记:"秀州外科张生……其妻遇神人,自称皮场大王,授以《痈疽异方》一册,且诲以手法大概。遂用医著名。俗呼为张小娘子,又转以教厥夫。"卷二十七《宗立本小儿》则说宗氏世世为行商,绍兴间"与妻贩缣帛抵潍州"。又《支友璋鬼狂》云涟水支氏,营客邸于沙家堰侧,"夫妇自主之。遇商贾持货物来,则使其子左璋作牙侩"。卷二十一《王彦谟妻》亦载王氏"僦妻子处僧堂后,以典质取息自给",这些都是夫妻两人共同营生的。

卷六《翟八姐》则载另一特殊行当:"江淮闽楚间,商贾涉历远道,经月日久者,挟妇人俱行,供炊爨薪水之役,夜则共榻而寝,如妾然。谓之婶子。大抵皆末娼也。"其中,被记录的这位翟八姐,"身手雄健,膂力过人,其在途荷担推车,颒肩茧足,弗以为劳,壮男子所不若也。性又黠利,善营逐什一,买贱贸贵,王获息愈益富。缁铢收拾,私所蓄,亦过千缗",是一位能干且精明的女性。

以上这些开店、做生意的,或夫死,不得不独自营生,如方五之妻,或卷五《鄂渚王媪》条云:"鄂渚王氏,三世以卖饭为业,王翁死,媪独居,不改其故。"也有些是夫妻一同营业做买卖的,或自己去做乳娘、产医、行医。类别差异甚大,但叙述者描述这些事况时,是把它当成普遍寻常之事业来讲说的,夫妇共同营生时,也不把妻妇放在依附男子的地位。可见此类事况,殊属平常,乃当时社会之一般状态。女人并不是仅在家中纺绩、做女工、主中馈而已。

《翟八姐》故事较为特殊,其事殆为当时游娼之一种。女子为娼,乃古老行业,《夷坚志》所载甚多,但不必录,因为不用说大家也知道女人会有这种行业。可是宋代之所谓娼妓,有许多类别、许多等级。有时"娼妓"只是"倡伎",指在社会上奔走,以技艺讨生活者,吞刀吐火、跳绳击丸、唱曲说书,靡不有之。

《夷坚志》支庚六《双港富民》条:"俄有推户者,状如倡女,服饰华丽,而遍体沾湿。携一复来曰:'我乃路岐散乐子弟也'",补二十:"女童皆踏索踢弄倡,先系索于屋角兽头上,践之以行",讲的都是这种倡伎。陈元靓《岁时广纪》卷十引《皇朝岁时杂记》也说:"左右厢尽集名娼,立山棚上。开封府奏衙前乐,选诸绝艺者,在棘盆中飞丸、走索、缘竿、掷剑之类……两军伎女轻如鹘。"这些倡伎,都是以技艺谋生者,甚至从事饮食业者也可称为伎。百岁翁《枫窗小牍》上:

> 旧京工伎固多奇妙,即烹煮盘案,亦复擅名,如王楼梅花包子、曹婆肉饼、薛家羊饭、梅家鹅鸭……皆声称于时。若南迁湖上鱼羹宋五嫂、羊肉索七儿……之类,皆当行不数者。宋五嫂,余家苍头嫂也。

曹婆、宋五嫂都是工伎著名者。其他娱乐业,瓦舍伎艺人则如《东京梦华录》卷五所载:

> 在京瓦肆伎艺:张廷叟孟子书主张,小唱李师师……嘌唱弟子张七七、王京奴、左小四、安娘……教坊减罢并温习张翠盖……俏枝儿……奴称心……小儿相扑杂剧:掉刀蛮牌董十五

……朱婆儿……俎六姐……文八娘叫果子……①

上述诸倡伎中,自有等级。《东京梦华录》卷二《饮食果子》条说:"街坊妇人,腰系青花布手巾,绾危髻,为酒客换汤斟酒,俗谓之'焌糟'……又有向前换汤斟酒歌唱,或献果子香药之类,客散得钱,谓之'厮波'。又有下等妓女,不呼自来筵前歌唱,临时以些小钱物赠之而去,谓之'札客',亦谓之'打酒坐'。"②据此看,有正当技艺者,地位较高;仅服劳役,可有可无,或提供小娱乐者,地位较低。翟八姐之所以为末娼,就是因为她从事的是炊爨薪水之劳役,夜来还要提供性服务。

除了以上这些妇女营生之外,"府宅官员,豪富人家欲买宠妾、歌童、舞女、厨娘、针线、供过、粗细婢妮"(《梦粱录》卷十九)者亦甚多。《夷坚志》中亦不乏她们的故事。宋代妇女从事此类下人工作,或因此而遭掠卖者极多,是不用说的,其中显示的社会不公及妇女受压迫状况,亦无庸讳饰。但在这方面,我要提醒大家:

一、早期全汉升已有《宋代女子职业与生计》(1935 年《食货月刊》第 1 卷 9 期)一文,由实业、游艺、杂役、妓女四个方面讨论过宋代妇女职业问题,本文此处仅以《夷坚志》为范围,做了一些补充,当然仍不够全面。但宋代社会上女人从事的工作,现在也还多是这些,古今并无想象中差异之大。

二、现代社会中越是下层政经位阶家庭,女子越多从事此类工作。因此,社会压迫与不公之原因,可能不在性别压迫,而更在阶级

---

① 《梦粱录》卷二十另载:"说唱诸宫调……今杭城有女流熊保保,及后辈女童……今杭城能唱赚者,如窠四官人……沈妈妈等"(妓乐)"踢弄人,如……小娘儿……又有村落百戏之人,拖儿带女,就街坊桥巷,呈百戏使艺,求贸铺席宅舍钱酒之赀,且杂手艺"(百戏伎艺)"讲史书者……有张小娘子、宋小娘小"(小说讲经史),记妇女伎业,可以互参。
② 厮波、打酒坐,又见《梦粱录》卷十六《分茶酒店》条。又称打酒坐者为"礼客"。

剥削。东坡《志林》载："近闻黄州小民贫者,生子多不举,初生便于水盆中浸杀之,江南尤甚。闻之不忍。"即指此类事,贫者不只溺女,也溺男。其子女长大后能干什么事,也可想而知。

三、公不公义,也非绝对之关系或性质。廖莹中《江行杂录》有云："京都中下之户,不重生男,每生女则爱护如捧璧擎珠。甫长成,则随其姿质,教以艺业,用备士大夫采拾娱侍。名目不一,有所谓身边人、本事人、供过人、针线人、堂前人、杂剧人、拆洗人、琴童、棋童、厨娘,等级截乎不紊。"中下人户,不重生男重生女,当然是因为女性在阶级剥削的情境中,看起来惨,实际上好。对家庭好,因为出路广,价钱高;对她自己好,因为可借此达成阶层流动,改变其原属社会经济地位。穷人家男孩当然也卖,但卖去只能做佣仆厮隶,终是劳工,价钱也不会高。①

因此,妇女遭买卖这件事,既是社会的不公义,同时也显示着对低下阶层男性的双重压迫,须要做较细致的深入分析。

四、情欲幽闭之外:自主交际的男女

在男女关系方面,司马光说："妇专以柔顺为德。"(《训子孙文》)横渠也说："妇道之常,顺为厥正,是曰天明,是其帝命。"(《横渠女诫》)可是这种理想真符合社会生活实况吗?

《夷坚志》卷三《游节妇》条："建昌南城近郭南村民宁六,素蠢朴,一意农圃。其弟妇游氏,在侪辈中稍腴泽,悍戾淫佚,与并舍少年奸。宁每侧目唾骂,无如之何。"同卷《高周二妇》条："南城邓札生子,雇田

---

① 因此有不少男孩从小被当女孩养,在骨相未长大前即冒充少女卖至大户人家的例子,参见《癸辛杂识》赵忠惠帅维扬日条。

佣周仆妻高氏为乳母,时其夫已亡,高与恶少年通奸,至于孕育。"

卷四《哱张二》条:"鄂州大吏丁某死,妻年方三十,与屠者朱四通。其子二郎尚少,不能制,至于成立。朱略无忌惮,白昼宣淫。"

卷六《张四妻》条:"徽州婺源民张四,以负担为业。甚妻年少,在辈流中稍光泽。张受佣出千里外,一白衣过其家,语言巧捷,视四旁无人,谑妻欲与奸,袖出白金数两为赂。妻喜而就之。"

卷十二《王武功妻》条:"京师人王武功,居靰拗巷。妻有美色,募缘僧过门,见而悦之,阴设挑致之策。"后来终被此僧设局弄到了手。同卷《西湖庵尼》条则说临安某士人妻,为少年所慕,请一尼帮忙。"尼持钱犒轿仆遣归,设酒连饮两婢,妇人亦醉。引憩曲室就枕,移时始醒,则一男子卧于旁。"这是尼姑替人拉皮条,以成就奸情。

卷十三《临安吏高生》条:"朱思彦则,淳熙初知临安县,因钩校官物,得押录高生盗侵之过。其妻尤贪冒,每揽乡民纳官钱,诈给印钞,而私其值。"

卷十五《郑二杀子》条:"武陵民张二,嫁女,招邻里会饮,郑二夫妇预焉。郑妻素与和尚通,人多知之。酒酣醉,偶堕箸于地。张妻戏曰:'定有好事',郑妻笑问故,曰:'别无好事,只是个光头子',一座哗然。"结果两家提刀杀成一团。

卷十八《上饶徐氏女》条:"上饶徐氏二女,长嫁王秀才,性颇淫冶。因夫外出,辄与少仆私……姐既葬,淫仆诣墓下,若有呼之者。"

卷二五《衡山氏》条:"衡山氏某氏,以社日祀神饮酒跌死,魂回到家中,只见妻在床绩麻,二子戏于前。妻时时咄骂其夫暮夜不还舍。"同卷《苦竹郎君》条则载善化苦竹县祀苦竹郎君神,里中余生妻唐氏去其庙中,"唐氏素淫冶,见土偶素衣美容,悦慕之,瞻玩不能已。众已出,犹恋恋迟留"。后来神遂来找她媟欢。

卷三十四《王上舍》说王氏与友人去观灯，见一美姬。两人看对了眼，逐渐走入小巷，"王托如厕，狎身相蹑，情思飞扬"，姬也有意，约以他日。王氏却说：我现在就想得很哩，哪能等到改天？"吾方寸已乱，何暇迁延？携手将与绸缪。四顾巷陌，灯烛车马，略无可驻之地。念市桥下甃石处差可偷期，乃野合而别。"

同卷《余干民妻》条："余干乡民周生之妻，性淫荡。"

以上这些记载，描绘了一幅什么样的景观？是男女防嫌守礼、授受不亲？是妇女不预外事？是妇人专以柔顺为德，奉夫纲若帝命？是女性在性关系中处于被动、委屈或受虐的地位？是男性一贯表现其攻击性与支配性，占有女性？

这些数据，显示宋代男女的社交基本上是公开、自由且频繁的。与前面几节引用的文献合并起来看，这点尤其明显。像《夷坚志》卷二九云："吴……有名园，当春时，纵人游赏，至三月将暮，芍药盛开，天气晴和，士女群集。"（胡园荔枝）这一类记载，在其他笔记胜录中更是随处可见。《东京梦华录》诸书所载妇女逛街，游夜市，跟男人杂在一块儿聚赌，结社等亦甚多。[①] 女性，并不是想象中被幽闭的性别，她们会到家门外活动、消费、社交。她们中有许多人也从事工伎职业，或自家之中有生意，要与人交际往来、做买卖，情况与现今妇女无大差异。

---

① 如《梦梁录》卷一："正月朔日……细民男女，亦皆鲜衣往来拜节"（正月）"公子王孙、五陵年少，更以纱笼喝道，将带佳人美女，遍地游赏"（元宵）"修葺西湖……栽种百花，映掩湖光景色，以便都人游观"（二月）"杭州胜景，全在西湖……正是公子王孙、五陵年少赏心乐事之时，讵宜虚度？至如贫者，亦解质借贷，带妻挟子，竟日嬉游"（八日祠山圣诞）"仲春十五日……百花争放之时，最堪游赏，都人皆往钱塘门外"（三月望）一卷之中，纪士女游嬉事即如此之多。到元代，孔齐《至正直纪》中便批评："人家往往习染不美者，皆由出游于外，与妇客宴集，习以成风"了；明朝嘉靖正德以后，女人就更是"拟饰娼妓，交结姻媪，出入施施无异男子"（《客座赘语》卷一）了。至于妇女结社，现在发现最早的资料是北朝东魏武定三年（545）。敦煌遗书还有两件唐五代的"女人社"社约文书。宋元明清女人结社，则广及宗教、技艺、经济、游戏等各方面。

把她们想象成被幽闭的性别,一部分出于男性对女性情欲发舒的畏惧而思防嫌禁制之,故提出其理想,想象或希望女性可被幽闭。一部分源于西方对中国社会的误解,把所谓"东方专制社会"的想象,用在男女关系的理解上。被幽闭的女性,委屈、柔顺地处在家庭(且是父权制专制家庭)中,即如臣民委屈柔顺地生活在专制帝王权威之下。还有一部分,则是现代人对于跟"现代"有革命性断裂的"古代"传统社会所做出的想象。

这,一称为异性的想象,以为异性是什么,就如女人常误以为男人如何如何那样。二称为异邦人的想象。我们常把远方异邦人想象为神仙、救星、启蒙者,或头生角,性淫乱,仿佛跟我们不同的妖怪,把远方异域想象成香格里拉或地狱。① 三称为革命的想象。现代女权运动革命的真正对象,固然是当时的女性压迫者,但作为现代化整体革命运动的一环,古代的女性便成为现代女性解放的反面材料,被塑造成幽闭于父权宰制之家庭中的性别。

可是想象的编织并不难核验。《衡山氏》载那村民跌死回家,在窗下看见老婆在做事、小孩在玩,老婆嘴里还絮絮叨叨责骂老公:不知又死到哪里去了,这么晚还不回来!这不是现在男人回家站在门外或窗口也都会看到的景象吗?什么父权制、性压迫,这些概念,在碰到这类具体状况时有什么解析力?

《临安吏高生》云高生侵盗。可是他侵盗的源头,恐怕更在于他老婆"尤贪冒,每揽乡民纳官钱,诈给印钞,而私其值"。这不也是许多结了婚男人贪婪犯罪的原因吗?家庭中的权力关系,固然不能说是女性占了主导地位,男人就只是帖耳听命而已。但结过婚的人都

---

① 详见:龚鹏程.中国传统观念中的西方.龚鹏程年度学思报告.南华管理学院,1997:195—207。画歪的脸谱:孟德斯鸠的中国观.龚鹏程年度学思报告.佛光人文社会学院,1999:28—69。

知道：夫妻相处，也绝对不是先生发号施令，妻子则一切柔顺听从、臣服于下的。

在夫妻相处的动态权力关系中，有的先生强势，有的妻子强势，如俗语所谓"不是东风压倒了西风，就是西风压倒了东风"。《游节妇》条说宁六之妻"悍戾"，跟人通奸，宁六每侧目唾骂，但无如之何。就是雌风盛于雄风之例。《郑二杀子》条又说郑二老婆"素与和尚通，人多知之"。人多知之，她老公焉能不知？既知而隐忍之，其妻之势必有以压之。被人当众讥嘲老婆偷了和尚，觉得不堪后，也不是回头来责备妻子，而是怪别人为什么要讲这种丑话，提了刀去打架、杀人。这种行为，更能让我们体会其夫妻的实质权力关系。

在权力关系中不受压抑的一方，才较能自主地申张或表达其情欲，《上饶徐氏女》、《游节妇》、《哮张二》、《余干民妻》诸条所说的那些妇人"淫佚"、"性颇淫冶"、"性淫荡"，都表现了这一点。洪迈记这些故事时，当然并未肯定妇女应有情欲自主的权力，但他也并未只从社会道德规约的这方面去批判它。因为这些故事的重点都不是女人淫荡故遭了报应或受了什么罪谴，而只是借此讲一些其他的东西。洪迈这样的叙述态度，事实上也就表明了当时社会上对女人情欲的态度。

淫，是过分的意思。若不过分，男女都有情欲，就更没什么可说的。男追求女，女挑逗男，今以为常态，古亦不会有啥不同，否则中国人口不会繁衍到现在14亿。但志怪之书对非常态的淫佚现象当然更感兴趣。像男人在路上看见美女，尾随搭讪，乃常态。女子有意，约期再见，也是常见之事。但双方猴急到立刻要找地方解决，就不寻常了。当时没有宾馆，两人竟拉着到桥下甃石处野合。这便可称为淫。情欲之发，过分了些。

同样地,到庙里拜神,见神像貌美而起性幻想,乃是殷纣王惹怒女娲、招来妲己的原因;也是《苦竹郎君》故事中唐氏招来怪魅,终至"腹裂而死,出黄水数斗"的原因。对于因此而惹祸的批评,古代显然也并不重男轻女,对男女都一样批评。

五、宋代社会的顺欲与禁欲

近人有一种常见的想法,认为宋代理学兴盛,所以禁欲,对妇女也严酷了起来。

可是这类想象实在可笑,宋代哪是如此?《武林旧事》曾载宋代杭州"浩穰之区,人物盛伙,游手奸黠,实繁有徒,有所谓美人局、柜坊赌局、水官德局,不一而足"(卷六)。美人局者,利用女子设局诈欺之谓也。包括仙人跳、找妓女诈为人家姬妾、诈为神鬼狐怪之类,《癸辛杂识》后集载一事,亦属美人局:

> 闽中有所谓过癞者,盖女子多有此疾。凡觉面色如桃花,即此证之发现也。或男子不知而误与合,即男染其疾而女瘥。土人既皆知其说,则多方诡诈以误往来之客。杭人有嵇供甲者,因往莆田,道中遇女子独行,颇有姿色,问所自来,乃言为父母所逐,无所归。因同至邸中。至夜,甫与交际,而其家声言捕奸,遂急窜而免。及归,遂苦此疾,至于坠身、塌鼻、断手足而殂。

从疾病的角度看,这是转移巫术的应用。女方家族共谋设计诈骗男人做替死鬼。由神话分析看,则女子生的是什么病呢?疾病的寓意,只是指女人有了性需求,面泛桃花,想找男人,故托辞以遂其意罢了。

但不论如何,此类记载即可见设局行骗者不只杭城为然,各地都有,千奇百怪。据《随隐漫录》云:"钱塘游手数万,以骗局为业。"则光是杭州就有这么多人依此为业,各地各类美人局之多,可想而知。

我们现在并不是要谈设局行诈的问题,而是想藉此类资料来辅助说明本文第二节所录那些《夷坚志》中女子假托精怪鬼神,或自云为逃妾孀妇室女的故事是怎么一回事。其次,要建议大家想想:这些故事之所以可以发生,那些骗局之所以能进行,须有什么社会条件?一个男女授受不亲、女子受礼教束缚着的社会,有可能发生这些事吗?

试想:这些故事,多半是见到女子(男子)独行,男人(女人)即上前挑逗,或即邀共宿乃至野合。或入一人家,见人家男主人不在,便与女主人苟合;或女子径去找单身男子敲门叩户;或一女来访,随即留宿与合。这样"随便"的男女关系及其社会,不正是故事之所以能成立的基础吗?

杭城游手数万,设美人局者纵使只占十分之一,亦有数千人仰此为衣食,每天要发生多少以女诈男之事?这只是不正当的勾当,那男女正常交往下男情女愿地发生上述这类事者又有多少?杭州一地即有这么多,全国又有多少?

把这种情况跟现在比一比,例如你现在敢不敢在路上看见一美女即上前挑逗且立刻邀去性交?就知道宋代男女交往情境绝非想象中那么僵化保守、窒抑女性。王楙《野客丛书》中甚且有一条,从历史上论证男女本来相见就不防嫌:

> 古者内外之防甚严,然男女间以故相见,亦不问其亲疏贵贱。田延年以废昌邑事告杨敞,敞惧,不知所云,延年起更衣,敞

夫人遽从东厢谓敞云云。延年更衣还,敞夫人与参语,曾不以为嫌。岂惟常人?虽至尊亦莫不然……(卷一《古者男女相见无嫌》)。

宋代人对古代的想象,也是把古代想象成"内外之防甚严"的。但王楙读史时发现古人其实与宋代当时一样,"男女以故相见,亦不问亲疏贵贱",民间如此,帝王家也如此。

注意:这不只是说男女相见不防嫌或防嫌不严,更是说连亲疏远近也不问。这是宋人为之诧异的。景帝在上林苑,贾姬正上厕所,帝要郅都去瞧瞧。王楙认为:"帝姬处溷秽之地,使人臣亲往视之,无乃嫕甚乎?"古人开放的程度,让宋人读史时吓了一大跳,"古者内外之防甚严"的想象,受了一大撞击。

现在,如果我们也把宋人男女交往情境想象成"内外之防甚严",看见这些宋代笔记数据,不也会大感诧异吗?

这些记载,叙述主体其实都不是男女性事,而是因此引生的奇闻怪谈。例如《画墁录》云:"凤翔妇与黄冠通奸,即妊,不能决。在禁中四年,至英庙登极,赦到,宣竟,而妇生子。发被面、齿满口。余未之信,至歧下,取案文阅之,不谬。"这不是要讲女人与道士通奸(因为这种事太多了,《宋刑统》中甚至立了专条来讨论此事,且刑律有禁但也一直禁不了),而是要说该女孕子4年才生这桩奇事。志怪述异之逻辑如此,适可推想通奸、外遇、一夜情之普遍。在千百件通奸、外遇、苟合一夜情中,也难得有一件足资传述的奇闻异事。而现存奇闻怪事之记载,既如是之伙,通奸、外遇、苟合、"一夜情"之多,当然就更多得不得了啦。

宋代还有一些地方风俗,让男女交往及性需求得以满足,例如

《癸辛杂识续集》载：

> 南丹州男女之未婚嫁者，于每岁七月，聚于州主之厅，铺大球于地。女衣青衣大袖，用青绢盖头，手执小青盖。男子拥髻，皂衣皂帽。各分朋而立。既而左右队长，各以男女一人推仆于球。男女相抱持，以口相呵，谓之"听气"。合者即为正偶。或不合，则别择一人配之。

这是典型的"送作堆"，乃该地之正式婚制。女人用头盖遮住头脸，是避免男方以貌取人，要全凭拥抱亲吻以定合否。想结婚，而又无交往能力或机会者，以此法令其有配，取不以目，而听之以气，未尝不是一个好办法。

正因整个社会是鼓励"窈窕淑女，君子好逑"，也积极促进男女匹配，提供男女交往空间的①，所以男女防嫌才会成为某些宗教所提倡或强调的戒律。佛教为其中一支，明教亦以此为标帜：

> 闽中有习左道者，谓之明教。亦有明教经甚多，刻板摹印，妄取《道藏》中校定官名衔，赘其后。烧必乳香，食必红蕈。故二物至翔贵。至有士人宗子辈，众中自言今日赴明教斋。余尝诘之："此魔也，奈何与之游？"则对曰："不然，男女无别者为魔，男女不亲授者为明教。明教遇妇人所作食则不食。"（《老学庵笔记》）

---

① 《野客丛书》卷二十九云："今贵公子多畜姬媵，倚重于区区之药石，伐真气而助强阳，非徒无益，且以速祸。虽明理君子，如韩退之，有所不免。情欲之不可制如此。故士大夫以粉白黛绿、丧身殒命，何可胜数！前覆后继，曾不知悟。射工狐狸，工于迷人，正自不能不尔。呜呼！安得广成子之术告之哉？"宋代根本不是个禁欲的时代。士大夫如此，民间当然也一样，只是没钱纵欲，或买药烧丹来助兴罢了。王楙的感慨，显然也无禁绝之意，只是教人稍加节制，寡欲以长生而已。

魔,是指摩尼教。摩尼教奉摩尼,吃素,被佛教人士妖魔化,诋为"吃菜事魔",讥为魔教,其教中人本身则自称为摩尼教或明教。可是因为摩尼教已被妖魔化,所以闽中明教便企图与以往的传教方式做区隔。佛教本身是禁欲的宗教,以禁欲为高,在饮食男女方面持戒。可是摩尼教吃素比佛教还严格(佛教本来不太吃素,为了竞争,遂也大力提倡吃素),而摩尼教在男女方面不如佛教严,佛教界遂大力抨击它是男女无别、夜聚晓散、男女杂交。闽中明教为了避开这种污陷,乃效法佛教,也在男女方面禁戒起来。男女不亲授,连妇人煮作的食物也不吃了。

某些大家族的高官门宦或理学家,会在男女防嫌方面着意,用心实与佛教、闽中明教相同。刻意矫厉以为高,让人在道德上产生"难能可贵"的崇高感,增进其妇女的身价地位。强调贞节,亦属其中之一端,提倡者亦有借此矫厉风俗之意。

社会上,当然也不能说男女就已经平权如今日了。女子之就学、参政、从事公共事务之权利及机会,当然也还比不上男性甚多,这是毋庸置疑的。但只从性压抑、男女防嫌、授受不亲,女性缺乏社会生活,只活在家庭及家事劳动中,受礼教束缚、片面贞操观宰制等角度去看宋代妇女生活,显然也是大错特错。①《夷坚志》所载诸故事,配合其他史料,如以上所述者,应可让吾人清楚地看到这一点。

---

① 社会上也有些形式性的尊女方式,就像现在走路、上车要礼让女性优先;在称谓上,都说"各位女士各位先生",把女性放在前面。宋代是作礼时男跪而女不跪,只拜而已。为何如此,诸家笔记多有讨论,《野客丛书》卷二十三认为是:"自唐武后尊妇人,始易令拜而不屈膝。此见张建章《渤海记》。不为无据。"又见《石林燕语》、《玉壶清话》。

六、历史与文学理论的反思

笔记小说，一向被归类为文学性数据，因为它是"小说"。可是中国的小说，其来源又是稗官野史，故长期附入史部，其本身也辄与史传相混。因此，用它来勾勒宋代妇女生活史或社会史，不成问题。顶多我们会质疑这些记载是"作意好奇"、"幻设"的虚构之作，抑或是具史笔性质的实录。

但因洪迈这个人的几部著作的共通性，或《夷坚志》本身不断强调的实证性，可让我们相信其书似是偏于史笔实录的，它的故事似非想象性的虚构创作，亦即主要是"述"而非"作"。

同时，这些故事中涉及的人物生活、应对方式、存在型态又与其他社会史料相符。纵或故事属于虚构，它里面人物的生活状况仍足以显现当时的社会实相。借它来分析宋代社会，就跟我们用当代小说来描述当代社会一样，不会有方法论上的问题。史学界用此类材料以说彼时社会，亦行之有年。例如前文谈到夫妇开旅馆，周玲珍《由〈夷坚志〉看宋代的农村旅店》[①]即为对此现象之研究。《夷坚志》载农村旅店数十处，是研究此题的好资料。我故意选这类的材料来讲宋代妇女史，正是想借此证明小说笔记也可以具有这种功能，或笔记小说在揭示社会生活、男女性事方面之作用。这种作用，其实尚比一般研究者所常用的理学家语录和女诫资料等为高。

然而，这毕竟是一种"史学/社会学"式的阅读及处理，是非文学性的处理。这样的讨论，与文学有何关系？与文学理论又有何关系？

---

① 周玲珍.由《夷坚志》看宋代的农村旅店.商业研究，1983(2).

问得好！近年文学界流行的"文化研究"，说穿了，不就是这种非文学性研究吗？利用文学作品，讨论社会文化，乃文化研究之惯例。既然文化研究已在文学界获得了合法性，我这样仿拟一番，用笔记小说讨论宋代社会文化又有何不可？如果大家认为这根本不是文学研究，只是社会历史分析。那么大家一窝蜂做的文化研究，又是文学性研究吗？本文仿拟之中，似存谑戏，足以暴露其可议之处。

　　不过，话说回来，以文学为史料，据以建构历史，由来已久，也不待现今文化研究而然。克罗齐就曾痛批文学史和艺术史中长期存在的社会学式历史研究。他认为大家往往只是借由诗或艺术去了解风俗习性、哲学思想、道德风尚、宗教信仰、思维方式、感觉及行动方式。艺术成为资料，而非主体。平庸的作品，更常因它能结合社会实践和思维，具有能印证时代的数据作用而获得青睐。真正具超越性、独特精神面貌的天才杰作，反而会在这种研究取径中遭到埋没。[①] 克罗齐所批评的这种现象，在文学研究中不也确实是长居主流的吗？[②]

　　这样的研究，假若不要像克罗齐那么严格，则它虽"非文学性研究"，仍可说是"对文学的研究"，是对文学进行史学社会学式的研究。

　　但此种研究，要做得好，对文学的感性尚在其次，亟须具备的，是史学社会学的知识能力。文学研究者，太多人喜欢从事这种文学的社会学式历史研究，可是社会学与史学知识却偏偏普遍不足。研究一个朝代，而对那个时代的职官表、食货志、河渠书、都邑考、儒林传、氏族谱、释老志等资料均不甚措意、亦不了解，也很少精研史学理论、具备社会学修养，只从一个大概念、大框架去理解那个时代，并据以

[①] 贝内代托·克罗齐.文学艺术史的改革//中国社科院外文所，编.美学或艺术和语言哲学.黄文捷，译.北京：中国社会科学出版社，1992.
[②] 另见：龚鹏程.再论文学史的研究//文学散步.台北：台湾学生书局.2003：339—363.

说明该时代之文学。在这种基础上发展出来的文学理论,也常成为只用一些大概念、大框架去理解社会,并据以说明其文学,再以其文学来描述那个社会的理论。

在我这篇文章中,一直隐然存在,且作为敌靶的女性主义文评,即属于这种理论。

女性主义文论各派之基本假设,是妇女在社会文化中遭遇了结构性的不平等。女性被排除在公共生产之外,男人借父权体制,对女人进行控制,亦即以性奴役(sexual slavery)与强迫母职(forced motherhood,为什么要加标英文呢?看中文,有人会不懂吗?可是一标英文,这些普通语言就仿佛术语化了,仿佛可让人由此类术语看见真实),透过男人对女人身体的控制,形成女人被压迫的处境。女性以其为女性,而被界定为、区别为一种僵化的社会女性角色,例如认为她应温婉、柔顺、被男人领导支配、被动、情欲内敛,担任生育和家庭工作等。这种社会女性角色,意指"女人非天生",女性所有的各式性标签、性特质、性活动,都已被父权制社会赋予的意义加以社会化,把女人形塑成一个性阶级。

对性别角色的反省,纵或不始于米德(Margaret Mead)于1950年出版的《性别与气质》,其书描述新几内亚三个原始部落的性别角色化过程,也为尔后女性主义运动"女人非天生"论述提供了影响极大的实证数据。

可是,米德的研究,在人类学界争议本来就很大,其调查及使用的模式都有争议。其次,两性生理禀赋不同,是讨论"性别与气质"时可以完全忽略的吗?生理条件不同,必然造成心理状态以及人我对应关系的不同,其社会责任也不可能一样。不要说男女,老人、小孩和壮年人生理情况不同,其心理状态、人我对应关系、社会责任又会一样吗？若我们也仿女性主义口吻,说老人、小孩只是被塑造的社会角色,与其生理禀赋条件无涉,谁能相信?

两性关系研究中的生物论者,更从动物界去找了许多证据,证明动物界中雌性、雄性动物之气质不同,即本于其雌雄性差。在医学上,雌性激素、雄性激素、荷尔蒙的运用,也历有年所。主张女性主义的女人,在更年期来临时,身体不适,大概也不免要去注射一些女性荷尔蒙,怎么能说这些女性气质不来自于生理,而只是社会文化的塑造?

再说,若两性气质确是因社会化人格的制约,则这样的社会是怎么形成的呢?我们不能采取一种社会文化决定论,却不解释这个社会文化为何会是如此。到底是男人、女人塑造了社会文化,还是社会文化形塑了男人、女人,也应一并追问。

这些都是方法与实证上的问题,但要揭穿这些,其实也不用讲这么多。我曾嘲笑米德:"人类学家要了解人类,有时是不必远渡重洋、深入蛮荒的,只要仔细再看看我们周遭的人类就行啦!"因为只要生过、养过小孩,谁都知道,大多数男孩从小就调皮、好动、有攻击性、不听话。家庭中的"社会文化"纵使费尽气力想要形塑他,要他像妹妹一样乖巧听话,终不可得。①

换言之,女性主义在人类学社会学或两性研究上都存在着重大争议,对其方法与实证数据,均有不少质疑,其说恐怕都不能成立,更有明显违背日常经验之处。

运用他那套理论,去解释古代中国妇女生活时,实证数据亦辄与其理论枘凿。一个男女交往频繁,女性常采取主动、其活动亦不限于

---

① 详见:龚鹏程.性别与气质//时代边缘之声.台北:三民书局.1991:39—41.

家庭场域，女性权力与情欲也不甚受压抑的社会，非其理论所能描述。

在方法方面。女性主义者主要在寻找一个无时间性的结构秩序（父权制），作为一切问题的解释。他们虽有不少人宣称自己是解构主义者，可是实质上他们都是结构主义的取向。跟马克斯、涂尔干、索绪尔、利瓦伊史特劳斯等老传统相似，探究制约和决定人们行动和思想的基本的社会结构。

假若我们换个角度，例如，从另一位米德（G. H. Mead）所主张的"符号互动论"来看：每个人的自我，都是社会的，与社会互动有密切关系，因为每个人都与他人互享符号（语言或非言辞的符号）。但每个人也都有自省的能力，可以反思自己的环境，自己的（想象的、可能的、现实的）行动的意义与结果、自己的信念、关于信念的信念，而达成自我选择与自我监督。故人在与他人的符号互动中以及"自我互动"中，就会形成各种不同的抉择与反应，不能用简单的"刺激—反应"机制来说明人的行动：每个人的行动，在同一社会中，表现迥异，不能只看成是对环境的反应或受社会结构所制约的，也不会是社会价值的结果。

布卢默（Herbert Blumer）更进一步指出：人会赋予环境不同的意义，意义不是客体固有的。因此，人对环境采取的行动也各个不同。其次，布卢默超越了"自我"这一范围，提出"联合行动"之术语，以指称各式参与者不同行为之社会组合，比如婚姻、一堂课、网球比赛或教堂礼拜。在联合行动中，参与者各有自我，但须仰赖彼此的互动才能构成这一次行动。所以每一场球赛、每一桩婚姻，看起来结构相似，实则均不相同。依涂尔干之类社会学的看法，在社会结构中的各项社会事实，是重复的，可预先确立其形式。可是依布卢默看，即使在最具重复性的联合行动中，每一实例也都是重新形成的，因为行动者对意义的理解不同,采取之行动不同,互动也就不同。

戈夫曼(Erving Goffman)《日常生活中的自我表演》则强调"相遇",此指人以自身与他人面对面互动。在互动中,人会采纳他人的观点而行动,受"观众"影响也影响观众。所以人非只遵照剧本行事,人也是剧本的作者。[①]

这些社会学理论都质疑了社会结构制约人的思想与行动之说。依此一思路,找一个父权制社会结构来解释(其实只是描述,说故事)女性受压迫的社会生活事实,根本就没有必要,甚且也可能根本没有一个这样想象出来、潜存或超越于各社会事实之下或之上的社会结构。就算真有这样一个社会结构,人对此结构之反应、赋予它的意义,乃至人与人具体的互动,也不是这个结构所能制约或解释的。

《清波杂志》载:"蔡卞之妻七夫人,颇知书,能诗词。蔡每有国事,先谋之于床笫,然后宣之于庙堂。时执政相与语曰:'吾辈每日奉行者,皆其咳唾之余也。'"《玉壶清话》载:"杨蜕之女,妻夏英公,阃范严酷,闻于掖庭。"《野客丛书》卷七载:"外黄富人女甚美,庸奴其夫。"

在所谓父权制底下,为什么这些女性却不成为被压迫、被奴役者,不需要柔顺,不必被支配?这岂不足以说明在婚姻联合行为、夫妻彼此互动之状况中,父权制云云毫无解析力吗?何况在一个士大夫屡屡出现"阃范严酷",如夏英公、陈季常、沈括之情况的社会,又怎么去说父权社会形塑着女性屈辱柔弱的性别角色呢?符号互动论、拟戏剧论在此都会比女性主义更具效力。结构或许确实存在,持符号互动论者亦未必要反对社会有一个结构,但到底它是约束或决定了人的行动,抑或用以激发不同的反应,正应仔细研究。也许,由于

[①] 详见:贝尔特(Patrick Baert).《20世纪的社会理论》第三章. 瞿铁鹏,译. 上海:上海译文出版社,2002.

有"客我"存在,自我的组成部分,创造性的"主我",才得以发展出来。就像家庭,既可能是在父权制底下羁縻女性的场域,也可能是(父权)"社会"到达不了的女性权力空间。女性的家事劳动,可能是被剥削的,也可能代表着申张女性在家中权力的行为。男性在公共领域的表现,当然多于妇女,这也许是所谓父权制的证据;但若拟剧观之,这也可能像木偶戏、傀儡戏,男性在舞台上演出,背后另有导引者,所谓"吾辈每日奉行者,皆其咳唾之余"。女性是提着傀儡线或参与了编剧本的人。

凡此等等,均可说明女性主义文评在面对其他社会理论时还有许多硬仗要打,其方法甚为可疑。其方法还有方法自身形成的问题。什么叫方法自身的问题?一派女性主义者认为女性受压迫的根源在父权制;一派认为性别不平等是因父权体系对"伊底帕斯情结"与阉割的恐惧使然;还有一派认为父权压迫来自更深的文化思维,亦即"菲勒斯逻格斯中心主义",以二元对立的思维模式把事物阶序化,如男/女、文化/自然、口说/书写,前者代表正面优位之价值,造成了女性阴性的压抑。

这些讲法,都是寻找一个社会文化因素作为"替罪羊"。可是,这个社会文化因素虽主导了一切,它本身却是独立在社会、历史、文化之外的,这像不像西方超绝形上学思维中"上帝"的角色?这样的角色,会造成理论自身的矛盾:造成一切宰制根源的那个社会文化因素,为什么本身就不受社会文化之制约呢?

而社会文化因素,又怎么可能没有社会文化之异呢?父权制,在各个社会及历史文化中,会是一样的吗?要解释中国家庭,男人的恋母弑父情结,会比婆媳问题更重要吗?中国的思维方式,是逻格斯中心主义的吗?女性主义这些理论,恰好以其自身证明了它深受西方社会文化思维之制约。如果它这种思路可以成立,自亦应承认不同于西方的社会文化也可以发展出不同的男女关系。可是若承认了这一点,便又与寻找"不在变化之中的不变第一因"之态度自相乖戾了。

在理论上必须坚持文化普遍主义,否则就无法施用于中国文学的女性主义文评,在说明其女性主义立场时,却又必须采取文化相对主义。

为什么?女性主义要区分出有一种与男作家、男读者不同的女性书写、女性阅读存在,才能证立并据以发展新且不同于传统的、男性的书写及阅读策略,造成颠覆。所以像埃蒙斯(Elizabeth Ammons)说女性认识的方法是蜘蛛网式的,不同于男性的等级观、直线向前进展的。其作品结构不是情节式的,而是放射性的,叙述由一个基点向外开展,到一个定点返回后,再发射出去,再返回,再出去。肖瓦尔特(Showalter E.)从生理、语言、心理、文化方面分辨男性跟女性作品的差异。埃伦娜·西苏(Helene Cixous)强调"女性文风",要破坏男性中心体系论述,把女性特质刻画出来。伊里加蕾(Luce Irigaray)用液体、山洞等形象去替代弗洛伊德的阳具,以说明女性自有其特质……

这些讲法,一方面反对历史上对男女做出区分,一方面却努力在区分男女,"把男性、女性加以两极化,将两性关系建构成简单而统一的层级,将女性建构成普遍的无力和普遍的善良"[①]。

于是,男性与女性,是文化相对主义式的。男人不是女人,所以不可能有女性经验,故也不可能进行女性书写或女性阅读,不了解女

[①] 见:Michael Ryah. 政治批评//G. Douglas Atkins, Laura Morrow. 当代文学理论. 中译本. 张双英、黄景进,主编. 台北:合森出版社,1991:324. 引用牛顿(Judith Newton)、罗申费尔特(Deborah Rosenfolt)《女性主义批评与社会变迁》中对女性主义之批评。他们用"既是……也是"来说女性既是被压迫者也是压迫者,既是男性的敌人也是联合者,既是女性的联合者也是敌人。

人。或者，除非男人能认同女人，"真正的妇女美学及道德判断，必须根植于一个妇女认同，以妇女为中心的认识论里……要了解女性的艺术，我们必须先清楚地理解妇女的经验与行为"(*Toward a Women's Poetics. Tulsa Studies in Women's Literature*. 3,1-2)。总之，男性女性具有文化上的"不可共量性"，不论它的说法有多少变貌，不用这种办法就无法确立女性可独立于男性文化之外。

可是，文化相对主义是个可靠的立场吗？若坚持文化相对主义，又如何去说有一个无时间性的秩序结构（父权制）足以作为普世女性受压迫之源头？何况，既反对女性天生，说其性别角色乃社会文化所塑造，竟又卖力寻找女性特质，从本质上去剖判男女本就不同，不也是自相矛盾的吗？为什么这些液体、山洞、蛛网认识观、循环时间观等，就不是社会文化形塑的呢？本质论，到底是要颠覆固有的男女观，还是又巩固了男女本来就不一样，其社会角色正符应其性别差异之说？

女性主义文评家更大的难题，则是"父权制"。什么是父权制？其实没有几个人弄得懂，这是个充满争议的假设。大谈父权、母权，其实常常只是讲父系母系，而母系又是什么？"有关母系的学说，目的都是用它来解释人类早期存在的杂交现象，以为不知父亲为谁，才有用女性来记认宗亲的必要。"所以母系初起，父系是后来才出现的。马凌诺斯基即反对这类假说，认为父系母系根本不曾独立存在过，世界各处都可发现：两种记认后嗣的办法是交错混合的，任何一方在时间上居先或空间上更广布，都是不可能的。[①]

至于父系母系，是否即等于父权母权呢？系，是指血统承嗣的制

---

① 详见：马凌诺斯基.《两性社会学》第四编第十一章.李安宅,译.上海：上海文化出版社,1989.

度；权，则未必与血统相关。明显的例证，是中国父系家族中的嫡子，并不一定是长子。嫡，是权力的概念；长，则指涉血统，两者是分离的。同理，一个父系宗族里权力结构仍可以是以女性为主的，描述宋代名将杨继业家族事迹的"杨门女将"故事就是如此。杨家男人死的死、降的降、出家的出家，只剩下一堆女人。主持家政者为老夫人佘太君。内中女眷，连丫鬟都骁勇善战，可担大任，远胜于老夫人之子杨延昭和孙儿杨宗保。杨宗保阵前招亲，娶进来的也是女英雄穆桂英。这些女人，才是杨家这个男系宗族中的权力主体。讨论父权制，若分不清系与权，不知有许多家庭宗族是父系母权的，把权与系混为一谈，那还扯什么呢？

再说，权可以说是制，因为权有其制度面。但既名为权，就非经与常，充满了权变的动态性质。故由权说，其制又实非制。例如政治上三权分立，是制度，是名分。实际上，三权永远不会分立，行政权一定大于立法权和司法权。这才是真正的权力，因为只有握在手上的才叫权力。父权制的制度中，也是有名实之分的。女性主义者只拿着一个"父权制"的名称在那儿批之判之，岂中理实？

用这种理论来谈中国的父权制及古代妇女处境，除了上述诸问题外，还须注意女性主义面对的主要是资本主义。它的理论结构本来就源于马克思学说。马克思主义文评者将文学之美学性质视为是由物质性的经济因素所决定的，要人去理解那个因素，从而促进政治社会之转变。女性主义也是这一路数，只是把经济社会因素、阶级剥削替换为或加上了性别压迫而已。

可是这种压迫仍与经济因素及阶级剥削关系密切。故马克思主义的女性主义论者认为女人之所以被压迫，主要是因女人被排除在公共生产之外，女性的解放，也是无产阶级推翻资本主义工作之一端。激进的女性主义者认为女性受压迫更核心的因素是父权制。社会主义的女性主义者则认为女性所受之压迫跟资本主义生产模式在本质上脱不了关系,是父权制和资本主义一同在压迫女人,父权制与资本主义是密切相关的。[①] 用上述这样的理论,去讨论资本主义出现以前(用马克思的历史阶段论),或根本与资本主义无关的中国古代社会,不是非常奇怪吗？扣合得上吗？

因此,结论是:对文学进行研究,不可避免会有史学社会的面向。可是在做这类研究时,一要加强历史知识,才能真正讨论历史社会问题。二要深化社会理论思考,能从理论与方法上辨析所采理论之特点与限制,发展别的思路方向。三则须善于参考日常生活经验,不能只活在抽象的概念化理论世界,明明男孩女孩不一样,却要说女性气质是后天社会制造的；明明在家常闻狮子吼,还要说女人是宰制在家的性奴隶；明知男挑逗女勾引,是生活中存在的游戏,还要说成男主动女被动代表了权力压迫。四是理论研究须与历史、社会事实研究相配合,利用实例来检验理论,再藉理论来解释事例,相与校核。正如我在上文,以中国宋代的笔记、史料来讨论女性之交游、职业、性态度等,固然不专为女性主义而发,却也是想由迥异于西方的历史社会文化去揭露以往某些妇女史及女性主义理论的缺陷,提供给各位参考。

此外,还可做个提醒:从事文学理论研究,须有理论的素养,理论的素养却不是对理论流派的知识。一个理论流派,其基本假设、信念、方法、预期解答、拟议之问题,都自成体系,构成一套知识。学习这套知识,讨论它,并用它来讨论事物,许多人以为就是从事文学理

---

① 见:Ramela Abbott, Claire Wallace. 女性主义观点的社会学. 俞智敏,等,译. 台北:巨流图书公司. 2003.

论研究了,其实这只不过是学得了一套套知识罢了,不是自己能思考,能进行理论思维,有理论素养和有理论流派知识之分,类如方法论与方法。学会了某一流派的那套方法,并不就足以进行方法论的讨论,甚或往往有碍其讨论。因为知道或信从该理论、该方法者,有点像宗教信徒,只会反复复述其教义与咒语,反而不能从事宗教学式的探讨。故我们该增进的,是对理论的思维能力,而非对某个理论流派的忠诚和知识。

也因为如此,所以文学理论工作者才更要钻研各相关学科之理论,对各理论进行理论的思考。许多文学工作者,采用弗洛伊德、荣格的心理学理论,倚为方法,可是对整个弗洛伊德、荣格学说就不太懂,只稗贩文学界中心理分析一派、原型批评一派之讲法,或撷拾诸君相关一二言语而已。对整个心理学界之理论状况,弗洛伊德、荣格在其中之位置与争论为何,亦茫焉不晓。许多人大谈批判理论、文化研究,可是马克思著作其实并未详究,亦是如此。做学问,进德不易,为学实难,此中是不能手滑偷懒的!

90 年代的文学批评

在美国总统还是里根的时代,一位不满美国的左派人士贾克比(Russell Jacoby)写了一本《最后的知识分子》,说美国"非学院的知识分子"(the non-academic intellectual)已经消失了,取而代之的,是一群怯懦且满口术语的大学教授,而社会上也并没有人很重视这些意见。

此书出版后,引起了不少讨论,赞成者却居多数。如今岁月荏苒,美国之情况如何,尚待考察,可是在 20 世纪 90 年代,我亚洲一隅之华人小区,这种知识分子专业化、学院化的倾向,似乎也已成了鲜明的时代特征。

这个特征,可以从许多角度去申论,但此处仅能就中国文学批评这方面谈谈。

先说学院化。在台湾,众所周知,文学批评之公共论述空间,除了学院之外,尚有报纸、杂志、期刊以及民间社团。学院内部,中文系传统上都只是国学系,辞章、义理、考据三分天下,而且精神上以义理为尊,方法上从小学考据着手,文学辞章,殊非所重。文学中,现代文学研究尤其不受承认。因此,在学院内,文学批评这门学问或具体的文学批评工作,活动之空间其实极为狭隘。

何况学术研讨之风气未开,论文写作又未形成规范,原本就极少有文学批评的论述可言,几乎可说已达到了三无的境界:无学报、无研讨会、无论文。仅有的一些文学活动,要以创作及教学为主。因此,文学批评的论述空间不在学院而在报纸、期刊、杂志。不仅20世纪70年代乡土文学论战、比较文学方法论(如颜元叔与夏志清、叶嘉莹)论战等,对中国文学批评之发展影响深远,当时报刊杂志也经常会策划一些文学论题,带动学界的讨论,如痖弦在《幼狮》月刊策划的《人间词话》、《红楼梦》讨论系列之类。当时我们为了推动或提倡学院内的文学批评研讨风气,都必须采取结合媒体的方法,利用"在野"的力量,才能打破中文学界已渐僵化的传统格局,对于这种文学批评存在于学院以外的状况,可以说是体会极深的。

这个时候,研究中国文学批评的人,或许大多仍在学院中任职,但整个生命是学院之外的。他们在报刊上或社团里发表其研究成果、讨论争辩其观点。其论述则形式多样,不尽符合论文写作规范,术语之运用更是松散。20世纪90年代,这种情形完全改变了。相关杂志大多停刊,纵然仍有若干文学批评之讨论,亦不能如以往般带动风潮。报纸也因应"解严",变化甚大,文学副刊版图日蹙。即或疆域幸存,亦不能如往日般连篇累牍刊载文学批评论述矣;纵或偶尔为之,其影响盖与曩昔不可同日而语。比较文学会、台湾中国古典文学研究会的声势与功能,也逐渐衰微。代之而起的,是学院内的文学批评新传统业已成形。

中文系里辞章、义理、考据鼎足而立之架构,渐欲打破了,许多学校正酝酿着要分家或已经分家。即使未分家者,其内部之权力关系也显然不同于既往。文学课程、博士硕士研究生文学论文都增加了，文学批评也成为大多数学校必备的课程。新一代的教师与学生，又都娴熟于论文写作格式与论文研讨会的形式，术语行话，逐渐建立了文学批评这一行的行规。到了这个时候，学院之外的公共论述空间其实对于这些学者来说，已不太重要了。只有撰写能在学院内之研讨会议或学报发表的论文乃至专门著作，才能获得奖助、升职等并奠定自己在行业内部的声望地位。

学院化的另一个描述语，即专业化。淡江大学举办了一场现代文学教学研讨会，指派我谈的题目是"现代文学教学中专业师资的培养及教材编印方向"，可见专业化正是现今学院中主要努力的方向。过去因中文系传统上不重视文学批评，所以专业师资极为欠缺，有志者固然甚少进修学位之机会，即使获得了学位，也常没有受过什么专业训练。所谓专业训练，其实就是这一行的行规，如何设定问题，如何选择解析方法，如何操作材料，如何安排叙述次第，如何组织篇章，如何措辞，如何作注，如何开列参考书目等。这套行规，逐渐稳定，且在中文学术界形成公共秩序，乃20世纪90年代的重要绩业。这一点，只要比较一下20世纪90年代与以前的文学批评论文就知道了。

此外，我在上文所举的那篇文章中曾说：专业化，会"不断将执业人员必备之具体的、经验的知识与技能，转换成一套具有系统的抽象性知识，亦即理论化。同时并运用'术语'将其知识与社会日常知识及语言系统区隔开来，继而将该知识与技能之细部程序予以规范化"。这些倾向，20世纪90年代的文学批评论著也都是非常明显的。

文学批评成为专业之后，从事文学批评的人便专家化了。在传统中文系里，其实并无这样的中国文学批评专家，因为每个人都接受过国学式的教育，对于中国文学也有其普遍之了解与兴趣，撰写研论文时很少以某一领域某一课题之专家自居或自限。20世纪90年代已不再是如此了。学者或研究单位会自觉地朝"成为专家"的方向去进行领域切割：你们专做魏晋，我们就专做明清，他们则是现代文学；你专门弄诗学，他专门研究戏曲小说，我便做神话或口传文学。研究者的精神状态，是以成为一名专业文学批评人员或某某专家自期的。

作为一名专家，除了研究对象要专门化之外，其研究方法及观点也会专门化。20世纪90年代的文学批评者，往往是以精擅某一家理论或方法的形貌出现在学院里的。我们很容易以"某某人是做后现代的"、"某人是做女性主义的"、"某人是巴赫汀"等标签来辨识我们的同行（大的中国文学批评行业里，有一个个小的社群，那些专家社群就是另一群同行关系）。在20世纪七八十年代，研究中国文学批评者常诟病别人学习了一套外国理论之后，即以此专家之眼来进行中国文学的批评，指摘这是"硬套"。20世纪90年代以后，此一批判已不复闻之。因为事实上大家都必须武装其专业配备，而（来自西方的）专门理论正是研究者跻身于学院，成为某某专家的必要条件。

这整个趋势合起来看，20世纪90年代的中国文学批评作为一种学院体制的"知识工业"，其论文产量甚为丰盛，但这个知识社群本身正处在分崩离析之中。专门领域之间，或专家与专家之间的共同语言，非专业人士大抵已不能理解。在中国文学批评者内部，实际上正存在着许多不同的语言社群（language community）。每个人活在他那个社群的语言中，有其特殊之关怀、问题意识、解析方法、理论模型及文化认同，彼此甚难沟通，有时亦无必要对话。因此，20世纪七八十年代论中国文学批评很容易找到一个共同话题，整个文学批评工

183

作有其动力与方向,现在则很难再有这样的机会了。

　　这也可以一部分解释"中国文学批评"分裂出"台湾文学研究"的原因。某些台湾文学研究者所刻意凸显的语言情境,例如坚持用台湾话(文)撰写研究论文,或设立独立的台湾文学系所之类,均可视为大分裂趋势中的一环。中国文学批评工作,似乎已经丧失了共同努力的目标,也找不到共通的语言系统。

　　对于社会来说,知识分子也已成为他们自己所谓"批评论述文化"(culture of critical discourse)的成员,只活在自己的语言社群中,跟社会中其他人或领域是不怎么交流与沟通的。

　　在这个批评论述文化中,文本、多元、异质、流动、论述、后殖民、去中心、解构、颠覆等语词四处泛滥,文章越来越诘屈聱牙,还常有一堆夹杂如"女性主义运用后现代策略在显现/隐藏、提供/延迟等戏谑之中凸显欲望的政治性"之类。这样的话语系统,跟社会日常语言的距离实甚遥远,与社会生活或群体发展更难说有什么关系。

　　也许有不少人会不同意这样的论断,认为近些年在女性、弱势、通俗、边缘的议题上创获甚多。对中国文学之批评颇有新意,且也因此而推动了社会意识的觉醒或革命,故不能说中国文学批评工作已与社会疏离,中国文学批评工作者业已边缘化。但是,到底是文学研究者活在越来越强且有力的媒体世界中,受到媒体流通的形象、官方叙述、权威说法、群众价值与意识状态等之左右,抑或文学批评者真能揭穿或粉碎这个文化消费体系？文学批评家的边缘战斗,是质疑了这个社会,还是随顺这个时代而发展？这些问题的答案其实是很明显的,文学批评界若不自我欺瞒,就会认识到:在20世纪90年代,我们高喊着要去中心时,其实可能也正表示我们也同时放弃了主体性(或许也有不少人觉得"主体性"这个概念本来就不必存在于后现代情境中)。

另外,文学批评界现在所热衷的话语系统,与社会文化恐怕颇有隔阂。廖炳惠先生曾在《在台湾谈后现代与后殖民论述》一文中谈及以欧美后启蒙、后现代观点所发展出来的后殖民论述,虽经学者广为实验、借用,强力引介,但从台湾社会实况去检视,难免会觉得它们格格不入,因此并不能宣称其理论具有普遍确效性。[①] 一套与社会不相应的理论,只能在学者的言说体系里存在,是很难形成社会实践力的。

而文学批评界耽于这些话语理论,却呈现了两方面的问题:一是此类理论其实都是"大叙述",无论后现代、后殖民、女性主义、后启蒙、后结构、世纪末,都是对整体社会文化的论说,而非文学理论。20世纪90年代文学批评因此遂已成为文化批评。论者依据这套理论,以文学作品为例证,进行文化批评,渐成常态,这会不会变成没有文学或文学非其主要部件的文学批评?

还有20世纪90年代文学批评界在说这些话语时,似乎渐渐忘了一个20世纪七八十年代经常提出来质疑的问题:这些由欧美观点所发展出来的理论,具有普遍有效性吗?与中国的历史、社会、文化相应吗?这两个问题,是过去进行中国文学批评时许多思考的起点,可是在20世纪90年代却好像并不太被重视。因此,在国际上虽然有萨义德(Edward W. Said)等对东方主义的论述,在中国文学批评领域中却只有零星的响应。整体看来,20世纪七八十年代的中国文学批评对民族性的强调,到20世纪90年代只能说是余波荡漾,或者只存在着消解与疏离。

以上这些在台湾的现象,在中国香港与中国大陆,多少也都呈现

---

① 廖炳惠.在台湾谈后现代与后殖民论述//后殖民理论与文化认同.台北:麦田出版社,1997.

着。例如20世纪80年代由文学批评上反省"人道主义"、"主体性"、"现代性"、"重写文学史"而逐渐开展出文化热,带动了整个社会改革风潮的气象,20世纪90年代的大陆已不再能看到了。文学批评学院化,由轰动效应回归于学院体制。而论文写作、学术会议之专业化程度,也显然提升甚多。概念、术语之使用,较以往精确,体例亦较严饬,学术语言与日常话语混同的现象则同样地改善甚多。

但由另一方面看,20世纪80年代文学批评有清晰的轨迹、有整体的方向、有相对应的时代与社会议题,以及相与关联的运动。20世纪90年代大陆的中国文学批评,便只是一行一行的专家们内部之相与交谈。封闭的语言社群,不太能激发出共同关心的议题,更遑论影响及于社会了。同时,文化消费体系逐渐扩大,中国文学批评之价值与地位,正处于迅速消蚀中。某些退居书斋的专业学术化努力,更不免会遭到如"国学热"那样的质疑。正如陈晓明所说:

> 80年代后期,特殊的历史情境促使一代学人重新反省80年代的学风,从思想史领域转移到学术史领域。变"浮躁"为"严谨",改"激进"而为"稳妥"……然而,随着政治背景为经济背景替换,这种姿态就少有实际的历史内容。皈依国学重新认同中国传统价值,在很大程度上可以看成是一种学术策略,它使学人在专业范围和价值立场方面与海外汉学达成共识。而源源不断的海外资金的获取与使用,则使中国唯一的一批自由知识分子的形象略打折扣,回归民族本位的立场也显得不那么纯粹彻底……在国际性的学术交往格局中,发达资本主义国家和地区

的学者才有权威地位,他们的指认才能使中国学人锦上添花……①

跨国资本主义经济格局下的学术研究,本来就居社会中的弱势地位,文学、文学批评又属于学术研究中的边缘弱势。即使与海外汉学界挂钩联合,汉学在发达资本主义国家中仍然是弱势的。这种弱势处境与20世纪80年代文学批评及美学界之意气风发,殆不可同日而语矣。

此外,与在台湾谈后现代、后殖民等论述之困境类似,这些理论与大陆社会现实距离甚远,更不易与中国文学批评形成实质有机的关联。当大家都学舌地以这些理论来建构中国文学批评的话语系统时,虽有曹顺庆等人担心大家其实是得了失语症,不会用中国人自己的话语来发声,但对大局并无影响。

香港的情形,当然与大陆和台湾都不相同,20世纪90年代的香港,最重要的表现,是政治身份回归大陆,而文化身份独立自主化。香港意识及其文化认同,刺激了对香港文学、文化生活、艺术成就、学术研究的各项讨论,并影响及于社会。因此,香港的情形,似乎是反过来的,学院人士不再囿于专业领域,而越来越关心整体社会的发展,参与文化形塑的工作。可是,在这种气氛与表象中,究竟学术界与文化人在这个高度资本主义化的社会中居什么地位,起何种作用,外界尚难明了。而在探讨香港文化、进行香港文学研究的风潮中,中国文学批评又居何种位置?在讨论殖民主义、文化工业与消费欲望的时代,香港也有朱耀伟等学者呼应扎伊尔德《东方主义》的论点,建

---

① 陈晓明."后东方"的观点——穿越后殖民的历史表象//后殖民理论与文化认同.台北:台湾麦田出版社,1997.

议中国文学批评应勾勒出中国人自己的形象（见朱氏《后东方主义：中西文化批评论述策略》），但这些呼吁又有多少能产生实质的作用？这些问题都不是轻易能回答的。重要的20世纪90年代，留给中国文学的，或许就是这一类重大的问题吧！

评于连"间距"与"之间"：
如何在当代全球化之下思考中欧之间的文化"他者性"

　　于连（Francois Jullien）先生想用"间距"打开"之间"，并以"之间"作为工具，来使自己与他人可以交流，以达成彼此的伙伴关系。

　　但他可能没料到：人们首先即可能会因距离而形成理解之隔阂。

　　"隔"曾是中国古代常用的认识论术语，近代文学批评史上亦熟见，而任何一种隔，如隔行、隔教、隔膜、隔一层等，都是因距离而生的。

　　过去，大家都反对隔，追求不隔。于连先生则似乎相反，要把"隔"作为一种方法。

　　可是我现在读先生的文章就觉得"隔"，感觉缺乏必要的理解条件。

　　因为他这篇方法论论文，或许只是特定指称下的辩词。强调他并不像那些未读过他著作就批评他的人所以为的：是想让中欧各自孤立于各自世界中，又说他并不从欧洲哲学内部去解构形上学，亦不皈依中国思想，致使哲学家和某些东方学者都不理解他，或对他失望。

　　这些话，自我辩护固然铿锵有力；但远隔重洋，隔岸观火而不知火苗火势的我，如何判断他与批评者的语言脉络关系？这个语境，是理解于连先生为何要谈"间距"并如此谈的基础。不知道这些,则于连有的放矢,我不知"的",当然拿着他的矢,端详起来便有点摸不着头脑。

令我摸不着头绪的,还有他的行文方式。线头太多,几乎每一段都可能衍生出许多疑难。

这当然也可能是翻译的问题。不是说译笔不好,而是或许同样由于"间距"的问题。译成中文的欧洲思想,固然达到了他所说的"打扰"效果,却未必能有"孕育力"。有些地方,甚至根本不清楚他为何要写上这一段。例如开端的谢词,郑重感谢顾彬教授,与全文何干?

每一段与另一段之间,似乎也常有间距,未必具有连贯性。

例如第一节讲中国与欧洲过去互不相关,后来双方才面对面。然后说这样一来,欧洲人"绕道中国",便可以从另一角度捕捉欧洲思想,触及欧洲人思想之起点。

我读得大感兴味,正想了解他怎么看过去 500 年中欧面对面以后,为何欧洲人好像并不如他所说的这么做,中国人好像也总是想弃吾故步,投入对方阵营?造成这种结果,只是思想认识问题,故只须在思想上(如他所推介的)做些扭转、调整即可?"绕道"中国的这种绕道,在认识论上又如何可能?上帝、存有、真理、自由等,既是欧洲思想的起点,欧洲人也必然仍是用这些去思考、理解中国,谁能真正离开土地跳舞呢?既如此,通过注视对方而回头反省乃至质疑自己思想之起点,究竟该是什么样的方式……我怀抱着对这些问题的好奇读下去,却发现第二节完全改换了一个话题,大谈"差异"。但差异在第一节中其实根本未曾道及呀!

或许于连先生认为过去中欧之间不理想,即因大家采取差异观,故要借着痛批差异观来引出他的间距说。然而,无论一个差异观是否即能回答诸多中欧思想之误解史,第一节与第二节之间确实是有许多理论上的裂罅,颇生隔断之感。

也就是说:于连先生的矢,似乎有些不必要的装置,甚至还可能存在着一些断纹与裂痕。

事实上,就在第一节中,他论说绕道中国的好处有二:一是发现中国可能属于另一个"理",令思想可以离乡背井;二是可以回头反思欧洲思想。可是底下接着他就抛开了一,仅说二,令我对那个弃婴眷念不置。

因此,我觉得:间距或许确实有先生说的种种好处,但他的文章也为我们显示着间距可能出现甚或造成隔阂与断裂,而它与"差异"之不同,似乎也不如先生所以为的那么大。

依于连先生说,要谈差异,首先就须预设更普遍的认同。所以若谈桌椅之差异,先就会把它们想成都是家具,才能展开差异的讨论。间距则只是把桌椅拉开了距离,两者间就自然打开了空间。

这真是擅于玄思者有趣的思路。但试问:桌椅拉开后,桌椅就不再是桌椅了吗?桌椅中间的空间,即能改变我们对桌椅的认识吗?如能,这空间恐怕就会要极大,大到互相看不清;或者桌椅之间需加上布幕、毛玻璃之类的东西。反过来看,谈差异的人,桌与椅也绝不可能迭合着毫无空间。无论什么情况,桌椅既是两物,就必有"之间",都有间距,只是间距的大、小而已。故间距不是打不打开的问题,而是"度"的问题。

再说,桌椅为什么要被我们用间距来讨论呢?难道不是因为它们都是家具,都是木制品或都是什么一类吗?若根本不管"类",则桌椅之间,间距中自有尘、有沙、有埃、有石、有人、有鞋,有许许多多其他之物可供讨论,为何偏偏抽提出桌椅来单独议说?

犹如男人和女人,正因都是人,故可以比较也值得比较,以论其异同。若说我们不要管差异,也不要认同,只须把男人放一边,女人放一边,互相注视对方即可,则近乎开玩笑。想想这画面,岂不滑稽?而且,为何我们不让人与兔子互相注视而只关注人与人之间,难道这其中真能撇开认同与差异吗?

于连先生不相信本质(文化的与人性的),故他才要如此费劲地另辟蹊径。可是他对人其实是有定义的,认为只有能自我检验、探险,用种种方式在自己里面打开间距的人才是人,然后又说建立人性共同之处的原则,在于所有文化都是可以理解的。这其实就是本质论的说法。只是他把本质放在间距中,就仿佛如同他所说是无本质了。之间,既不在此,亦不在彼,不执此,不执彼,但它别有所执。真无本质者,此执亦当斥破也!

此姑勿论,且说建立人性共同之处的原则,为何先生界定为"可理解的"? 这就不在中欧之间,恐怕仍是站在欧洲或偏欧洲多些了吧!

若依中国思想,或许会把这个原则建立在"可感的"上。文化之间,人与人之间,或许未必能理解,但无疑人与人、文化与文化之间是可以感通的。他人有疾,感同身受,虽未必能知他究竟是什么病,其病在其文化中又做何理解。

可感通,也一定比可理解更有行动力。可理解,两个孤立之个体,拉开间距互相注视,仅在注视对方时反思自己,恐怕仍只是静态的、作用于自己的、属于思致心态或视角之调整。未能如感通这般,形成关怀、体贴、爱与行动。

又,在于连先生不断用注视、观察等语词教我们面对"他者的镜子里所凸显出的"被自己压抑的事物进行反思时,我以为他也只重视了眼睛,而尚未能全面发现他所说的"人的官能的理解力"。感通才能!

此外,他想用间距说来抵拒全球化时代强调各不同文化趋同的态势,可能也不如采用感通说。

感,是在不同个体之间产生的。个体之不同,先验地被保存了。可是感而遂通,个体之间(这个之间,不是如先生所说那样仅仅是空间)可通、可感、可应、可和,所以才能达到"和而不同",才更能避免全球化的同构型危机,达到郑海藏所说"持论绝不同,意气极相得,每见不能去,欢笑辄竟夕"(《哭顾子朋》)那种状况。

由方法学说,两不相干之文化体,思想基点与体系均不相同,而要企图理解,亦不只是可理解性的问题,至少还有好几种相关方法学的争论需要面对。

例如库恩所说的"不可共量性"(包括标准不可共量,词汇与意义不可共量,知觉经验或世界不可共量,又译为不可通约、不可比等)即为其中之一。同一文化之不同阶段(他是指科学革命形成的不同时期),尚且可能是局部的(local)不可共量,甚至全体性(global)不可共量,异文化之间,当然更严重。何况还有间距!

距离殊方,物类异撰,此地所无之物,他方如何类拟想象?不同的生活世界,理解力及方式亦必不同。如何打破不可共量使其可量,或根本反对不可共量说,是须在方法学上打硬仗的。

与不可共量相反,钱锺书提供了另一种态度,《谈艺录·自序》谓:

> 颇采"二西"之书,以供三隅之反。盖取资异国,岂徒色乐器用;流布四方,可征气泽芳臭……东海西海,心理攸同;南学北学,道术未裂。虽宣尼书不过拔提河,每同《七音略序》所慨;而西来意即名"东土法",堪譬《借根方说》之言。非作调人,稍通骑驿。

认为东方、西方心理攸同,故可以骑驿沟通于其间。于连先生是不赞成在东方、西方取得共同之处的,对此则亦当有方法论之评破。

诸如此类,可见以间距为矢,该射的对象还多哩,不能仅以评破差异说趋同说为满足。我很期待先生能再施锋镝,一新壁垒!

鬼趣图之外：小论罗两峰

论扬州八怪者，对郑板桥着墨最多，而于罗聘则甚少，但称其鬼趣图而已。此岂足以知罗两峰耶？两峰在八怪中年辈稍晚，为金农弟子，然多交中朝名士，且诣能多方，于八怪中杰然特立，非鬼趣云云所能尽之。①

其平生与翁方纲交最善，不唯年齿相同，家人亦颇有往来，故翁氏集中叙及两峰者甚多②。兹先就翁罗两氏交往之迹，稽其相关文字，分年排录；再就所见，略论一二现今画史阙征或有所误会之处，以为谈艺之助。

---

① 扬州八怪画鬼其实甚为普遍，如黄慎所画的人物画中就有不少钟馗图，有《钟馗酌妹》、《钟馗倚树》、《钟馗捧瓶》、《钟馗执笏》、《钟馗授易》、《钟进士降福》、《钟馗啗榴戏童》等，计19幅，占神画总数的45.24%。雍正元年(1723)端午节，黄慎连续作了5幅钟馗图。鬼画也有一幅册页《有钱能使鬼推磨》，工笔、设色，作于康熙五十九年(1720)九月，是黄慎早期的作品。绘一鬼推磨，旁一员外伸手授钱。鬼头有角，呲牙咧嘴，面现贪婪状。这是讽刺世情之作，虽是工笔画，从内容来说却是讽刺性漫画。早于罗聘的《鬼趣图》(作于1974)74年。华喦亦画此类题材。康熙六十年(1721)作《钟馗聆曲图轴》，乾隆十四年(1749)作《钟馗嫁妹图轴》，十七年(1752)作《钟馗称鬼图轴》，十八年(1753)作《钟馗啖鬼图轴》，二十年(1755)作《雪景钟馗图轴》，亦均较罗聘所作为早。故鬼趣云云，亦不足以为罗聘之特色。

② 本届会议中另有王英志《袁枚与扬州八怪交谊考述》，论袁枚与罗聘交游状况甚详。但袁枚与罗聘，主要是罗聘在南京时期的交往。无论就时间长短和重要性来说，都不及罗与翁的关系。

翁方纲、罗聘皆生于雍正十一年(1733)，乾隆二十八年(1763)金农即卒，时两君皆31岁，而彼此不相知也。乾隆三十七(1772)年，始初识于钱载之木鸡轩。钱载指两峰谓方纲曰："见此君，如见金农也。"(翁氏《复初斋文集》12/8B)盖此时罗初至京，世则以金农传人目之。方纲幼时因慕海盐陈文学(号苏庵)，而号室曰苏斋，后于乾隆三十三年(1768)得苏轼《天际乌云帖》，乃坐实苏斋之名。三十七年(1772)，逢两峰，即请绘蔡襄《梦游洛中十首》首二句"天际乌云含雨重，楼前红日照山明"为图而诗之。二人以是交密。

　　秋，方纲与诸友人集陶然亭，送罗聘南归，作诗有题罗聘《归耕图》，有"欠伊销夏迎凉昼，樽酒城南秋雁飞"之句。张洽见而为作《樽酒城南图》小轴，罗聘属方纲题诗(《诗集》10/3A)。

　　十月六日，方纲邀图辣布、钱载、钱大昕、罗聘城西访菊。罗聘出所买杜东原仿《荆关山水卷》，以赠图辣布。钱载云："是余旧所藏物，为偷儿所攫去者。"罗聘遂以此卷赠钱，钱载别作一幅以偿。方纲用苏东坡《仇池石》："穆父欲兼取画与石，颖叔欲焚画碎石"韵以缀卷后(《诗集》10/4A)。然自此以后，二人即无往来之迹，至乾隆四十四(1779年)年十月，翁始再为罗聘缺角研作铭，铭曰："研非由琢，画非由学，作远山一角。"(《集外文》2/23B)

　　冬，罗聘画苏轼戴毡笠折梅花像，以赠方纲，方纲作赞曰："是雪笠，非雨笠，一瓣香，吾何执？梅花亦非花，此是公书与公集。"(《影》3/760)十一月十九日，因次日罗将出都，方纲于苏斋具蔬，焚香雅集，并请程晋芳、张埙诸人到斋，预祝苏轼生日，兼为罗聘践行。是日，有诗。题云："十二月十九日，东坡先生生日，谨拟具蔬苏斋，焚香雅集。兹因扬州罗两峰居士为摹龙眠、松雪、老莲诸画像稿本新奉于是斋，而两峰居士定于月之二十日出都，是以援近人预祝之例，敬移于十一月十九日奉邀诸公往驾早临,兼为两峰践行,恕不速。鱼门先生、瘦同先生、两峰先生、未谷先生、竹桥先生、玉池先生、驾堂老先生、谷人老先生、伯恭老先生、鲍尊大兄、芝山大兄、稚存大兄、仲则大兄。"(《影》3/764,《诗集》20/9A)

腊月,又为罗聘松皮研及画梅研作铭,铭曰:"石骨青,覃溪铭。""此两峰道人画梅之研乎?乃水墨云山粥饭僧之一变也。"(方纲又按:末七字,是冬心自铭写经研语也,以此语铭此研,正是梅花心事)(《影》3/765,《集外文》2/23B,24A)是月,方纲并为罗聘室人撰《女士方氏墓志铭》。方氏,名婉仪,安徽歙县联墅村人(《影》3/766,《文集》14/4B)。

其《诗集》中本年为两峰作者尚有《两峰过小斋,观"苏诗施顾注"宋椠本,为仿苏画悬崖竹于卷,用东坡种竹韵》、《两峰画"竹谱",为予内子五十寿二首》、《题两峰"墨梅"二首》、《两峰为孔雩谷画梅》、《两峰以京师同人旧所赠诗合装成卷索题》等。《集外诗》则有《两峰为令子求铁研斋诗》、《题罗两峰"野梅初月图"》、《两峰以所藏旧拓本"张迁碑"见赠,因属为"观碑图""赠碑图",以志珍重》、《两峰以所得洋画装于斋壁,名其斋曰"圭景"》、《两峰将在保定度岁,寓居曲江斋,倩作黄梅白鹤峰诸帧,兼寄曲江》等。张埙则有《东坡先生生日,覃溪置酒苏斋,并送两峰,得"苏"字》诗(《竹叶庵文集》16/6A)。①

乾隆四十五年(1780),正月十三日,罗聘又作《东坡毡笠折梅像》,方纲为作赞云:"此两峰道人仿老莲之笔,供于覃溪宝苏之室,为谷人再摹此,而其神逾出,公何厚于谷人欤?记时之步绕西湖,在熙

---

① 罗聘收集西洋画,可能有准备参酌其技法的想法,因为稍早黄慎已很注意汲收些西画技法。如在所作瓶瓮图像一侧涂刷阴影(参见《陶令簪菊饮酒》、《老叟坐赏菊花》、《钟馗的妹》等图),所作《寿星图》鼻梁两侧凹处淡抹阴影,在人物衣折一侧用淡墨涂刷阴影,以增强人像与物像的立体感。黄慎所作山水画,三度空间感很强,近景、中景、远景层次分明,有些风景画甚至采用了西画的透视法。这或许给了罗聘一些启发。但目前他具体参用西法的状况,尚待研究。

宁、元佑守杭之日。乾隆庚子灯夕赞，方纲。"(《影》4/884)

秋日，程晋芳、蒋士铨、藕塘、张坝、沈心醇、金兆燕、罗聘集于翁方纲诗境轩，观元人《飞鸣宿食雁图》。此轴为方纲妇翁韩公所藏(《诗集》21/9B)。八月二十一日，罗聘摹新建王守仁像，方纲临王守仁诗墨迹于帧，并次韵，又录去年冬得此迹时所赋一首(《影》3/809)。同月，罗聘以所摹顾德辉小像见贻，先生有跋于后(《影》3/813)；又为桂馥作《说文统系之图》，方纲为之题记(《影》3/805)；且赞罗聘蓑笠像(《影》3/809)。九月十三日，罗聘为翁方纲作《苏东坡黄楼图》，方纲赋诗。九月，翁氏又题罗聘《瓠器图》(《诗集》22/1A)。十一月，翁跋钱塘黄树谷各体书《集古研铭卷》。此卷系罗聘所得，属方纲题其后(《影》3/838、《集外文》2/21B)。翁氏《诗集》本年有《两峰为予作竹刻于茶陵诗卷楗侧，拓装于卷，题此二诗》、《两峰为清容令孙画兰》、《同裕轩、慕堂、林汲、两峰游城西笑岩塔选极乐禅寺，次裕轩韵三首》等诗。《集外诗》则有《两峰为我摹陈老莲"东坡雪笠折梅小像"于"天际乌云帖"首，予以先生元丰七年金陵舟中书句双钩以代赞语，附缀以诗》、《两峰所藏枝山、衡山蝇楷合册，精妙绝世，予既屡题矣。今复持来题首，盖予于斯册不啻重有缘者，因临为二册，乞两峰补图，以志墨缘，并系三诗》等。

乾隆四十九年(1784)，翁氏为《续六客诗》作序，并有诗。序云："壬午之冬，同年董曲江吉士来谒选京师，携其家藏《苏、文、柯、王四家画竹卷》，同观于钱箨石同年之木鸡轩。箨石为赋长歌，并写竹于王彦贞竹幅之后，予未及赋诗。后十有八年庚子之秋，罗两峰自保定来，携所作临本示予。则两峰既临四家之竹，又临苏石之诗与竹，又自写竹于后。予题曰《六君子图》，而作歌于后。今又四年，而曲江逝矣。其孙肇彤，携是卷来予斋中，因属赵贡父复临其前五帧，而缀以赵自写竹,亦命之曰'六君子',犹夫前后六客者也。适吾壬申同年有续前后六客之诗,二月三日小集于张晴溪贯经堂,借此卷共赏焉。其原卷六君子者,则苏、文、柯、王、钱箨石、罗两峰也。今兹临本,六君子者则敬仲、元谷、钱箨石,补以赵贡父也。又其姓氏题识见于原卷,今无画而亦临其字者鲜于伯几、伯颜、苍岩、周雪坡、邢来禽与送别之徐容斋及两峰,又恰亦六人也。今之集话而题于卷后者,长白博西斋明、永虑轩安、沙县范迈亭元扬、宛平张晴溪、临桂胡书巢德琳、大兴翁覃溪方纲也。甲辰二月十三日,方纲序。""昔张子野、苏子瞻各有六客词。予同年吉渭厓学士主讲席于扬州,为前后六客诗,寄来京师,俾同人和之。其曰前六客者,卢抱经学士、蒋春农舍人、秦序堂观察、张松坪、吴涵峰两编修与渭厓也。其曰后六客者,抱经去而钱箨石宗伯复至也。抱经自山右归杭,箨石自京归嘉兴,其过扬州偶有先后耳,非有意不相值也。而渭厓诗序有'钱、卢近多议论龃龉'之语,又云覃溪以抱经为是。方纲在同年中年最少,凡事多请教于诸兄,抱经长于考据,箨石长于诗,皆益友也,无所谓伸彼而抑此者。然渭厓此言特欲以重申吾同岑相与之谊,而勉其将来之益加厚焉,尤可感也。时在京师者博西斋、永虑轩两武部、范迈亭明府、张晴溪吏部、胡书巢太守及方纲,恰亦合六人之数。于是置酒于晴溪之贯经堂而属和焉,并书于册以寄渭厓。虽千里之远,无殊曩日京邸比邻之乐也。甲辰二月十三日。"(《影》6/1486,《集外文》1/9A,《诗集》28/3A)

乾隆五十五年(1790),九月二十五日,翁氏撰《宝晋斋研山考》,又有《宝晋斋研山歌》。曰:"昨日观于两峰观音庵寓舍,坐客竟有执诸书之语而疑其赝者。予乃借此石至苏米斋为之考辨如此,观者可以释然弗惑矣。然此石虽非甘露所易,而同为米老斋中奇物,又与海岳庵图摹本同在苏米斋中相伴十日。予为觅两峰作图以补仲圭之迹,又邀诸君为诗,以踵王、朱诸前辈之遗韵。米老有知,当亦击节快赏于九霞崆峒中耳。乾隆庚戌秋九月二十五日。"(《影》9/342、《文集》15/2B、《诗集》40/6B)十二月十九日,苏轼生日,翁氏又属罗聘作《苏斋图》。云:"元丰戊午,东坡留诗'张圣涂放鸭亭',张放亭下结屋,名曰苏斋。此斋名之始也。予因属两峰为图,以乾隆庚戌十二月十九日拜公生日、和公诗韵。"(《诗集》41/2B,《宋椠施顾注苏诗题跋抄》)本年《复初斋文集》另有《罗两峰摹孙雪居画米南宫像赞》(《文集》13/8B),《诗集》有《为两峰题其友人薛衡夫秋林飞瀑小轴》诗。《集外诗》有《罗两峰父子为予仿孙雪居、邵瓜畤"海岳庵图",又作"研山图",赋此报之》、《再题"研山图"》。

次年,二月朔,方纲题罗聘为毕沅作《豳风图卷》(《影》9/2407)。二月,翁方纲于罗聘禅寓得观《丙舍帖》,赞叹弥日,后又借赏旬日。四月二十日,翁氏自庚戌冬十月望日为罗聘书《毛诗·国风·周南》经文,至是日始写讫。四月二十三日,并跋罗聘藏仇十洲、祝允明、王雅宜、文衡山、陆五湖、蔡九逵、彭隆池七家书画卷。罗聘以宋拓越州石氏刻本褚遂良《度人经》赠翁(《穰梨馆过眼录》19/8)。四月,翁又作《梦苏草堂图歌》,以题罗聘为冯少卿画(《集外诗》21/21B)。是月,先生奉使视山东学政,冯应榴用先生作《梦苏草堂诗》韵赠别,先生有诗奉酬。又有诗《和苏药玉船诗,为星实、两峰别》(《集外诗》21/25A,21/25B)。

乾隆五十七年(1792),翁氏在莱州府,勒罗聘追摹郑玄像,并有赞书之,谓:"孜孜礼堂,写经之精思。眇眇乎,眉须也。所瞻拜低回,礼堂乎,赵商、张逸之徒也。"(《影》10/2673)

五十八年(1793),十二月二十四日,方纲招集吴锡麒等人至苏斋,补作苏轼生日,观罗聘《墨幻》、《墨戏》二图。云皆鬼趣也。跳丸走索、扛鼎寻橦、阴火烧旗、鬼兵啸雨,极九幽之变相矣。

五十九年(1794),三月二十二日,翁氏又招同罗聘、赵怀玉、王宗诚集苏斋,观所得《邕法师碑》十三跋及仇英所画《唐六如像》(《有正味斋日记》)。十月初九日,罗聘以元人墨宝八幅,供翁氏参阅,为高明、胡俨、康里巙、沈澄、袁桷、杨仲弘等人作。翁阅后即还之(《影》12/3396)。十二月十九日,为罗聘作《正信录序》。云:"罗子两峰,博学通识,以诗文翰墨驰骋艺苑者四十年矣。而其诣力所在,独持正定,于三藏六部之大,洞见其所以然。故尝笔其所得,于古人语言文字外者,以浅显得印证,以援据得指归,无语录之幽深,而有诠解之微妙,积成上下二卷,题曰《正信录》。"(《影》12/3418、《集外文》1/20A)

乾隆六十年(1795),两人均63岁。八月十日,方纲为罗聘撰《朱草诗林集序》,有云:"予与两峰论文谈艺,往复相质,倏复二十余年,相对皆白发矣。兹为哀次其前后诸集二百余篇,以志吾二人结言古欢之素。"(《影》11/3066)九月朔,又序罗聘《香叶草堂诗存》云:"予与两峰论文谈艺,往复相质,倏忽二十年,相对皆白发矣。语曰:'心之精微,口不能言也。'故为哀次其前后诸集,约存二百余篇,以志吾二人质言不欺之素,而属思飞腾,仍以冬心为归宿焉。"(《香叶草堂诗存》)冬,罗聘则作《二妙写真图》,供于苏斋。本年翁氏诗集中有《两峰竟以文画见赠,和衡山自题韵为谢二首,兼邀鱼山和作》、《孙渊如属两峰作"仓史造字图"来索诗》、《罗两峰"游岱图"》、《题罗两峰为孙渊如作"伏生授经图"二首》、《两峰"仿宋人古木归鸦"扇头》、《两峰持其友某君渡济南所绘"石芝轩图",上有和苏韵者,乃为韵此》、《于韵亭寓斋题两峰"仿元人钩勒水仙卷"》、《两峰为我仿石谷子写"王晋卿平桥柳色"二首》、《又题二首》等。

嘉庆元年(1796),立秋,桂馥持罗聘《潭西精舍竹根三像小册》至翁氏苏斋同观。十二月十九日,雪后,众人集苏斋,作苏轼生日。罗聘为先生摹《西园雅集图》(《诗集》49/10A)。赵怀玉则有《十二月十九日,翁学士方纲招同罗山人聘、伊比部秉绶、方明部楷、金秀才学莲集苏斋,修东坡生日之祠,上溯景佑丙子,盖七百六十一年矣》(《亦有生斋集诗》15/6B)。

至十二月二十三日,翁氏跋曹学闵《碑铭志传逸事册》云:"乾隆丁未冬,予在临江,闻慕堂先生之讣,时临江守张君,先生乡人也,与予相对歔欷,以名贤平生事迹言之未详为憾。越今嘉庆丙辰之夏,公子申之合前后诸人所为碑铭志传逸事,重书为册,而求书其后。忆庚戌之秋,受之、申之兄弟邀予、钱辛楣于紫云山房,予诗云:'重来禅褟怀人处,又作深秋送别诗。馆阁燕谈多故事,东南耆宿老经师。茶烟篆午偏宜淡,菊意凌霜未算迟。只愧箴规今日少,执袪何以副心知?'盖深念昔与先生趺坐此间,日闻真实语也。又追忆壬辰冬,先生邀裕轩、篴石及予同访朱仲君于法源寺,云寒欲雷,携手林木外,两峰罗君绘《寒林访友图》,各题以句,此帧为辛楣持去矣。"(《影》12/3280、《大陆杂志》三十二卷五期)本年翁氏尚有《两峰为未谷作"戴花骑象图"二首》、《周湘浦属两峰临"潇湘图卷"》等。

嘉庆二年(1797),六月七日,罗聘作《双藤簃五叟图》,翁方纲题云:"丁巳清和上澣,丁受堂珠巢街新居藤花盛开,招同代州冯石如、涿州冯蓼堂、扬州罗两峰与予饭双藤簃,至今三阅月,而两峰画始成。其簃前展卷而观者蓼堂也,后立者两峰也,左窗外立者覃溪也,杖而出迎者受堂也,后至者石如也。然皆取大意,不必其似也。殿奏之发,不数月而为销夏之吟矣。前后凡三诗,皆书于卷后。时闰六月七日也。"(《影》13/3467)本年翁氏又有《受堂新居,招同石如、蓼堂、两峰紫藤花下小集》(《诗集》50/4A)、《两峰以所作"双藤簃五叟图"稿本来商诗意,适雨中蓼堂过谈,赋此并寄石如、受堂》诗(《诗集》50/7A)。十二月十九日,罗聘、武进赵怀玉、长白法式善、吴县石韫玉、宣城方楷。于苏斋拜苏轼生日,同观《宋椠施顾注苏诗》残本(《宋椠施顾注苏诗题跋抄》)。

嘉庆三年(1798),六月,翁有诗《两峰仿石涛作东坡"潮州雪行图"》(《诗集》52/1A)。又题罗聘摹石涛自画《种松图》于涛书《老子》册前(《诗集》5/20A、又见《张岳军先生,王雪艇先生,罗志希夫人捐赠书画特展目录》)。有《续西涯十二另咏,题两峰为梧门画册》诗,见《集外诗》卷二十三。

嘉庆四年(1799),罗聘卒,年六七。本年翁方纲尚有《题罗两峰为何阜山作"湘雪卷"》,收入《集外诗》卷二十四。

罗聘与翁方纲之交谊及翁氏为罗聘所作相关诗文大抵如上。纵观两人数十载交谊,可以申论者甚多。昔之论扬州八怪,论罗两峰,概就其本人诗文画作审勘之耳,不甚考其同时往来名贤之著述,又辄以"八怪"为畸人异士,不谐流俗,故于彼等结交名公大夫之迹,意存忽视。不知此间实有足堪深玩者也。

以余上文所述翁罗交谊为例,可见罗聘在京,实以翁方纲为其交游中心。翁氏虽盛称罗氏"以诗文翰墨驰骋艺苑者四十年",然罗氏诗文,在彼时京师,岂能高踞上流?世人推重之者,在其绘画而已。[①]即翁氏之与相交,亦为如此。翁氏佞苏,喜为苏东坡作生日,喜招人观苏帖,看苏氏诗集,欲有人能如昔日东坡在世时之李龙眠,在旁为

---

① 舒位《乾嘉诗坛点将录》评点乾嘉时代诗人。序言"爱仿东林姓氏之录,演为江西宗派之图",署名"铁棒栾廷玉序"。其中提到扬州八怪者仅二人(其一为金农,称"没面目金寿门"。没面目,是《水浒》中焦挺的诨号。焦挺,中山府人氏,祖传三代皆以相扑为生。父子相传,不教徒弟。因为不善交际,亲朋不多,到处投人不着,山东、河北一带都叫他"没面目焦挺"。其二为郑燮,称"险道神郑板桥"。险道神,一称显道神,身材高大,民间传为开路神。《水浒》中郁保四,身长一丈,腰阔数图,故人称"险道神")。罗聘并未列名其中,可见当时评价之一斑。

之图写,则两峰是也。两峰非不知其意,顾彼此喁唱,既成风雅之佳话,又可以亲近京师士绅名公、诗文巨匠,何乐而不为乎?两峰在京,所与交游者,即属此一交游圈。①

此中固以诗文及书画家为多,研经之士乃亦不少。乾嘉学风,本以治经为高,翁氏又喜谈金石考证,其所交善者,遂不乏经师。罗聘于经史小学并无深诣,然缁素相染,终与同声,绘《欹器图》,为毕沅作《豳风图卷》、摹郑玄像,为孙星衍作《仓史造字图》、《伏生授经图》,为桂馥作《说文统系之图》;或倩翁方纲为书《诗经·国风·周南》等,均属此类。扬州八怪之其余诸君,无此交游,故亦无此倾向也。

然由两峰之交游观之,扬州艺文暨学术,当时实与京师桴鼓相应。两峰以前,金农即颇为朝中名士欣赏,故两峰初见翁方纲,钱箨石即以其似金农为介。乾隆四十三年(1778),桂馥亦曾借得颜氏所摹金农双钩《延熹华岳碑》以示方纲,方纲且赋诗为记(见《集外诗》12/12A,案,彼数年间,方纲正钻研双钩之法)乾隆四十二年(1777),黄小松持汉碑残本数种示翁,翁有跋谓:"小松言其友杭人赵晋斋魏,以棉蘸墨拓此碑,与石本无异。余因效为之,竟不果成。昔人论双钩法,须是里面描出,画墨而止。姜白石所谓墨笔不出字外者也。想唐人钱、薛辈双钩古迹如手书,当用此法……自今以后,当守定此法,毋为他说所惑。"(《影》2/293)其于双钩,见解如此。桂馥持仿金农法者

---

① 道光四年(1824)万承紫题罗聘《鬼趣图》云:"两峰先生以六法名天下。四方通人巨公无不通缟纻之好,而与先君子(指万氏兄弟的父亲)交尤善。承紫兄弟儿时皆获侍杖屦,偶有请乞则欣应之,视在子侄行也。"这是朝自己脸上贴金的讲法。考罗聘在京师之交游,与万家交情只是一般,跟翁方纲交谊才"尤善"。

示之，适投所好，而亦可知彼等于金农钦仰之深也。① 方纲盛称两峰归宿金农；嘉庆十九年（1804），方纲82岁，犹有诗咏金氏墨梅，益可见其忱矣。

不仅如是。方纲师友，如王念孙父子、谢启昆、伊秉绶、汪中等皆与扬州颇有渊源，或为扬产，或守扬州，扬州寺僧竹堂且为方纲篆"秘阁校理"印。方纲同年董曲江在扬任教席，述相与交往者为《六客诗》，亦寄至京师，邀方纲等同人唱和。凡此之类，足证京师与扬州地虽辽隔，人文声气，实相沆瀣。此则今日论乾嘉艺坛掌故者所不能不知之者也。

两峰往来京扬，以画艺为资生之具，且以此得与诸名士游。其获推重之处，不仅在于善图鬼魅而已。彼收藏颇丰，方纲集中可见者，即有宝晋斋研山、杜东原仿荆关山水卷、旧拓张迁碑、枝山衡山细楷册、丙舍帖等。取此等与方纲诸人相析赏，自为艺林风雅盛事，而两峰艺事之底蕴亦于斯可见焉。②

盖彼既富收藏，又多见京师名贤所藏剧迹，相与上下其议论，心胸眼界，必非乡曲之士或山林之隐所得范限。世之论两峰者，但知其

---

① 几乎所有有关金农的著作中，都异口同声，宣称他的书法，是以三国时代（220—265）的《天发神谶碑》及《封神国山碑》笔意，演变而成。其实，金农的早年书法，只能说是步郑簠（1668—1739）的路子，专攻章草与汉隶。虽有创意，但乏工力。后在雍正三年（1725）初次进京，再转往山西泽州，在陈壮履学士（字幼安，1697年进士）家中主馆三年。在这次北上行程中，金农不知自何处收集到一本珍贵的《汉西岳华山庙碑》拓本。此碑，在明代嘉靖（1522—1566）至隆庆（1567—1572）年间，为火焚毁。清时传世之古拓本，佳者仅知长垣本、华阴本、四明本三种而已。自清朝初年，便为收藏家视若拱璧。金农所得者，则为此三本以外之一种，当时少有人知。金农自得此帖后，便秘藏此拓原本，平时仅以双钩本示人。而从那时起，金农的隶书，便开始以专门摹写《华山碑》为主。详见本届会议武佩文先生文。据桂馥此处所述，可见时人亦甚推重其双钩本，摹仿者甚多。
② 罗聘与其师金农均富收藏。金农早年收储金石碑帖之事，可见厉鹗（1692—1752）《樊榭山房集》卷一，第一首诗即为《金寿门见示所藏"唐景龙观钟铭"拓本》。诗曰："嗜古金夫子，贪若笼百货。墨本烂古色……"又有："江上访金寿门，出观《颜鲁公麻姑仙传记》、米海岳《颜鲁公祠堂碑》拓本"等语。诗后注明"以下甲午"。故厉鹗之诗，约成于康熙五十三、五十四年间（1714—1715）。当时金农应仅二十八九岁而已。又杭世骏（1696—1773）《词科余话》中亦有："冬心先生嗜奇好古，收储金石之文，不下千卷……"之语。见杭世骏《词科掌录》，附《余话》卷一，辑入《冬心先生集》卷一。又有一诗题为：《杨知、陈章见过冬心斋，予出〈汉唐金石拓本〉二百四十种，共观》。按集中诗之顺序看，当成于康熙五十六、五十七年间（1717—1718）。罗聘在金农处受教时，对金农的收藏应该也是熟悉的。

渊源金农、得法石涛、溯流老莲，而获名于鬼趣，不知两峰取途至广，仿摹龙眠、松雪、孙雪居等之外，既仿元人，又仿王石谷，收藏且及洋画。夫石谷与八怪，世皆以为冰炭。论八怪，则曰创新，曰反四王，孰知其未必然也？①

唯两峰交游虽多，取途虽广，中主素定，亦无波靡逐流、曲从时好之弊。此则难能可贵矣。方纲翁氏所钦迟于两峰者，亦由于此。一谓两峰以诗文翰墨驰骋艺苑，而诣力所在，独特正定，于佛教深有所

---

① 贺万里《扬州八怪：雅艺术的随俗与俗文化的附雅》一文有几段论述，可以代表一种典型的观点，他说："对于扬州八怪来讲，他们轻事王侯、生性不羁、直道己心、自立门户的反叛意识和艺术个性追求，使他们卑视模古因袭的'四王'画风和柔媚软丽的恽派画风，加之卖画自给的需要，这使得他们自觉地迎合了当时市民消费文化中求新尚奇的文化消费时尚""《扬州画范录》记载：'若夫山水实乏其人，寓公大有其人，而乡邑绝希。'其实寓居扬州的画家中，从事山水画的人也很少，只有石涛；八怪中他只有一位以画山水为主""扬州民俗对四王一脉画风的厌恶，也可以通过这么一首童谣看得出来：'金脸银花卉，要讨饭画山水。'"（本届会议论文）此类观点充斥在研究扬州八怪的论著中，其实无一不错。兹分几点来说明：

（一）扬州八怪并不反四王反恽派。罗聘仿王石谷就是一个例子，这不是孤证。华嵒更为明显。华嵒34岁即有仿恽寿平画册十二页，其后仿作不断，张大千跋其48岁所作山水册十六帧时说："新罗山人……人物师马和之，花鸟师陈仲美，山水则兼有大风、石涛、南田之长，并世无与抗手者。"足证华氏与恽的渊源关系。50岁作白芍药图轴，亦取法于恽氏没骨花卉。54岁之花卉卷，褚德彝跋："秋岳画山水人物无不工妙，花卉仿瓯香，中年以后始学白阳、青藤。"60岁作山水册，吴湖帆跋亦云："画稿半出南田翁，而能摄南田之神于腕下，笔法圆健如且夺南田……新罗素以人物摄神擅名，花卉亦与南田相颉颃。"可见华氏与恽氏的渊源至老不减。罗聘与恽南田渊源不深，但与石谷缘分非浅。乾隆五十五年（1790），罗氏58岁，翁方纲作诗送罗，罗云："三日读之，如入庐山白云，潏潏从梦魂中出。适有持王石谷临范宽《匡庐白云图》卷来同赏者，亦一异也。为作庐云海歌报之。"诗有"此诗此画郁不已，息垠相关两峰子"之句，则彼于石谷未尝不致其倾倒之忱。

（二）扬州八怪并非不仿古。华嵒作品今尚可考者，即有仿唐寅法作《溪山图扇页》，仿宋山水册十二帧，仿朱氏山水轴。拟宋人绘荷花水鸟图轴，拟元人法水墨上鹨鹑图轴，仿元人笔秋风野鸟图轴等。详薛永年《华嵒年谱》。其余诸人情况大抵相同。而且我们要注意他们跟南宋院画的关系。与他们甚为亲近的文人厉鹗，于康熙六十年（1721）编了《南宋院画录》，应该对他们颇有启发。乾隆二十六年（1761），罗聘作花卉蔬果册，题词云："仿宋院人行笔，画秋茄小景，供献官家，欲每饭不忘"，即一证。

（三）扬州八怪亦非不事王侯。康熙五十六年（1717），华嵒在京师，得交当权显宦，名闻于康熙。见于《闽汀华氏族谱·品行纪略》。李鱓则曾入官，充当内廷供奉，并受命从蒋廷锡学画花卉，时在康熙五十三年（1714）。前一年李鱓在热河行宫献技，故有此因缘。郑板桥乾隆七年（1742）即与慎郡王允禧相唱和，有《将之范县拜辞紫琼崖主人》等诗。乾隆十一年（1746）允禧亦作《喜得板桥书自潍县寄到》等诗给板桥。乾隆十三年（1748），乾隆出巡山东至曲阜，板桥为画史，常以此自豪，刻一印云："乾隆东封书画史。"此岂不事王侯者乎？

（四）扬州八怪也不是不画山水。华嵒山水画甚多，边寿民的名作《波墨图》、《庐山高》也是山水。高翔山水册、溪山游艇图、山水图轴之类更多。金农题其山水册云"一带山庄四五峰，环村流水漾溶溶，先生自是如云手，洗脱南宗与北宗"，对其山水画备致推崇。汪士慎更有《西唐先生画山水歌》。罗聘也善画山水。怎能说寓居扬州的画家从事山水画者少，或扬州八怪中仅一人以画山水为主？

得;一谓其谭艺终以金农为依归,不悖本师,与之往复相质数十年。此即可以见两峰之操节也。自古画人皆不为经师文士所重,明清谈艺之家,稍稍矫之,然其位置,犹不能与经师诗人比肩。若金农罗聘,世之推而重之者,岂非以其技也而进于道乎?[①] 呜呼!此静者机,道者气也,鬼趣云乎哉?

---

① 亦有推重金农而不重其书画者。如全祖望《冬心居士写灯记》谓:"寿门虽穷愁,时时有户外之屦,或以砚,或以灯。其砚铭之多,遂成一集。而其寓扬也。则灯之行为尤盛。夫以寿门三苍之学,函雅故,正文字,足为庙堂校石经,勒太学,不仅区区名砚已也。"此即经师之见解。

《安溪铁观音》序

我生于台湾，读大学时负笈台北县淡水镇。小镇旧名沪尾，在淡水河入海处。华夷杂居，久成通商口岸，乃北部开发最早之地，因此曾经有一段时期几乎整个北台湾都被称为淡水厅。台北建城以后，政经地位才渐移到北市。待我到那儿求学时，它已风华退敛，又只是一个小镇而已。

镇上依然保存着许多当年荣盛时期的遗迹。港岸海市，傍着山丘。一边是大屯火山带，一边是静坐在淡水河波上的观音山。在山与水之间，小小的市廛，仍是昔日由闽南来此开拓的老人及其子裔们活动的场所。而那里，正对着渔港和观音山，就有一座清水祖师庙。

清水祖师庙，自然是福建安溪清水岩传来的信仰。但这座庙是台湾三大清水岩祖师庙之一，号称"落鼻祖师"。据说若有天灾人祸，神像鼻子就会掉落，向人示警，灵验异常。艋舺的人常指责中法战争时，法军进犯淡水，淡水的人向艋舺借了神像去庇佑，事后却不归还。淡水的人则说神像本来就在淡水，是早年艋舺借了去的。双方争执不下，如今只好轮流奉祀。

庙里常年香火鼎盛,我没事时也喜欢到庙里去逛逛。但更吸引我的,是祖师庙旁另一间小庙,叫龙山寺。

我每至祖师庙拜祭完,就转到龙山寺来小坐。这是一间很小的寺庙,只有一个殿,殿前回廊包起一座天井,天井间有一个小池子,种满莲花。

只有一位眇目老媪看护着这间小庙。在回廊间,她摆上几张竹椅藤棹,就成了一个茶座。在镇上逛累了,我常绕进来,与流连在这儿的游方僧人、流浪汉、老者一同喝茶或避雨。

老媪不甚言语,只替我们煮火沏茶。茶,基本上就是乌龙、铁观音。我或啜茗,或沉思,或邀友人来此闲聊论辩,无不雅切。这是我大学时代最感惬意的场所,犹如我的私密花园。曾作《龙山寺夜茗听雨》一诗云:

> 渴来自爱坐茶棚,芦酒花酥病不胜。
> 懒讯寒温湖海意,似闻檐脚睡枯僧。
> 徘徊听衬冥冥雨,寂寞回添悄悄灯。
> 清茗可能余松火,酽红新剥小池菱。

龙山寺喝茶的况味,大抵如此。

大学毕业后,我萍飘浪走,在许多地方喝过茶,也喝过各种好茶,但清水岩、观音山、龙山寺、铁观音所组成的意象,始终萦回于舌尖心头,挥之不去。

隔了一阵,我有一特殊机缘,替道教会办了一座"中华道教学院"。院址选在木栅指南宫的凌霄宝殿。每周我都要乘指南客运到指南宫山腰,然后循香客朝山之路拾级而上。一路皆有摊铺卖香、卖纸、卖供品、卖特产。

木栅乃茶区，文山包种茶即产于此处，安溪传来的铁观音最早也试种于此，故茶担最多，令山径一路清香不绝。每次我去教这些道友们画符诵经，都趁机买几斤茶回来细细品尝。有时也与同道诸君到指南宫后山（也就是现今台北著名的观光茶区：猫空）去赏花、观鱼、品茗。坐在山间涧石旁，清风徐来，伴以淡淡茶香，真有南面侯不易之感。

这里的茶，和我早年最熟稔的淡水龙山寺之茶，都是源自安溪的。那么，安溪的茶到底又是什么样的呢？在饮瀹冲沏之顷，我不禁遐想万端。

那时两岸未通，我虽蓄疑已久，却无意求取答案，只把一种不可知的怅惘当作品茗时的情调，兀自享受着而已。

前年有一个机会，由厦门去安溪访友。一路走去，越走，竟越觉得像走进了木栅后山。山色、林相、茶圃、烟霭，均是再熟悉不过的了。待到了地头，再喝上一盅铁观音。人情、乡音相伴，更令人有不辨身在安溪抑或在台的错觉。昔年怅惘，一时俱化，代之而起的，是另一番忽忽如梦的体会。

我的饮茶经验微不足道，于茶史、茶法、茶礼、茶贸易之奥妙，所知亦甚有限，但安溪铁观音销行、移栽遍及台湾地区和东南亚各处，以其滋味启沃人之生命与心灵，像我这样的例证何止千万？我们只要端起茶，就自然会想到安溪，会闻到铁观音的香气，少年的岁月、人事的缅念，参错于其中，不须说禅，不必讲道，人生便已有了悟啦！

安溪的朋友编的这本书，把有关安溪铁观音的历史与知识都讲完了，我没什么可以补充的。倒是这一点喝茶的经验，不妨说说，或许也是茶友闲聊时所乐闻的吧！

《津门论剑录》序

儒、道、释、文、侠是中国文化的五大传统,彼此又交光互摄,互有关联,其中侠文化最具特色。儒、道、释、文皆可传移,而侠不容假借。因此儒学、佛学、文学,由中国东传于日本,基本上可以矩矱不失、匡廓无异;道教之于日本,也有阴阳道、神道、修验道等与之相应,唯独侠不然。

清末梁启超曾著《中国武士道》一书,提倡传统侠义精神,认为中国由于丧失了侠风侠气,才渐衰弱;故应效法日本有武士道精神那样,重新宏扬侠风,才能在世界上立足。其议虽然正大,但用"武士道"一词来描述中国侠义传统,终嫌比喻不伦。因为中国的侠跟日本的武士毕竟不是一回事,犹如欧洲的骑士、美国的牛仔,都不能用以拟况中国的侠。侠,终究是中国社会文化中最独特的一部分。

要明白欧洲的历史、文化、社会结构,乃至欧洲人的心灵,不能忽略其骑士传统;要明白美国人,不能不了解其牛仔文化;要明白日本人,也不能不知其武士精神。同理,想真正理解中国人,侠文化或许比儒家、佛家等都还重要,因为那是整个民族最私密的心理经验与精神内涵,与其他民族往往难以沟通、无缘共享。

侠文化源远流长,《中国武士道》和其他所有论者均推源于先秦,这当然毫无疑义,但我们要注意此一源流颇有盛衰。梁启超早已指出:秦汉以降,侠风渐戢,文弱之风渐盛。前面谈到的儒、道、释、文、侠五大传统中,文的一面似乎渐渐压过了武,也遏抑了侠,以致梁氏要叹秋风而思猛士,呼吁重新振起侠风了。

清朝末年,乃因此而是一个侠风重振的时代。一方面,会、党、帮、派,结合了救亡图存的时代感,或抗御外侮,或参与革命,展现了前所罕见的活力,侠风以是大炽。另一方面,文与侠产生了奇妙的结合。文士与侠道中人颇有交往,如维新的谭嗣同与大刀王五;革命的秋瑾,则自己就是鉴湖女侠。章太炎等人又主暗杀、倡侠道,作《儒侠篇》,意义同于梁氏之提倡武士道。

民国以后,这种结合,并未结束,且更发展到武侠小说,形成波澜壮阔的现代武侠文学大流。虽其间经历了抗日、内战、分裂等无数政治社会之动荡,这个大流却兀自澎沛宏肆,影响遍及世界各华人圈,而且还由文学而衍生了无数武侠文化产业(如影视、动漫、偶戏、傀儡、服饰、刀剑工艺、武侠文化园区等)。因此我们若说民国迄今是中国侠文化的盛世,绝不为过。

说至此,读者自将注意到民国期间对武侠文学开拓有功的这一代作家,他们实在功不可没。古代并非没有武侠文学,唐人传奇、明人话本、清代侠义、公案及剑仙小说等当然都不乏佳构,但整体看,无论是对武的技艺、侠的内涵,文学性的创造,其质与量,在 1920 年之前和之后都是不能比的。

可是,过去我们的文学史论述,因受新文化运动之影响,对武侠文学甚为鄙夷,诋其为大众通俗文学,谓其以武犯禁,鼓吹暴力;形式又不脱古代说部之遗风;内容则逸离现实,超玄入幻,荒唐无稽,足以败坏风俗、蛊惑青年。不知从文化史的大脉络来说,武侠文学足以激扬民气,乃清末国势重振以来极重要的文化表现,亦现代社会重构与中国人文化心灵重构之重要内容。偏于从新文学单一角度的批评,所见者小,且其见识多依傍西方文艺理论。而我们在前面即已说过:侠文化是中国特有的,非西方心理经验及意识内涵所能体知,因此武侠文学本来也就不易以西方浪漫主义、现实主义诸框架去硬套,或以其为标准去贬抑之。附入鸳鸯蝴蝶派中,或以大众通俗文学而少之,亦均非谛论。

这是说它的价值,兹继述其作家。

一般说现代武侠小说,均自 1923 年平江不肖生向恺然写《江湖奇侠传》谈起,但赵焕亭《奇侠精忠传》约略同时亦已出版。赵乃河北玉田人,其作品多刊于天津。嗣后武侠小说名家李寿民、白羽、郑证因、朱贞木等亦皆活跃于天津。

在现代文学史上,历来只数京派、海派,并没有天津作家的位置。论通俗文学者,鉴于上述作家多生于或活动于天津之事实,乃特张北派或津派之目,谓上海和苏州为南派。

其实苏、沪之鸳鸯蝴蝶乃晚清消闲游戏的发展,津门的武侠小说则是新东西,跟清代侠义公案等并不是延续性的,且一者儿女情多,一者风云气盛,事非一族,无须并论。津门作家当然也有善于言情的,例如刘云若就是,但其江湖气终不可掩。故知此为津门作家特色之所在,与北京、上海不侔。

这批作家所创作的作品,在 1949 年以后,曾一度被扫进了历史的灰烬中。但在海外,仍为所有武侠文学作家衣钵之所至,是此后武侠文学最直接的渊源。20 世纪 80 年代以后,海外回澜,春雷复动,武侠文学重新成为社会上的热门读物,尘封的记忆也才逐渐被唤醒,津门作家也才开始有人去研究、去纪念。

2009年5月在天津召开的"民国北派通俗文学学术研讨会:民国北派通俗文学作家与天津地域文化",无疑是这项记忆研究的高峰。

主办这个会议的,是天津市建筑遗产保护志愿者团队与天津市历史学会艺术史专业委员会。该团队原即编有一种《天津记忆》刊物,用了5期的篇幅编成了通俗文学专号,再召集海内外专家同行,一起研讨、总结了过去20年来的研究成果,并提出新的反思。

我本对"北派通俗文学"这个讲法未尽同意,但会议所得,超乎预期;对其组织方式及会议内容均有高度评价。曾在我自己的网志上介绍道:"我参加过的学术研讨会不计其数,通病是大会仪式化(领导讲话,官样文章,行礼如仪。学者专家呆坐听训或当布景摆设);讨论空洞化(大会发言、小组讨论,其实是论资排辈的安排。学者讲完自己那十来分钟,就外出寻亲访友、逛街购物了。彼此之论文也无暇细看,甚或根本没印出来);会议旅游化(开会真正的重点是旅游、餐饮、度假)……反倒是此等民间团体所办,务实纯朴。会前已编成《民国天津通俗小说创作出版史话》《白羽研究专号》《王度庐百年诞辰纪念专号》《还珠楼主研究专号》《云雁贞霈集》,提供丰富材料以供研讨。游旅安排,也就是去考察各小说家之故居旧址,以结合该会之调研报告。会议开闭幕,亦无领导之讲话,只有主办者向与会学者及小说家后裔敬礼致谢。学者、民间收藏家则专心研讨之。其热烈的情况,竟是在那许多大排场会议中所罕见者。"

会议之后,王振良、张元卿诸兄又精心将相关文稿编成《津门论剑录》,内分五个部分:一为民国通俗小说综合研究,二为还珠楼主专题,三是宫白羽专题,四是王度庐专题,五为郑证因、朱贞木、刘云若专题,并附当日之会议综述。有组织的会议,再经系统化之编辑,相信能令读者对当年津门武侠小说及其作者有一个总体之了解。

我们的讨论,当然也不是完美的,其中未能展开之处甚多。例如北派与苏、沪之南派尚无比较。上海鸳鸯蝴蝶派作家虽说风云气少,但武侠作品正自不乏。1923年许廑父就开始招收写武侠小说的函授弟子了,同年11月《红玫瑰》载青社诸小说家发起创办上海小说专修学校时,平江不肖生便是赞助人。可见上海文坛自有武风,作家亦极盛,包括赵焕亭后期作品也都移往上海发表。故论北派,不能不与南派相参较,否则地域特性终究不显,这是我们论剑时未及处理的。此外又如我们大抵只从文学及出版环境看作家与作品,缺乏社会性的分析。像刘云若写的混混、郑证因写的武术、李寿民写的道术,均有其相应的帮派会党、武术团体、宗教道门之社会组织、发展型态可说,宜关联于民国之社会史言之。吾人为学力所限,亦未遑深究,这都是有待于后来者的。嘤鸣求友,共探记忆之隐,而宏阐吾侠道精神,想也是诸君编辑此编的用意,因不揣浅陋,代为言之。

孙海鹏《翼庐慵谭》序

海鹏示我《翼庐慵谭》稿，嘱我序其端，我拖延了许久，皆无法报命。主要是忙，其次是对他的体例尚有疑惑。

我见卞孝萱先生旧有一序，谓海鹏所作《辽海书画知见录》凡五章：连湾翰墨记、青泥诗文补、烟云过眼录、筱轩长物志、翼庐语小录。据卞老之叙述，内容似乎颇与《翼庐慵谭》相似。《慵谭》上编是淑杰忆旧、芝庵随笔、丁厂序跋，合起来大约就是所谓《翼庐语小录》；下编即《连湾翰墨记》。因此我颇疑海鹏原本已作《辽海书画知见录》，后摘出一部分，附以他篇而成此书，别署《翼庐慵谭》。

可是好好一本《辽海书画知见录》，为何要拆开呢？如此拆开后，未来《辽海书画知见录》恐就畸零不成部章了，那怎么办呢？

再就现有《连湾翰墨记》观之，所记人物并无诠次，年时先后错杂，又无目录，所叙人事也缺乏事理为之串联，不便检索，体例并不是不可再商量的。

此外，翼庐、淑杰、芝庵、丁厂、筱轩，名号未免太多；其书谈锋甚健而云已慵，亦令我不解。

也就是说,海鹏此书,体例上尚可斟酌。但如此批评,并不表示我不喜欢他这本书和他的写法,反之,我要说的,正是此书之特点。

我是在他主持大连图书馆白云书院讲座时他邀我去演讲而与之结识的。见他典衣购拾文物,颇为叹异;与谈掌故,又娓娓可听。辽海俊彦,我知之甚少,见此读书种子,才不禁对此地人物之美多了几分留心。

渐渐地,我体会到:这儿有一批人,与通常所谓学术界并不相混,属于自成学统的文化人,治学亦在町畦之外。对传统文化有深广的爱好,入手则多为乡邦文献、耆旧因缘。由于并不完全隶属学界,故无学府中职称、身份等习气及论文格式、体例之窠臼;对传统文化又有真诚的体会与挚爱,故亦与学院派专业、客观的研究不同,常杂于琴、棋、诗、酒、游、艺之间;治学多由乡邦文献集师友因缘入,则使得他们的学问常近于钩沈识小和掌故一路。

海鹏是在这般氛围中成长起来的青年学人。历逢老宿,娴熟掌故,又供职于图书馆,时时留意文献,其著作当然就充分体现着这种特色。衡以今时学院著述之体例,殊无必要,因其渊源本为掌故札记之学也。海鹏自记有人撰联赠他云:"困学昔有王伯厚,日知今为顾亭林。"确乎不错。

但若稍加吹求,则海鹏之困学,诚如王应麟,其学术内容与王氏未尽一致。同样的,他虽如顾炎武一般日知有录,亦与其经世之怀抱略异。他不似王之宋学,也不似顾之清学,相近的,乃是明人,尤其是晚明,如文震亨作《长物志》,高濂有《遵生八笺》。文士之癖于诗酒、溺于书画,乃至茶淫橘蠹,种种雅赏清致,都是他喜欢且擅长的。此书《芝庵随笔》记其玩好笔、墨、纸、砚、香、扇、茶、印、砖、币、装池、拓本之情;《淑杰忆旧》叙其与相关人物过从之迹;《丁厂序跋》则多序跋此类收集考证文字,无一不可见晚明趣味。畸士雅怀、韵事深情,往往而在。

在他笔下,大连的书画逸事、人物遗迹都是清雅可喜的。老辈典型,尤堪景慕。他自己的生活,也倘佯于这些砖呀砚呀字呀画呀之间,又跟各地素心人相交游、相切磋,自然也是美滋滋的。虽说典衣买画,有时还得自制裁纸刀去卖了换米,但夫妇同心,乐不下于芸娘沈三白。他有这等胜缘,实在教人艳羡。聊志数语,以旌其美。

《〈礼记·乐记〉研究论稿》序

中国古代的礼乐文明虽有少数出土材料及散在诗书的文献可资证明,但对于这些历史现象能做出一统摄性的理论解释者,毕竟有限。《礼记》这样的书,其编辑之初衷,正是为了提供这种作用。

例如礼有大射、宾射、燕射、乡射、泽宫之射、祭前择士之射。这许多射,为何俱存在于礼中?其义为何?《仪礼》无说,《礼记》所收《射义》,讲的就是这个道理。其余昏、丧、祭礼等也都有这样的解释。

但这仅是对个别礼的解说。另一种是综合诸礼以说大义的,如《礼运》之类。《乐记》亦属于这种。所有的礼都与乐相配,对乐之施用,各礼不同;可是综合以说乐理、乐义者,却只此一篇。

这一篇,大约也是战国秦汉乐理、乐义的总汇,吸收了公孙尼子、荀子以降许多论乐文字而成。因此,本篇是理解整个古代礼乐文明的枢钥。

若不注目于古,而将重心移往后世,则后世文艺理论之渊源,亦往往可由此篇考之,许多观念皆滥觞于此。因此,若要把后世许多观念讲清楚,倒反得回来把《乐记》弄明白。本篇之重要,于此可见。

这么重要的文献,历来研究者自然不会放过,涉足者众矣。王祎在本书第一部分即曾将古今研究者的路数与成果做了一番检视,若去看看,便知确实是蔚为大观的。

而她自己的研究,在这丰富广饶的园地里又占什么位置呢?

我想其特点首先是较全面,接近胡适所说的做总账式的研究。对于《乐记》的版本、分篇、作者、时代、与先秦典籍的关系、历代《乐记》学,本书都做了总结式的检讨。手此一篇,确实可得历代《乐记》学之底蕴。

这种工作是"成如容易却艰辛"(荆公诗)。博采兼听之外,尚须制断,否则便如聚一屋子人相讼,不能得其条理。

王祎在这方面表现得很出色。全书上编谈《乐记》文本之分合、来历、作者与时代,比较《乐记》与《诗经》、《易传》、《荀子》,论汉魏南北朝以降各代《乐记》研究之方法与是非,大抵皆属于总结式研究。

她的视域不限于文献的、经学的、义理的、艺文的任何一路,但又能兼摄上述各端,这在古人也不多见。而对于各种内部争论,需要衡断其是非时,她通常也善能叩其两端,务得其平。因而持说邕达,没有太大的疑义。

在总结昔贤见解之后,颇下制断,自出己意之处也很不少。如下编就更多地想借由史前巫卜文化、古乐考证、文艺地理、乐理研究等方面,讲出自己对于《乐记》的看法。因此这部分,又多见其眇思以及开拓新论域的勇气。

这样一部既有文献功力,又有理论深度;既能总结旧辙,又能开启新思路的《礼记·乐记》研究,当然会对未来相关学科产生重要作用,这是我们可以预期的。

但我相信王祎的研究可能也存在着若干问题。例如《乐记》的文本问题，相关版本沿革及分章分篇之争议，本是一笔烂账。王祎为此耗了大量笔墨重新编排，这是极费劲的工作，真是难为她了。但此为可定之是非乎？

做总账式研究，就不得不对这样的烂账做一番梳理。但烂账之所以烂，之所以越辩越糊涂，自有其道理。文献无征，授受不明，论者各以己意说之，故盘根错节，治丝愈棼。此时欲解连环，唯有椎而破之，不能顺着这笔糊涂账再算下去。否则只是又添了一笔账，令人更加糊涂而已，所整理的篇章本身又会制造出另一些问题。孔子曰："吾犹及史之阙文也。"此等处，似乎就应悬阙勿断。

可是王祎不仅要努力去补阙，想恢复《乐记》可能的原貌，且试图以"体/用"框架去解释它篇章的结构。"体用"其实是佛教的术语。唐朝以后才渐普遍用于哲学讨论中。这样的术语及析理框架，如用于下编，对《乐记》的理论做一番阐述，或无不可；但若是说《乐记》篇章本身即符合或本于体用思维，显然就会大生问题。

所以，一部分问题在于王祎太用功了，吸收了太多前辈的成果，以致也不自觉地陷入一些老窠臼，染上了旧毛病，未能涤除。如仍在讲礼与封建等级制之关系，仍有文艺应独立于政治道德之外的观念，仍误以为荀子讲"人性本恶"等。

另一部分，在于她运用了一些新的思维框架、理论而尚可商榷。如以原始思维解释《乐记》的史前巫卜遗存，当然很精彩。但自维科以降，西方人论原始思维，其实是用来跟理性思维相对照的。原始思维并不"原始"，人类迄今就仍有这种思维方式。它更不能放在进化论格局中看，以为是属于未进化的思维，否则维科就不会把他的著作称为《新科学》了。因此，由史前巫卜遗风来解释《乐记》未必适切。天人同构、天人合一，或许也还可有更好的理论说明。其他如以统计字辞的方法论乐、理、文、质等,大有傅斯年论《性命古训》之风,善能运用索引及计算机统计,颇见精思。不过,若具体回到上下文脉络中去看,文词的解释或许仍多歧异,不是统计方法处理得了的。

虽然如此,王祎这些处理依然深具意义,因为它显示了一些新的可能性。新尝试未必合理,更未必就对。但人文学科之所以能有进展者,岂不正在于此乎?她这么做,也必有她的依据,故读者宜善会之。

《国学唱歌集》序

读大学时,我常与友人去台北市近郊一处叫作鸢鹫潭的地方。地稍小三峡,两岸峭壁石立,苍崖杂花,森丽非常。潭水则深窈作鸭头绿。摇橹而往,宿潭上竹楼,再泛小舟于碧波怪石间。这时,友人取洞箫或横笛,兀自吹奏了起来。其乐也,何让东坡之赤壁?

我在大学中文系时的这些友人多是"国乐社"的。中国台湾的"国乐",中国大陆称为民乐,中国香港和新加坡称为华乐。一般人也称它为中乐,以与西乐相对举。但整体来说,无论中国抑或新加坡,都是西乐占了绝对优势。学校教育系统中只有西乐,市井间传唱的东洋西洋歌曲,更是洋洋乎盈耳。传统音乐只保存在京剧、豫剧、昆曲、越剧等戏曲中,待有兴趣的人自去觅来体会。

先父酷嗜京剧,能操京胡。暇日辄邀票友们到家里唱愉一番。因此,我入学后便也很想探探传统音乐戏剧之奥。可惜学校里并不讲究这些。故须一直等到上了大学才有机会参加"国乐社",去领略一二。

我吹奏拉弹都很笨拙,但我喜欢那个气氛,常在那儿鬼混。然而混久了,也不免有些疑惑,觉得除了乐器与西乐略有不同外,观念、精神、曲式、演出方式似乎差异不大,甚至演出时也用大提琴。我那时当然还不甚清楚"国乐"交响乐化的趋势,可是已有另寻"国乐"真相、真精神的想法。

那时除了京戏昆曲大鼓书等传统戏曲外,可参考的,还有传统诗词吟唱。

台湾的诗社,起于明郑时期。入清以后,比其他一般省都还盛,虽经日本对台湾的侵占和殖民统治而不衰。因为日本人也是作汉诗的。各地诗社骚坛雅集多带吟唱,有些还有自己特殊的腔调。例如流行于鹿港的称为鹿港调,天籁吟社的称为天籁调等。大学里,老师讲授古典诗词时多半也带吟唱。当时成功大学李勉先生号称能唱宋词,我们都很惊奇。张梦机师也就找来了一份录音带,是姜白石自度曲的复原,女声配笛,拎着录音机来我们班上放,师生环坐听之。

这种吟或唱,并非习作诗词的点缀,反而常是主业。师大邱燮友、王更生几位教授即曾特别录制了一批录音带。在市面流通之外,更可供中小学教学时参考。我自己读到博士班时,林尹老师教诗学研究,基本上也还是拎一大录音机来,让我们每个学生对之吟哦,然后放出来给大家听,看哪里唱得不对。所以吟唱一道,由小学到硕儒,大抵均视为习诗填词之必要工夫。

但京戏昆曲等是明清音乐,诗词则只是仿佛于唐宋,而唐宋之曲实已不可知。中国音乐之堪探究者,仅此而已乎?

徜徉在上述看来甚为丰富的音乐传统中的我,仍不满足,仍有所憾。教我《战国策》的白惇仁老师遂拿了他写的《诗经音乐文学之研究》给我,让我仔细研读。

《诗经》古代是歌曲集。后来古乐沦亡,不复可歌,才成为一本文学性的诗选。这种古雅乐,到底是什么样?白老师利用唐人所定的开元十二谱、明朱载堉风雅十二诗谱、张蔚然三百篇声谱、清乾隆诗经乐谱、陈澧十二诗谱考、律音汇考声字谱等,参稽考证,用力甚勤。但我看他也只能说是音理已明罢了,尚不能唱奏。

博士毕业以后,执教上庠,又兼任台湾中国古典文学研究会会长,便想到了以推广来带动研究之法。于是与陈逢源文教基金会合作,每年举办大专青人诗人联吟大会。

年轻人每年聚到一处,赓吟酬唱。在作品付评时,则举行吟唱比赛。待吟唱结束,左词宗、右词宗也就把诗歌作品评选出来了。故随即颁奖,皆大欢喜。许多青年喜好诗词,但创作才华较差,也可以在吟唱方面获得肯定,无形中亦鼓励并扩大了参与者,因而历届各校参会均甚踊跃。

为了竞赛争胜,各校访求古谱,搜求特殊唱腔,不遗余力。这就推动了研究,每每有令人惊喜之举。我就记得有一次中兴大学演唱《诗经·蓼莪》,我正在会场后方忙着安排会务。遥望舞台,距离太远了,人影均已迷离。但诗声一出,我心头一震,眼泪竟不觉夺眶而出。原来这正是一首孝子思亲的诗呀,乐之感人,竟至于斯!我后来找到他们,问此谱从何而来,为何居然能唱?答曰民间仍存。近年来我在各地考察礼俗,也知道大陆民间亦仍有于丧礼时唱《蓼莪》的。礼失求诸野,果然不谬。古乐之考证,除文献外,尚须佐以此类调查,否则殊不足以知中国音乐曲度节奏之韵趣与精神。

我自己做过挽歌的研究。心想丧祭之顷,既然最能动人,《蓼莪》之外,古之挽歌当然也可以复制出来试试。因此找了周纯一兄合作,排出《招魂》。《招魂》无谱,但乐理可知,故即不难唱奏出。

后来我办南华大学,请周纯一主持通艺堂,办雅乐团,大抵即本此理。其方法一是考文献；二是查民间,旁稽日本韩国；三是依音理推断复原。

音理除了中国音乐该有的曲式节度特征外,还有许多讲究。例如隔月用律,十一月用黄钟宫,十二月用大吕,正月用太簇,一年选用七个宫调。再者还须考虑季节。春用角调,夏用徵调,秋用商调,冬用羽调。奏者春衣青,夏衣红,秋衣白,冬衣黑。四季皆可用之调,唯有宫,衣黄。不明此理,就是给你谱,你也演不出,奏不成。而且谱上所载,例如佾舞,乃宗庙祭祀用乐。故一字一音,一音四拍,无装饰音,以显示庄严,却并不是所有古乐都如此。凡此均应细辨。

总之,创办雅乐团可说是恢复中国音乐文化的一大步。如今十几二十年下来,不仅《诗经》、《楚辞》,自汉魏相和歌清商曲以下,到明清俗乐十八番锣鼓,我们都做的。

古琴也是在南华开始推广。所有学生都学,不是一部分专业音乐科学生,也不是在社团,而是正式课程。学习之法更不仅在课堂,而是由木材厂开始的。海峡两岸,在大学里开设古琴课,以此为嚆矢。

如今我在大陆也推动过几个古琴社,参与大学生古琴音乐会。看着古琴复苏,心中真有无限欣慰。

不过,我的这篇小文不是要介绍我自己的中国音乐之旅,谈说这趟旅程中某些风光,乃是要和周应之编制的这本《国学歌唱集》来做些对照。

如上所述,我对现代民族音乐发展之路数是不认同的。对于谈中国音乐而仅知京剧、昆曲等明清部分,亦以为不足。故由诗词吟唱上溯,欲复古之雅乐,再昌礼乐文明。

周应之现在的做法,与我十分不同。基本上是现代作曲家,以现代人的情感、对古典的领会、吸收的古音乐元素,放入现代音乐的编曲框架中,再请现代歌唱家演绎唱出。可说是一种有古典情怀的现代歌曲,与中国音乐并无直接关联。

所以他与我应该显示为现代人面对中国音乐的两种截然不同的方式。按理说,我当不会同意此种做法。然而我却十分支持,认为此法或许也是复兴中国音乐甚至礼乐文化之一途。

何以故?因为大陆现今的国学教育,是由儿童读经开始重新恢复的。经典诵读,功效良著,不待赘言。但有一个绝大的问题,就是仅求诸文字,以背诵和记忆为主,甚或视为唯一内容。中国古代儿童教育其实并不如此,是以演礼和习乐为主的。王阳明论童蒙教育,以诗吟唱游为之,即是此义。今既不习礼,又不吟唱。无诗情与乐悦浚发于其间,徒事记诵,颇嫌桎梏性灵。

周应之是大陆倡导儿童读经的先锋干才。所办孟母堂,夙标令誉。首先自我突破,制作《国学唱歌集》以济现今国学教育之弊。这个眼光及做作,就很可钦佩,可令国学教育焕发新机。

其次,中国音乐,向来不是孤立的乐音,是与文化配合的。我在上面曾举例古乐隔月用律,四时节令不同,乐调也不一样。事实上,乐曲为谁演奏也还有不同。比方替一个人做寿,这个人生辰八字的五行配属如何,什么月份演奏,所用的曲调就应考虑五行生克的配置。因此它复杂,非仅曲度铿锵而已。

周应之所制作的《国学唱歌集》首先就考虑了节日时令。元宵、花朝、上巳、寒食、清明、端午等各个节日,配上相应的诗词来作曲。令人聆曲听词,而兴发岁时文化之感。在音乐手法上,这些曲子虽不尽合于传统音乐,但这个路数无疑颇得中国音乐文化之要。

而这些曲子本身,固然不是古曲,可是结合了很多古曲元素,如南音、古琴、昆曲、京剧,唱词更皆是古诗词乃至文章,如《兰亭序》。

这种结合，我以为新颖有趣，值得期待。毕竟古乐复原，非一般音乐人所能问津。但人人皆可能有古典情怀，人人都可于此贡献心力，让我们这个民族再度弦歌不辍起来。周应之的努力，应该会得到更多回响的。

龚敏《溥心畬先生年谱》序

溥心畬先生经学文史、诗文书画的造诣久为世人所知,其生平大略也是世人所熟稔的。距今时日又不远,因此仿佛不难理解,而且坊间事实上已有许多种先生的年谱与传记了,现今还有重新稽考的必要吗?

龚敏在写这本《年谱》之前,势必要面对这个问题,而他的决定也非常明智。因为事实上溥心畬是看来清晰而实际形象模糊的人,早年经历,颇多异说,即使是先生的自述也不尽可据。文集则先后删存,亦不一致,须待详考。渡海入台以后,行履虽简素,仅以诗文书画为生涯,但坊间流通之作品真赝糅杂,真个是繁花迷没行人眼,诠辨为难。已有的年谱或传记,抵牾参差之处,更须有人能再细细董理一番。因此,一部新的、严谨的年谱,乃是切厴时需的。

例如溥先生的生日,便有二说,一云7月24日,一云7月25日。光绪赐顶戴也有二说,一云生5月时,一云生2岁时。至于是否留学德国,是否曾得博士学位,更是聚讼纷纭。

对于这些,龚敏"兼容诸说,并采时人笔记等,试为下一判定"。

溥先生的作品,则凡"可资系年者,概取入谱,有上款者,录存以见交游"。私人藏品,"目睹能判为真迹者,取之补入;署年月者,录存年谱,并注明为私人藏",而"凡未署年月者,不入年谱"。未能目验真伪者,则皆不录。在资料之搜罗、考订之矜审、体例之严谨等各方面,显然都远胜于已有诸谱及传记。

因此,其成绩实在相当可观。我夙仰慕溥先生,循读其集,有时不免困惑之处,大概龚敏此谱都解决了。未来喜欢溥先生、研究溥先生的人,想必也都会如我一样感谢他花了这么大的气力,做成了这件大好事。

但通读一过,仍有若干私见,以为不妨补苴。如1907年条云此岁前学篆隶,次北碑,不知文证为何。

同条注,引先生记云其师使其习大字,以增腕力。重腕力,乃溥先生书画之秘窍,启功先生论溥氏艺事时尝特予强调,谓是习武之效。溥先生随李子濂先生学拳,腰脚甚健,事当亦在此少年时节,惜本谱未记其事。

1917年条,记溥先生娶多罗特升允女罗清媛为妻。考多罗特升允于清亡以后支持皇室甚力,溥先生兄溥伟、载涛、载泽、铁良等组织宗社党以抗袁世凯及革命势力,多罗特升允即其外应,故此婚事,仍有政治意涵。谱以简要为尚,然此似不妨略缀数语,以供读者知人论世之需。溥先生与多罗特升允郎舅相得,故1931年彼过世后,溥先生既作神道碑铭又撰有《外舅多罗特文忠公诔》。谱则但叙碑铭,未记其诔。

1918年条,记溥先生与溥僡加入漫社。是。然此社1930年后改名为赓社,则失载。

1926年条云本年为"南张北溥"缔交之始。实则二人虽缔交而时尚无"南张北溥"之称,此乃1935年于非暗之倡说。

1930年条,溥先生首次展览于中山公园。此似与夫人罗清媛联展。

又,溥先生善曲艺,来往多个中人,其弟溥僡曾集其作数十曲为《寒玉堂岔曲》。僡亦自有《岔曲选存》等,为近世曲艺两大家。意以为彼弟兄游艺戏曲,亦当在此数年中,惜谱中未载其事。

1936年条,溥先生似在本年纳李雀屏为妾,后改名墨云,此事谱中未记。

1937年条,罗清媛中风,亦未记。

此类事情之外,我觉得还有一些应续追索的,例如溥先生《凝碧余音词》颇有改易,原有93阕,今存55阕,前后须再核对。浙江人民美术出版社最新版《溥儒集》中的《踏莎行·咏河西柳》就重出,而字句略有不同,其余删去者,亦可再考。

溥先生篆隶作品甚少,今谱中录存者大半见于林绿总编《溥心畬书画全集》,似太巧合。

而《十三经师承略解》既曾印出,如今其书何在?

凡此之类,皆读本谱者所宜赓考者也。

一本好书,往往不只是告诉了人是什么,而且还能启发、诱引你再去想到什么,追探到什么,龚敏这本谱子,正是一个范本。

汪凯《古印章探微》序

玺,《说文》说是"王者印也",乃秦汉以后的见解,原因是"自秦以来,唯天子之印独称玺,又以玉,群臣莫敢用也"(《左传》襄公二十九年孔疏)。早期玺印不分,玺就是印,而印则是信,是官府行使公权力的符信,故又常称为印信,职官均有之。据说起于夏殷,今存则以战国为多。

汪先生这部书,选取了73方战国古玺来做讨论,材料虽大抵采自罗福颐《古玺汇编》,但颇有溢出该书之外者。别有秦官印十余事,亦撷自罗氏《秦汉南北朝官印征存》,辑比参证,并补释战国时秦系文字之情貌,可以说是对战国官玺非常精要的解释书。

其解释,包含几个方面:一是定器,对每一件官玺的著录情况或现在收藏地均有详细说明。二是广释,原著录可能已有释文,但释文到底什么意思,有何内涵,仍须考诠。原著录无释文或释文还可商榷,更需要考证。这一部分最见其功力,要广征博引,参考前辈之研究,觅一定解,还须替读者着想,补充说明其相关史地、官制知识。汪先生在此,表现得很好,断制明锐,说解清晰,是以释疑解纷,而其间心得语亦很不少。三是旁证。一件官玺，其文字与今天考古能得到的其他实物资料，如铜器、石刻上的文字，可考证处，他几乎也都举示了，十分便于理解。四是审美，汪先生是篆刻家，故其文字考释，其目的不尽同于古文字学家，除了证史考文之外，他还格外注意印玺在篆刻史上的地位及审美价值。每一方印，如何布局，如何安排，如何呈现其审美性质，本书都有明晰的阐述。这一部分，过去的玺印研究者尚少着力，故可视为本书独到之优点。

总之，全书正如汪先生书名所示，要处理战国官玺文字、历史与构成三方面的问题。文字，指印文的字与字义。历史，讲每一印玺形成的史地制度关系，由这一侧面去说明战国史。构成，谓印面之美感构成状况。我觉得他是成功的，所释虽仅几十方玺，但战国官玺大略，已由此可见，故乐为之序。

《卿云光华》序：文心史识一手兼

炜舜才艺之美，在青年学人中是罕见的，出其绪余，辄惊老宿。本书也即是他的"绪余"之一，是在报端连载的小专栏之结集。但他在撰此专栏时已对全书有了整体擘画，故体例完饬，实同专著。而选题巧慧，文采烂然，则为一般学术专著所不及。

说他选题巧慧，是因帝王诗夙为今人所忽略。当代论述，诚如炜舜所言，研究僧人、道士、妓女的诗都比帝王多。谈帝王之政图霸略、秘史奇闻，乃至宫闱琐屑，半真半假的，也比谈其诗文者更引人关注。一般意见，认为这是时至民国，厌说帝制皇权之心理使然。故古代选录诗文，惯例先列帝王作品，今则一概摒去勿论。此说不能说没道理，可是艳羡帝王之心理，也难说到了民主时代就消失了。只不过，大家羡慕的是帝王能穷奢极欲、能大挥权柄而已。对于文艺学术，自来就不感兴趣；就算是帝王做的，也还是不感兴趣。

研究文艺的人，见识及品位自然会高于一般流俗，但同样也对帝王诗文少兴趣。这又是为什么？难道帝王作诗撰文只是附庸风雅，并不足观吗？

炜舜此书，其实就在解答这个问题，故非漫然而作。它通贯地讲解了历史上重要帝王的重要作品状况，评议和叙述并重，说明了其可思、可品、可论之点，让人理解历史上帝王诗作之梗概，并思索其间之意义。所以题虽看来小而冷，实则格局宏阔，具史识，见文心。相信读者在读得兴味盎然之际，也会深有会心。

事实上，帝王诗原本是我国诗史上的主体。且不说《卿云歌》这类伪托之作的伪托理由，即是借帝王之名以宣扬王化；古代所谓"诗教"，重点亦正在于"王者教化"这四个字。

故《诗经》风雅颂，风即风化，雅为朝廷雅道，颂为对古代帝王之赞颂。把风解释为风谣，是后来的事。天下风气风俗，必定是君子之德风，小人之德草，上梁不正则下梁歪的。帝王倘能作诗，且能以诗风化教化臣民，自然社会也就温柔敦厚了起来。汉人解释《诗经》动辄说系文王、周公、召公所作，原因在此。

现实上，汉代诗坛、文坛亦以帝王为领袖。刘邦之歌大风、汉武之咏柏梁，带动了一批文学侍从之臣的献诗献赋，形成了具体的文学集团。直到曹魏时期的建安七子、六朝时期的竟陵八友等，结构莫不如此。帝王身边团结了一群文人，而帝王就是中心，曹操、曹丕、曹植、梁武帝、简文帝、陈后主之例，都鲜明不过了。唐代其实也仍如此：唐太宗、唐玄宗尤其杰出，武则天也不俗。

因此他们不是附庸风雅，而是主持风雅，风雅由其主导。而这种主导又并不是政治性的，是文学的。不是因其权势及政策施为导引了文学的发展，而是他们的文学。在其文学集团中，他们总是最显眼的，文学造诣确能服众，因此才能主导一代文风。

可是这里有一个时代变迁的问题。唐代中叶以前，固然如上所述，"文统"归于帝统；唐中叶以后，则如元遗山所说"文统落私权"，不在帝王而在贤士大夫,如韩柳元白、欧阳修、苏东坡一类人身上。这些贤士大夫的影响力已大于帝王,以致帝王都开始景慕起他们来了,要向他们学习。到了明代,文统再降,不在朝而在野,布衣山人之力甚或超过了士夫大臣。因此唐中叶以后,几乎不再有任何一个以帝王为中心的诗人集团。帝王固然仍爱作诗,但仅是一位诗人而已,在诗坛几无影响力。词的情况一样,开头还有西蜀、南唐帝王在主持着风雅,尔后便没帝王什么事了。清朝起初也想打破这个局面,重新掌握文统,故康熙编《咏物诗选》、《全唐诗》、《词谱》,乾隆编《唐宋诗醇》等,又都还努力作诗,黾勉不已。可是康熙时的诗坛主盟是王渔洋,乾隆时是沈德潜,都不是帝王。此为我国诗史变化之大势也。

由于整体发展格局产生了这样的变化,才使得我们现在对帝王在诗坛的地位与作用渐不熟悉,忘了至少在唐中叶以前,帝王诗其实是诗史之主流或主导者;也不清楚唐代以后帝王虽不再那么重要,却也没离开诗国,仍积极融入文统之中的历史。炜舜这本书,虽说旨在谕俗,未对此做太多的剖析,但读者循他铺展的线索去观察,自能对我国之所以是"诗的国度"有更多的理解。

《中国纺织类非物质文化遗产概论》序

非物质文化遗产,在我国还是一个较新的概念,往往逢人还须费些唇舌去解释。其实日本早在 1950 年就已制定了《文化遗产保护法》,并明确把文化遗产称为文化财产。美国则在 1965 年开始推动"世界文化遗产信托基金",致力于全球文化保护。这些都是后来联合国提倡保护世界文化遗产的滥觞,由来久矣!

但个别国家致力于保护其文化财产,与全球性的文化保存,性质并不相同。因为很显然前者出于民族主义,后者着眼于全球化,理路及做法都会有很大差异。但很有趣的是:在 20 世纪末,这两种思路竟奇妙地结合了起来,遂形成这几十年波澜壮阔的世界文化运动。

先说全球化的发展。19 世纪以来,全球秩序的建构,是一个朝向一体化的进程;资本主义和社会主义,都努力想发展为全球体系,最后乃形成为两大阵营的对抗。20 世纪末期,苏联解体,颇令人有资本主义体系终于达致全球化了的感觉。因为金融、教育甚至政治社会体制,大家都越来越趋一致了。欧洲整合,美国文化泛滥,世界各地的文化表现与价值观也已日渐同质化。

可是这种所谓的"全球化",事实上也与苏联解体一样,正在迅速解体中。刚统合起来的全球化体系,遭遇到一个新概念的冲击,叫作"全球化在地化"。

"全球化在地化",是在全球化的基础上说的,认为在一个全球愈来愈同质化的时代,人与人、国与国、城市与城市,风貌皆越来越相似以后,人反而希望能看到一些差异。因为只有差异,才能产生认同。大家都长得一样,谁也不认识谁,怎么认同某甲、某乙?你自己又怎么认同你自己?

所以,在全球化越甚之处,在地化的特征就越重要,否则面目模糊,就谁也不晓得你是谁,更没人会记得你。20世纪后期迄今,联合国大力推动自然及文化遗产保护、世界文化多样性保护,就体现了这种世界文化的新动向。

在地化的"地",一是地本身,自然的地质、地形、地貌;一是地上之物,人文创造之语言、文字、习俗、技艺、生活样态。前者称为自然遗产,是老天赋予我们的;后者称为文化遗产,是祖先遗赠给我们的。前者是有形、物质性的;后者属于文化状态或技艺、生活方式、思想信仰,故又称为非物质文化遗产。

当然,这些术语都是不准确的,会带来认知上的歧义。因为人死了以后的东西才叫遗产,可是那些民族技艺、生活样式等,其实目前往往还鲜活地存续于各民族中,不好说它们只是遗产。而且那些信仰、习俗、技艺等,事实上也仍不断创造出各种物质性的东西来,怎么说它就一定是非物质?例如纺织,苏绣、湘绣、蜀绣、缂丝、云锦等,其技艺即表现于具体的织品中,"道"与"器"向来是合一的;"使其形者"与"形"也是合一的。名之为非物质文化遗产,显有未当。

但语言毕竟只是一个描述工具,不必太过执着,只要明白它在说什么就够了。它说的是20世纪新的世界史大叙事、大趋向,教我们在20世纪热切追求现代化、参与世界体系之后,转过来关心我们自己在地的文化。

这样的动向或趋势,恰好又是符合我们国家民族之需要的。国家或民族的历史、文化、地理,过去曾经被视为现代化、全球化之障碍,是耻辱与落后的标识,如今却因此重新获得认同,重新吸引全世界之目光,当然是重建民族自信的重要方法。我国自1987年开始,积极参与世界自然与文化遗产之申报,原因即在于此。

现今,我们已是全世界自然与文化遗产申报成功最多的国家。因此今后要做的,不再是让人家知道我们有那么多珍贵的遗产,而是保护、传承、发扬下去。而这些工作才是艰巨庞大的,须要我们动员全社会的人一起来做。

天津工业大学现代纺织产业创新研究中心,就是致力于非遗研究与知识普及工作的一支劲旅。在我国的非遗项目中,纺织乃一大类,至为重要,但专注于这方面研究及推广的团队其实甚少,因此他们的表现格外引人注目。现在他们承担了"中国纺织非物质文化遗产概论"的课题项目,编了这么好的教材,实在令人欣喜,特此申贺,并以为序。

现代艺术的对话——潘公凯的《弥散与生成》

一、您对整个中国现代美术的叙述,是从现代性的"自觉"入手。一个 20 世纪的中国人、美术家,面对当时中国的局面,中西文化冲突,传统跟现代冲突,面对这个环境,传统跟现代的分界点,如果没有"自觉",他就停留在传统,如果他自觉,就面对这样一个现代化的情境。"自觉"也有不同的方式,如您区分的"四大主义"。

这个思路,我粗浅阅读的印象,感觉上是我们常常使用的"挑战"跟"回应"的模式,这个叙述模式,已经面临很多的质疑,包括后来的"第三世界理论"、"依赖理论"或者是说"在中国内部发现历史",等等。运用这种模式来叙述中国政治史、社会史,其实都有很大的问题,您的美术史叙述是不是也面临这个问题,比如说过去使用这个模式被别人提出质疑的一些地方,有没有处理它?或者现代化理论之后,这几十年来对全球发展不同的理论描述包括后现代的理论问题,您是怎么看的?比如在处理整个中国近代史问题的时候,会不会被人家质疑说这些已经是过气的理论了?

二、它是一个美术史的叙述,但这个叙述里面是充满价值观的,并不是中性的叙述。这个叙述中隐含着一种态度,让我感觉到您是赞成"现代"的,认为如果没有这个"自觉",还是走传统那一套,中国的美术就根本不能进入世界潮流,不入流,进不去世界的主流体系;或者它最多成为一个特例,成为孤立在主流之外边缘的角色。但这样的价值观,叙述中所呈现的价值观,是不是您创作的态度呢?

这样的态度也有可能会有相反的一些意见,为什么要把西方的艺术当成是一种普遍性的艺术呢?特别是在后殖民思想流行迄今已几十年,在后殖民、东方主义等思潮冲击之下,大家恐怕有很多不同的看法。

第三点,我们如果谈"自觉","自觉"也不是一个近代词,中国古代就讲。比如《孔子家语》里面讲"吾有三失,晚不自觉",即我本来有过失,但老了还没自己发现;杜甫诗里也说"如今九日至,自觉酒须赊",即今天到重阳节了,自己觉得应该去喝点酒。这个"自觉"的含义还没有深入到我们心灵内部的、价值观的整体调整的层次。可是在佛教里面,"自觉"这个词用得比较深,它强调内在的灵性被唤起的一个过程,比如鸟刚刚出生的时候它只是一颗蛋,它必须夺壳而出,这个时候才能变成鸟,这种过程就形容为"自觉",在瑜伽部或者上座部佛教里面就使用这样的词,特别是上座部佛教或小乘佛教中,"自觉者"是一个专称,专指佛陀,佛陀是一个自觉者,其他的人都不是完全能从灵性内在自觉出来的人。如果以这样的一种标准来看,我会觉得您介绍的这些现代性的"自觉"的艺术家,恐怕他未必达到佛教自觉的层次,最多比较接近安东尼·吉登斯所讲的现代性与自我认同的问题,就是在冲突之中有一个自我的认同,这里面有一些选择,我觉得只达到这个层次。

第四,可能有很多连这个层次都没到,因为我看到您先前有一些座谈的记录,提及到越南、到韩国等很多地方去看现代艺术,都发现跟我们类似,为什么?因为我们同样学一个老师,同样学西方。换句话说,大部分的"现代"艺术家他能够达到一个真正自我的自觉吗?未必,其实只是模仿、学习,这个学习能不能称之为自觉呢?您的"四大主义"里面,特别是西化派这些,有很多只能说是学人家,根本谈不上自觉,所以用"自觉"来概括,是不是应该再做一些分析?

还有就是艺术家对"现代性"的反思,因为现代性很复杂,我们做哲学的都在争论不休,这些艺术家对现代性的掌握很难事理正确,恐怕也是各说各话,也是很模糊的。面对现代生活的感受,或者套用一个口号,或者选择一个现代的位置创作一些东西,甚至有一些只是针对市场,因为现代艺术比较好卖,传统再好能卖多少钱呢?跟一幅现代画比起来还差很远。可能他有很多这样的选择,也就是说"自觉"不足以说明这些艺术家在现代性选择上的真实态度。

第五个问题,在现代整个美术界,这到底是不是一个普遍性的态度?能不能假设说它是整个20世纪所有美术家共同的集中意识?还是只有少部分人?我们现在进行的美术史论述即是针对这一部分人?也就是说我们画了一个圈,在现代艺术家里面谈他们的现代意识。而若由整个艺术界、美术界来看,很多人他的问题意识未必是面对传统、现代或西方,也就是说大部分的艺术家未必关心这个话题,为什么呢?因为他有别的关切。

以书法跟篆刻来讲,做现代书法的人在书法界是比例极少的,大部分书家其实是面对他自己的艺术传统,那个传统留下来很多问题。比如碑跟帖之间的争论,康有为他们所提出的问题在清朝末年还没有解决,所以民国以来的书法界主要是解决这个问题,这个问题其实无关乎书法要怎么样跟西方现代艺术结合。讨论书法跟现代艺术的关系、书法面对现代艺术需不需要调整,这对书法界的朋友来讲其实是次要的,更主要的是面对碑学、帖学的传统没有解决的问题。又如篆刻艺术,篆刻艺术晚清以来发展极好,成就很大,可是篆刻到底哪一部分是跟现代性思考有关的?基本上没关系。做佛教艺术的朋友跟做伊斯兰教艺术的朋友,我估计这个问题更没有。所以这能不能当成整个社会美术界的集中意识?这个问题在某些领域里谈的时候可能大家不会有我这样的意见,那是因为那本身就是一群很类似的人,但从整个美术界来看,恐怕还是要再想一下。

第六点,我们可不可以估计一种情况?我曾经写过一篇文章,谈台湾的现代诗。现代诗是从大陆发展而后来到台湾的,"现代诗"跟"新诗"是不同的概念,因为它有现代意识、现代性,所以才叫作现代诗。现代诗曾打出一个口号,它是自觉的,说我们是横的移植,不是纵的继承。但是现代诗在台湾的发展很快就从横的移植转向了纵的继承,且大的影响主要是纵向的继承,同时它开启了古典诗学界讨论到底什么是"中国诗"、"中国性"这些问题。包括后来的叶维廉先生,早期谈诗他是理论导师,现代诗人从他那学到很多西方理论,"达达"、"超现实"等都是从他那里弄来的。但叶先生后期研究禅宗、道家美学,他特别重要的著作就是谈他的道家式美学,这对于我们寻找中国诗的特点大有启发。孙玉石先生也研究过在大陆的现代诗的发展,也同样有这样的现象,对李商隐的诗、李贺的诗产生特别的关注。它的启发性在于,通过对于现代性的挖掘,或者通过面对现代性,它不是走向西方,反而更走向了传统,重现了已被遗忘的传统。这些例子其实是不少见的。

还有一种情况就是,现代艺术继续发展下去的时候,它发展的动力是什么呢?它的发展动力未必是追随西方最新的东西,而是回到原来的传统。典型的例子就是台湾的云门舞集,原来都跳现代舞,但从20世纪70年代开始,所有的人都学京剧,从京戏里面得到很多的养分,包括水袖以及舞台的处理等。到20世纪90年代以后再加上中国的武术,包括太极拳等,还要学书法。假如我们把"现代性自觉"看成是走向现代,或者是以它来跟传统的分界的话,恐怕就忘了:其走向也有另一种可能性,就是向传统倒回来,或者说它要走得更远,而传统会帮助它。这样的情况,不晓得您是怎么看的?

潘公凯:非常感谢。"挑战—回应"是最早研究东西方现代问题的模式,大家批评很多,觉得这个模式太简单化,东方有东方自己的现代因素,有自己的内在性的、本土性的动力,或者说是在形态上跟西方有点不一样,但是在程度上或者在效应上某些方面比西方还要好。这些东西,如果历史可以有"如果"的话,也就是说,现代性的转型说不定也可以最先发生在东方,这种可能性也是存在的。这样一些理论都很有价值,是对"挑战—回应"模式的补充与修正。但我觉得"挑战—回应"的理论在总体上是对的。在我看来,现代性所研究的对象,就是人类社会和文化的现代巨变,现代性就是研究这个巨变的,或者是对这个巨变从心性角度的陈述和梳理。不管是"挑战—回应"也好,或者是东方自身的现代性也好,其实都是在东西方作为两相对立的基本思维方式上所建构的一套理论,这确实是可以被质疑、被修正的。

在什么层面上被质疑、被修正呢?应该是在一个更大的视域内,这个所谓更大的视域,我赞成一个说法,就是"事件"的说法,把整个人类的现代性转型看成是一个事件。我最初跟汪晖先生讨论过这个问题,觉得现代整个人类社会转型只能看成事件,因为它的特征、它的模式是带有偶然性的,这个观点汪晖非常赞成。我们有一次很长的谈话，对我有很大的启发，他告诉我法国的哲学家阿兰·巴丢就曾提出过"现代性事件"理论，我后来还找了他的两篇文章拜读，前年的研讨会又专门找到两个研究他的专家，但他们对"事件理论"也没说清楚，因为这个理论非常复杂。我虽然没有充分研究，但我感觉到巴丢对于人类历史进程中关于事件的看法非常深刻。他认为事件是没有原因的，或者说事件的原因与逻辑，是事件成功之后后人追溯出来的，事件是偶然的。但事件既然是没有原因的，事件是偶然的，如何能成为单一整体而进行延续呢？是靠主体的介入和主体的忠诚。这个理论非常聪明，可以把所谓的"挑战—回应"之类的各种解释、模式统统涵盖进去，跟它们都是不矛盾的。

"事件理论"是更宏观的理论，不仅适用于现代性研究，也适用于古代社会，对于整个人类的进程，这个理论都是管用的。我在认同这个理论的同时，是不是就否认了事物发展的因果逻辑呢？不是，而是因果逻辑是一个无法明确梳理和表述的模糊数学题目。为什么说热带丛林里面的一个蝴蝶的翅膀引起了太平洋上空的龙卷风？就是因为这个逻辑是可以无限追溯的。因此我们在研究现代性问题的时候，去追溯现代性的模式产生的原因，这是一个没有穷尽的过程。我采取的方式，第一是引入"未来视野"，扩大研究的视域，看待人类文化近三五百年的现代转型，把它放在一个更宏大的视野中，从未来50年、100年回看我们的历史。这个未来视域也有很多人质疑，未来还没到，你怎么就有视域了呢？这个我们今天没法深入讨论，我先提出这个观点。

西方的现代性研究主要是研究西方的现代机制，从政治到经济到法学到文化一直到审美，整个的现代人的生活方式、社会运作，包括人的心性特征什么时候开始形成，以什么事情为标志，它的结构特征如何。这是现代性研究的一个目标。我对这些研究成果都是肯定的,认为都是非常重要的学术建树,我没有能力去细致分梳他们对不对,因为我不是这方面的专家。但是我想跳得更宽,走得更远,从更大的视域来看。当然,我采取的也是一个比较简单或者说是懒惰的办法,就是找到了一个发展曲线上的拐点,将这拐点作为现代事件的起点。我从霍金的书里的几个图表获得了很大启发,比如有一个地球上的人口发展的图表,就是在300年前人口是非常缓慢的增长,但是到了近200年,尤其是近100年,都是垂直上升,从二十几个亿到现在六十几个亿的人口增长好像只用了几十年,以前是多少万年才有这么点人口,所以是从平缓增长到垂直上升,这个地方就有了一个拐点,我用这个图表的模式,去看其他的社会性指标,同样都能看到这个拐点,比如世界上各个国家国民生产总值的提高,全世界的GDP。还有就是全世界的信息量的增加,比如造纸术的发明是一次重要的增加,印刷术的发明是一次重要的增加,电报的发明是一次重要的增加,现在的电脑网络使得这条曲线又在垂直上升。我们如果用指标性的数字去衡量当代社会的方方面面,都会看到这个拐点,这个拐点就是人类走向现代社会的转折点。我就从这个拐点开始说人类社会的巨变,这是实质性的开始,它不是酝酿,而是真的就变了。

所以在这个地方我是暗合了巴丢的事件理论,我没有追溯这个拐点是如何产生的,我只是说拐点从这个时候开始,这个拐点的开始是数字表明的,不是推断,数字就是这样。什么时候开始人口增长,60年代多少人,70年代多少人,80年代多少人,钢产量是多少,信息量是多少,发明创造是多少,还有就是关于学术论文的增长,100年前全世界的学术论文是非常少的,但这100年来的学术论文数量完全是直线上升的,这就是人的创造性。这个里面就牵扯到了视域的问题,所以我这个理论看起来有点像"挑战—回应"说,但不是这么简单,我把它叫作"原发现代性"和"继发现代性"之间的"传递",我是强调这个现代性的传递。现代性的传递是一种信息能量的扩散与弥漫。我不关心传递的具体的内容,到底是西方传递过来的启蒙思想还是西方的古典思想,是西方思想的"左派"还是思想的"右派",这些我都不太关心,我关心的是信息的量和传递的过程,如何传递过来的途径,尤其关注在传递过程当中的人所起的作用,也就是人的自觉。

"自觉"这个词最早是从佛教里面来,已在我们中国的现代哲学研究当中大量被使用,而且有各种各样的解释。但是我在课题里面对它有一个非常明确的界定,我这个自觉,不同于费孝通先生所说的"文化自觉",它比较宽泛。我这个自觉是特指,就是中国人面临西方国家对中国的入侵,中国打败仗所带来的社会剧变——所谓"三千年未有之大变局"的感受,是对这个"三千年未有之大变局"的自觉,其他的例如佛教自觉也不算,个人的自觉也不在这个里头。只是中国知识界对于中国在地缘政治上面受到的巨大压力的自觉。

在证明中国 20 世纪的艺术有它特殊的现代性这个问题上面,我首先说这是一个性质的界定,不是艺术价值的界定。当然性质界定里面也不完全排斥带有价值界定的成分,在什么层面上带有价值界定的成分呢?是在把现代看得好于前现代的这样的一个前提下。如果说我们并没有把现代看成是好于前现代的话,我们就不能把现代看成是价值。如果我说 20 世纪的中国美术具有它的特殊的现代性这句话具有一定的价值判断成分,那仅仅是建立在我们假设现代比过去更好的基础上。其实我这本书说的是性质判断,不是价值判断,至于"现代价值"是不是过时,跟这个课题也没太大关系,这是一个词语上的问题。关于"自觉",刚才讲到了,其实跟佛经里面的"自觉"只有词源学上的联系,而没有实际界定的联系,跟吉登斯的"自我认同"也不一样,它在我的课题里不是内在心灵的被唤起,而是对于社会剧变的感觉与反应。

为什么要强调这个?其实有些人有非常强烈的感觉,有些人就是没感觉。有一部分画家,他就是"躲进小楼成一统",他对鸦片战争,对割地赔款也没感觉,他还是画他的画,这样的个人选择我没有把他放在"传统主义"之内,但是有些人有感觉,有些人外表看起来特别传统,实际上他特别自觉。昨天王鲁湘说起黄宾虹,黄宾虹在大家看来是非常传统的,在他的作品里是看不出西方现代主义的那些特征的,有人把他跟莫奈比较,大抵是牵强的。但是黄宾虹年轻时是激进革命派,他为了推翻清政府开武馆,教武术,准备武装起义,后来又为支持同盟会,竟然在家里造假钱币,是一个非常激进的革命者,很有活力。后来他没有继续搞革命,而从梁启超那接受了国粹主义,开始办杂志,开书店,整理出版中国传统文化典籍。这个经历就很奇怪。他是一心想改造社会、一心想推翻清政府的人,觉得中国人太落后了,西方这么打我们,我们就这么挨打,心里不服。后来他又去搞国粹主义,想靠弘扬民族的文化来救国强国。但无论如何都是一种"自觉",我说的自觉就是黄宾虹这种自觉,他看到了中国社会的衰落和王朝的腐朽,为了使这个国家强大起来,要闹革命,是自觉。他编弘扬国粹的《美术丛书》也是自觉,他这个自觉不是内在心灵的被唤起,而是非常清醒地思考20世纪中国要干什么,中国的知识分子要干什么,我说的是这个层面,所以他带有群体性。

龚先生还提到艺术家对现代性的理解问题。确实艺术家对我写的现代性美术一点兴趣没有,我的8次研讨会基本上请的都是人文学者,就是搞思想史、哲学史和文化史的人,艺术家不太明白我到底要说什么。艺术家对现代性也感兴趣,但是艺术家脑子里的现代性根本不是理论领域里面的现代性,他是非常局部的、非常感性的、非常不完整的。我这个课题跟艺术家对现代的感受还不是一回事。我的整个课题限制在20世纪,"四大主义"说到20世纪末,也就是说到90年代末,"四大主义"就趋于消解,或者说统统解构。为什么?因为救亡图存的目标已经基本完成,"四大主义"总的生存背景已经淡出历史的视野,所以21世纪应该是新的主义,旧的"四大主义"延续不下去了,他们的主张在21世纪统统改变了。我的主张跟潘天寿也不一样,我已经不能把我自己说成是一个传统主义者,潘天寿是,我不是。因为传统主义,或者说其他的西方主义、融合主义、大众主义,都是在救亡图强的背景下才有意义,他们的诉求才是现实的诉求。21世纪现实的诉求是另外的问题,所以我这个课题做到1999年为止,以后就没有往下写。

关于走向现代的问题,到底是横向移植还是纵向继承这样的关系问题,这在局部的讨论当中尤其是在20世纪讨论当中非常有意义,但在21世纪的讨论当中,横向移植和纵向继承这个问题已经变得错综复杂,而且不能以这种二元对立的形式出现,我个人觉得它不是简单的横向移植、纵向继承的关系,而是"弥散与生成"之间的关系。

"弥散"是双向的,比方说牛仔裤是美国西部牛仔的工作裤,然后大家觉得它方便,于是全美国都穿,全世界都穿,以致中国最穷的山区的孩子也穿,这就是牛仔裤的弥散;反过来,中国的茶叶全世界也都在喝,而且最大的茶包公司是英国人开的,这就是茶叶的弥散。弥散是多向的,其中有大的潮流也有小的潮流,比方说咖啡在全世界的流通量,或者说占有的份额,一定大大高于茶叶,我们的茶叶在向西方弥散,西方的咖啡在向东方弥散,但是我们还是打不过咖啡,这里面还是有一个强弱关系。但不管多么复杂的弥散都有一个共同的走向，就是从差异化走向匀质化，从有差异走向无差异。这个趋势已经被一些思想家特别关注。美国有一个教授，叫克里斯蒂安，写了一部《时间地图　大历史导论》，他是从宇宙大爆炸开始写起，一直写到工业革命，一直写到现在网络的战争。这本书是把宇宙自然史和人类文明史联系在一起，这样的写法以前的历史学家是不会这么做的。他的理论支撑是"增熵"，热力学第二定律关于物质和能量的转移的理论，或者叫耗散结构理论。他把这个最基本的定律作为宇宙生成史和人类文化史最深层的规律。这个写法一定有很多人质疑，但这是一个非常新的角度，我个人是赞同的，我也没法证明他的理论是对的，但是我觉得整个宇宙自然与人类文化都有一个共同的趋势，就是走向高熵。另外一个说法，叫作"世界是平的"，世界越来越平，为什么越来越平？就是越来越匀质化，人变成了原子化的个体。在这样一个走向高熵的过程当中怎么办呢？如果从一个特别宏观的时空尺度来说，走向高熵肯定不是一件好事，走向高熵是生命力越来越弱，整个人类文化的生命力越来越弱。这里面牵扯到一个也是最新的物理学讨论的问题，在霍金和那些致力于当代最抽象的理论物理学家那儿，他们在讨论一个至今未能说清楚的难题，就是按照热力学第二定律，或者按照宇宙发展的大的规律来看，从目前宏观的理论物理的结构当中是不能推导出地球上会产生复杂的蛋白质和复杂的生命的，尤其不能解释为什么能产生人。因为从生命的产生到人的产生这个过程是物质结构越来越复杂、越来越秩序化的一个过程，这个过程跟耗散结构理论是违背的。这样的情况下，物理学家就面对一个根本的大难题，导致人和生命的产生的现象背后一定有另外一个理论，这个理论现在找不出来，霍金也解释不了，但是有一个推测，这个推测有各种不同的翻译,我个人称之为"负熵的涌流"。世界的趋势是熵越来越高,世界越来越扁平这件事情就是熵的增值,就是从有差异走向没差异,这是熵的增值。然而,生命是从没差异走向有差异,这是一个负熵的过程。

现在全人类的文化在走向全球化,实际上就是在走向平面化和匀质化。总有一天所有的地方都有汉堡包、星巴克,然后我们大家吃基本类似的食品,用基本类似的品牌。这种情况下我们能做什么呢?能不能建构起一些新的系统或者新的结构,在走向越来越平面化的过程当中,争取出现一些有意思的变化,这在利奥塔那里被称为"延异",就是连续的差异。利奥塔对差异是非常重视的,他觉得宏大叙事已经过去了,全世界走向碎片化、匀质化、通俗化,甚至走向低俗,在这样的大趋势当中我们能不能建构起一些差异,而且这些差异不是以前的东西对立、意识形态、地缘政治,是各种形态的差异。他把这个称之为"延异",或者叫小叙事。我用"弥散"这个概念来描述我们文化所处的背景,用"生成"这个概念描述我们应该做的事,我自己也想做的事。我思考的是有没有可能有新的结构生成,而这个结构不能用以往的"西方"、"东方"、"传统"、"现代"这样的概念表述。这个生成可能既不是西方的,也不是东方的,完全是一个在以往看来是稀奇古怪不被理解的东西。但是你要生成自身的系统,你要自圆其说,只要自己有结构系统,能自圆其说,这就是新的生成。至于新的生成能持续多久,那看你的本事。你的本事好,它持续的时间长一点,影响大一点,你的本事不好,它还没出来就死了。我用"弥散"与"生成"这两个概念,想代替以前的东西方之间的关系,或者说"传统—现代"、"冲击—回应"这样的旧思路,我觉得我们可以从一个新的视野来看待这个问题。

辑三

山水观

一、大观、远观、游观、谛观

"观"字当然是关于"看"的。我们看见山水，就是人与山水相遭遇了。可是"观"不是"看"，不是"见"，也不是"临"，是"观"。

观是看，但又与看或见不同，是一种特殊的见。

中国字里表示看见的字很多，各有意指。最简单的是"目"。目指眼睛，但也可以做动词用，显示眼睛的动作，如《楚辞·九歌·少司命》"满堂兮美人，忽独与余兮目成"就是。"目成"指两个人对看，看对眼了。这是距离相近地看。

与目最接近的是"见"，人站着，张目而视便是见，是人看东西的自然状态。字形是"目"底下一个"人"，表示一个人站着，瞪大了眼睛看。不同于平时随意地看，它代表着一种精神性的力量，是用心专注地看，看到了某种东西，这叫作"见"。

触目所见之物之景，当然有远有近。近的，如"相"，人站在树旁，仔细端详;如"临",立在水皿前,由上往下瞧着水中之物或自己的脸。"临渊羡鱼"中的"临"就是这样非常靠近地看。一如金文中"临"的写法所显示的那样——我们就着底下的水盆,距离非常近地观看。像临摹时,我们都要非常近地照着原作临。

而"鉴"就是"临"字底下的那个水盆或者水缸,我们对着一盆水来看就叫作"鉴",所以是临近细看。如鉴赏之鉴都是临物细看,仔细端详。鉴本身也是水盂水釜之类器皿的名字。

近见之外,自也可见远。但人的视线一般都不太及远,所以"见树不见林",见通常只能见小物近景、周边之事。若要见得远些,便要用手搭个凉棚去"看",或踮起脚,站到土墩子上去"望"。看与望都比"见"瞧得远些。《诗经·邶风·燕燕》:"燕燕于飞,差池其羽。之子于归,远送于野。瞻望弗及,泣涕如雨。"瞻,就是登高望远之意。

看得更远的是"观"。若站在高处看都看不清时,就要飞到天上去观。观象鹳鹤之飞,由高处看,故特能见其大。

看得更远的是"观"。若站在高处看都看不清时,就要飞到天上去观。观象鹳鹤之飞,如鸟一样飞在天上看,只有这样高高远远地飞在天上,才能最大范围地观看。由高处看,故特能见其大。

所以,"观"之第一个含义是由高处看,所以看得远。后世建高台以便观瞻远眺,这高台就称为观。《释名》曰:"观,观也,于上观望也。"《说文》曰:"台、观,四方而高者也。"道家相信神仙,期盼人能如神仙般飞空下瞰尘寰,故其宫室亦称为道观。其所以如此立名,便知其瞩意高远了。

其次,"观"字本身还具有大视野的含义,叫作"大观"。就像《兰亭集序》中所说"仰观宇宙之大,俯察品类之盛",能够看到宇宙天地之"大观",是所有的观看活动里面最大的视野。由于能在高处看,故

"观"之另一含义即是大,可以见得大,见得广,见天地之大观。后世"大观"也往往连成一词,宋徽宗有一个年号就叫"大观",也是艺术史上重要的年号。

还有一种"游观"。由于"观"像鸟一样飞着,运动着看,观看便带有游动性。陶渊明诗中"游观山海图"正是要上上下下游动着观看。

人站在极高处,自然也能有所见者大的效果,如杜甫《望岳》之"望"那般,所见当然也是极广远开阔的。但即或如此,仍无法与观相比,因为观并不是站在一个定点上"看"或"望",而是如鸟、如仙般飞行游观,视角是游动上下的。

"观"常被形容为仰观,似乎仍只是站在地上远望;实则仰观之后,常接着要讲仰视,如《易经·系辞下传》中写道:"仰则观象于天,俯则观法于地。"所以,"观"带有俯仰的动势,和我们平常说的"看"、"见"不同。苏武答李陵诗、《兰亭序》都这样,仰观和俯察合起来才是观之完整动作,上下游动而视,故《吕氏春秋》曰:"观,游也。"游,乃观之又一含意。这些"游观"、"于上观之"的观念都与山水画有直接的关联。

沈括《梦溪笔谈·书画》即云:"李成画山上亭馆及楼塔之类,皆仰画飞檐,其说以谓自下望上,如人平地望塔檐间,见其榱桷。此论非也。大都山水之法,盖以大观小,如人观假山耳。若同真山之法,以下望上,只合见一重山,岂可重重悉见,兼不应见其溪谷间事。又如屋舍,亦不应见其中庭及后巷中事。若人在东立,则山西便合是远境;人在西立,则山东却合是远境。似此如何成画?李君盖不知以大观小之法,其间折高、折远,自有妙理,岂在掀屋角也?"

说李成画山上亭馆及楼塔之类,都是站在地上仰画屋角;但画画并不应该这样,而是要以大观小,像看盆景一样,以站在高处俯瞰全景的方式来观看物象。这种以大观小,就是之前所说"大观"。"以下望上,只合见一重山",人只有在高处观看,才能看到一重重的山,而这样画出的山水画,才能任人进入其中游观。

另外,山水画里面所说的"远景",不论是高远、平远还是深远,也都和"观"有关系。沈括说:"江南中主时,有北苑使董源善画,尤工秋岚远景,多写江南真山,不为奇峭之笔。其后建业僧巨然,祖述源法,皆臻妙理。大体源及巨然画笔,皆宜远观。其用笔甚草草,近视之,几不类物象;远观则景物粲然,幽情远思,如睹异境。如源画《落照图》,近视无功;远观村落杳然深远,悉是晚景;远峰之顶,宛有反照之色。此妙处也。"

因是游观,故所见之远也与要站在一个地方看的远不同。站在一个定点看,只能平远,不能深远、高远。一个平面的视线看过去,看到最远处就被山或屋舍挡住了。用沈括的话来说,就是"岂能见山之后又有重重迭山耶"。想见到山里的山、谷、溪、涧或村里人家,只有观。游观内外上下,而得其平远、深远、高远焉。

中国山水画的奥秘,便直接与这几点有关。凡写山,山都须是可游的,也不采焦点透视。论者称为散点透视的,其实正是游观。陶渊明诗云:"游观山海图",读图、读画亦总是得游观的。至于大观,沈括讲过,凡画,不能站在地下仰画飞檐,而应由上往下,以大观小,如视盆景然,这就是大观。远观呢?周濂溪《爱莲说》赞美莲花"可远观不可亵玩",观物实则均须有点远趣。画山水,则尤其要注重三远之法。平远、深远、高远之外,黄公望还说到"阔远"。念去去,千里烟波,暮霭沉沉楚天阔,阔远,非观不可,不是相、不是临、不是见,也不只是望。

中国山水画的核心,它的观物方式或者观景方式,是人跟山水的照面,与怎么观看山水跟观看山水的角度有关。不是人在"看"山水,也不是人在"望"山水,而是人在"观"山水。山水的含义跟这个"观"

字有着紧密联系。

由此观之,"观"之义可谓大矣哉。但这还没完,"观"还有一义,叫作"谛观"。《说文》曰:"观,谛视也。"

"谛观"是审视,仔细看。但与临或鉴不一样,"谛观"是深入地看。前面所说的"远观"、"大观"、"游观"都仅是看,但"谛观"是深入地、仔细地去玩味地看,这种看也叫作"观"。这是"观"字更特别的一个含义。

如何深入地观呢?《易经》观卦替我们做了很好的示范。

《易经·系辞下传》:"古者包羲氏之王天下也,仰则观象于天,俯则观法于地,观鸟兽之文,与地之宜,近取诸身,远取诸物,于是始作八卦,以通神明之德,以类万物之情。"

观卦　坤下巽上

此卦全卦说观。首先说观王道。王道如何观?由观宗庙观之,宗庙如何观?由盥祭观之。

观,盥而不荐,有孚颙若。

【王弼注】王道之可观者,莫盛乎宗庙。宗庙之可观者,莫盛于盥也。至荐,简略不足复观,故观盥而不观荐也。孔子曰:"禘自既灌而往者。吾不欲观之矣。"尽夫观盛,则下观而化矣。故观至盥,则有孚颙若也。

《象》曰:大观在上

【注】下贱而上贵也。

其次是观天下。顺而巽,中正以观天下。观,盥而不荐,有孚颙若,下观而化也。观天之神道,而四时不忒,圣人以神道设教,而天下服矣。

【注】统说观之为道,不以刑制使物,而以观感化物者也。神则无形者也。不见天之使四时,而四时不忒;不见圣人使百姓,而百姓自服也。

三是观风,风俗、风化、风教。《象》曰:风行地上,观,先王以省方观民设教。

以上均为大观。底下说另两种不好的、不赞成的观："童观"与"窥观"。

初六,童观,小人无咎,君子吝。

【注】处于观时,而最远朝美。体于阴柔,不能自进,无所鉴见,故曰童观。趣顺而已,无所能为,小人之道也。故曰小人无咎。君子处大观之时,而为童观,不亦鄙乎!

《象》曰:初六童观,小人道也。

六二,窥观,利女贞。

【注】处在于内,寡所鉴见,体于柔弱,从顺而已。犹有应焉,不为全蒙,所见者狭,故曰窥观。居内得位,柔顺寡见,故曰利女贞,妇人之道也。处大观之时,居中得位,不能大观广鉴,窥观而已,诚可丑也。

《象》曰:窥观女贞,亦可丑也。

"窥观"表示人在门缝里看。"童观"与"窥观",均是所见者小,故女人小子占之还无所谓,若大人先生亦如此视野短狭,就不太妙了。

以上总说观王道。以下说还要观我生,观自己。回头看我们自己的生命本身的进退发展才是"观我生"。

六三,观我生,进退。

【注】居下体之极,处二卦之际,近不比尊,远不童观,观风者也。居此时也,可以观我生,进退也。

《象》曰:观我生进退,未失道也。

【注】处进退之时,以观进退之几,未失道也。

再者是观国、观光。观光指观一个国家的文明情况。

六四,观国之光,利用宾于王。

【注】居观之时,最近至尊,观国之光者也。居近得位,明习国仪者也,故曰利用宾于王也。

《象》曰：观国之光，尚宾也。

九五，观我生，君子无咎。

【注】居于尊位，为观之主，宣弘大化，光于四表，观之极者也。上之化下，犹风之靡草，故观民之俗，以察己道。百姓有罪，在余一人，君子风著，己乃无咎。上为化主，将欲自观，乃观民也。

最后更要观民、观众生：

《象》曰：观我生，观民也。

上九，观其生，君子无咎。

【注】观我生，自观其道者也；观其生，为民所观者也。不在于位，最处上极，高尚其志，为天下所观者也。处天下所观之地，可不慎乎？故君子德见，乃得无咎。生，犹动出也。

《象》曰：观其生，志未平也。

【注】特处异地，为众所观，不为平易。和光流通，志未平也。

这一卦，充分显示了什么叫"谛观"。提倡观国、观王道、观天下、观光、观宗庙、观风化、观文明、观我生、观众生，反对的是"童观"、"窥观"。显示我们看一个事物，要深入地对它的方方面面有非常多的体会，慢慢地一层一层地去体会。所以这卦还有方法论意涵，犹如汉人说的"深察名号"。此所谓"谛观"也。

二、观象

言、象、文字、符号

《说文解字·序》："古者庖牺氏之王天下也，仰则观象于天，俯则观法于地,观鸟兽之文与地之宜,近取诸身,远取诸物;于是始作《易》八卦,以垂宪象。及神农氏,结绳为治,而统其事。庶业其繁,饰伪萌生。黄帝史官仓颉,见鸟兽蹄迒之迹,知分理可相别异也,初造书契。百工以乂,万品以察,盖取诸夬。'夬,扬于王庭',言文者,宣教明化于王者朝庭,'君子所以施禄及下,居德则(明)忌'也。"

观象的活动,使我们从一个物体之中找到了一些意义,再从意义中产生符号化。《说文解字·序》即依此一活动,而将八卦、文字连贯起来讲,认为那都是观象所得。古人观象之后还要取象,文字或八卦,就是人所创造的人文之象。

三、观法

甲、观道德

观象的传统之外,另有一个传统——观法。我们看物象,看山川天地,从中寻找到某些规律、法度和理则。这种法度和理则在发展中如何观象取法,有两条思路,一由道德方面着想,如"天有好生之德",讲的是天德的运行;而在山川之中同样也能看出德来。董仲舒《山川颂》:

> 山则龍嵸崔,崔嵬崟巍,久不崩陁,似夫仁人志士。孔子曰:"山川神祇立,宝藏殖,器用资,曲直合,大者可以为宫室台榭,小者可以为舟舆浮溱。大者无不中,小者无不入。持斧则斫,折镰则艾。生人立,禽兽伏。死人入,多其功而不言,是以君子取譬

也。"且积土成山,无损也,成其高,无害也,成其大,无亏也。小其上,泰其下,久长安,后世无有去就,俨然独处,惟山之意。《诗》云:"节彼南山,惟石岩岩,赫赫师尹,民具尔瞻。"此之谓也。

水则源泉混混沄沄,昼夜不竭,既似力者;盈科后行,既似持平者;循微赴下,不遗小间,既似察者;循溪谷不迷,或奏万里而必至,既似知者;障防山而能清净,既似知命者;不清而入,洁清而出,既似善化者;赴千仞之壑,入而不疑,既似勇者。物皆困于火,而水独胜之,既似武者。咸得之而生,失之而死,既似有德者。孔子在川上曰:"逝者如斯夫,不舍昼夜。"此之谓也。

本文是最早将山川作为歌颂赞美的对象的。更早如《诗经》之颂是颂宗庙,楚辞《橘颂》是颂一个物体,但这个物体很小,只是一个橘子。从《山川颂》开始,人们才把整个山川(即后来我们说的山水)拿来作为歌颂赞美的对象。而《山川颂》对山川的歌颂则是从中发现山川之德。"山则巃嵷崔,摧嵬嶵巍,久不崩阤,似夫仁人志士"是山之德,"《诗》云:'节彼南山,惟石岩岩,赫赫师尹,民具尔瞻。'此之谓也"。水则"既似力者"、"既似持平者"、"既似察者"、"既似知者"、"既似知命者"、"既似善化者"、"既似勇者"、"既似有德者",此是水之德,"孔子在川上曰:'逝者如斯夫,不舍昼夜。'此之谓也"。这都是从物体中寻找到道德理则,这思路,其实与《易经》相去不远。

乍看之下,这种"比德"思维似乎与后世山水画无甚关系,而实不然。宗炳《画山水序》:"圣人含道暎物,贤者澄怀味像。至于山水,质有而趣灵,是以轩辕、尧、孔、广成、大隗、许由、孤竹之流,必有崆峒、具茨、藐姑、箕、首、大蒙之游焉。又称仁智之乐焉。夫圣人以神法道,而贤者通;山水以形媚道,而仁者乐。不亦几乎?"就是明证。后世文人之所以喜欢用山水寄情,亦正是借此以见怀抱,以仁者智者自居自况。故山水清音中自显德音,美与善从来就是合一的。论山水,不可忽略这一思想脉络。

乙、观吉凶:相地、形法、堪舆

从山川物事中寻法则的另外一路数,是观吉凶。《汉书·艺文志》说:"形法者,大举九州之势以立城郭室舍形,人及六畜骨法之度数、器物之形容以求其声气贵贱吉凶。"讲的就是这一路。

班固在《汉书·艺文志》中称这些为"形法",并将形法家归类于古代数术家之列。观德者,观山观川与德性相结合,"仁者乐山,智者乐水";但在这儿,寻找法则是与吉凶相关的。

这个传统最早跟古代绘制地图有关。古有相地、筑城、建宫室的传统,并已设专官掌管地理之学。《周礼·地官·土训》:"掌地道图,以诏地事。"郑玄注:"说地图九州岛形势山川所宜。"《唐六典》又说职方氏掌天下之地图。地图之学,中国自古重之。

这叫相地之学,也做舆图(画地图),这原都是官府所掌的王官之学,后来王官之学流散,民间也就开始流传这样的学问了,战国时期讲"形法"的人就非常多。

据班固《汉书·艺文志》,到东汉前期,讲术数的流派有天文、历谱、五行、蓍龟、杂占、形法六种,他认为都出于明堂羲和史卜之职。其中形法类"大举九州岛之势以立城郭室舍形,人及六畜骨法之度数、器物之形容以求其声气贵贱吉凶。犹律有长短,而各征其声,非有鬼神,数自然也"。凡相山川、相城郭、相宫室、相人、相六畜等皆属之。相的方法,除了观形相,还要论骨法之类内在结构,然后把它们跟声、气结合起来综合讨论。

也就是说,现在一般人看风水是看房子、看坟,但早期看大形势。"形法"大的是看全国九州,再小一点看山川,再小看城郭,再小看具体建筑,再小才看人跟动物,战国时期出现了许多《相马经》、《相牛经》、《相鹤经》,即属此类。这是中国古代形法相地之学的发展。之前说到"仰观天象,俯察地形",这便是"俯察地形"的学问。

这个学问本来和我们讲山川最有关系,可实际上不然,因为我们后来讲的山水,主要在于"观",而不在于"俯察地形",而且后来画家山水观并不强调吉凶。

俯察地形、地势、地貌的学问,后来发展为两路,一条是形法家,看宫室住宅,后来讲风水看坟。"风水"一词比较晚出现,是东晋郭璞之后才有的学问。早期不看坟,看阳宅,看城郭。

另一路是堪舆家。堪舆和形法其实是两派学问。堪舆是讲天象跟地形怎么配合的,属于五行家类,讲金木水火土,跟天上的鬼神、吉凶、星星结合。与形法家是两个不同的脉络。

现在大家都把风水推源于堪舆。但班固《汉书·艺文志》是最早记载堪舆专著《堪舆金匮》十四卷的文献。堪舆不在形法家,而是与言阴阳五行、时令日辰、灾应诸书同列"五行家"类,且认为其源流:"其法亦起五德终始,推其极则无不至,而小数家因此以为吉凶,而行于世,浸以相乱。"所以堪舆家和形法家显然不同,这是大家都没注意到的。

郑玄注《周礼》时,也提及堪舆,但认为它源于星官。其解《春官宗伯第三》所云"保章氏,掌天星,以志星辰、日月之变动,以观天下之迁,辨其吉凶。以星土辨九州之地所封,封域皆有分星,以观妖祥",谓:"星土,星所主封也;封,犹界也。大界则曰九州,州中诸国中之封域,于星亦有分焉,其书亡矣。《堪舆》虽有郡国所入度,非古数也。今其存可言者,十二次之分也。星纪,吴越也;玄枵,齐也;娵訾,卫也;降娄,鲁也;大梁,赵也、实沈,晋也;鹑首,秦也;鹑火,周也;鹑尾,楚也;寿星,郑也;大火,宋也;析木,燕也。此分野之妖祥,主用客星、慧孛之气为象。"

按郑玄说,汉以前即有堪舆之书,后代所作《堪舆》以十二次论分野,是它还保存古说的部分。郑说后出《堪舆》,或即班固说的《堪舆金匮》。而其术尚存古代占星之法,即将木星或谓岁星十二年运行一周天的轨道,等分为十二,称之十二次,又对应于地上之郡国,即所谓分野,视各天区星象变异而预兆对应地域世道吉凶。

但此外堪舆家所言必多自创的东西,故东汉王充《论衡·讥日篇》曾批评时流行于世的"《堪舆历》,历上诸神非一,圣人不言,诸子不传,殆无其实"。可见堪舆不只论星而已,还论历,论鬼神。论来论去,到三国时魏人孟康,竟说"堪舆,神名,造《图宅书》者",把堪舆也当神了。

堪舆图宅术的主要内容,除了结合星历之外,是讲五行配置。依王充引图宅术曰:"宅有八术,以六甲之名,数而第之。第定名立,宫商殊别。宅有五音,姓有五声。宅不宜其姓,姓与宅相贼(按:贼,即克)测疾病、死亡、犯罪、遇祸。"又引"《图宅术》曰:商家门不宜南向,徵家门不宜北向。则商金,南方火也;徵火,北方水也;水胜火,火贼金,五行之气不相得。故五姓之宅,门有宜向,向得其宜,富贵吉昌;向失其宜,贫贱衰耗",云云。

这正是它被列入五行家的原因。但其说深为士人诟病。《旧唐书·吕才传》载,唐初,吕才遵唐大宗命,对世传风水书加以刊正,"削其浅俗,存其可用者"。其间就痛加批判五行说。叙《宅经》云:"至于近代巫师,更加五姓之说。言五姓者,宫、商、角、徵、羽等,天下万物,悉配属之,行事吉凶,依此为法。"然而"验于经籍,本无斯说;阴阳诸书,亦无此语;直是野俗口传,竟无所出之处;唯按《堪舆经》黄帝对于天老,乃有五姓之说",又引例论证,谓此五姓之说"事不稽古,义理乘僻"。

近代考古已出土汉代六壬式盘七具,也有太乙盘。六壬式盘天盘中绘北斗七星,周边有两圈篆文,外圈为二十八宿,内圈为十二个数字,代表十二月将。地盘有三层篆文,内层是八干四维,中层为十二支,外层为二十八宿。使用时,乃由象征着天的"堪"(圆盘)和象征着地的"舆"(方盘)构成。将圆盘重合在方盘上,转动圆盘来进行占卜。此即后世风水理气派用罗经的源头。

总之,无论是舆图相地之术、形法之学、堪舆之法,实皆与后世山水画、山水观没什么关系。现在风气甚坏,论绘画的一些朋友,喜欢牵扯风水学去说山水画的画法、构图和观念,其实是不知学术源流的胡乱攀附。

四、观山川

观山川,与刚刚讲的观德、观吉凶不一样,主要是审美的,发现山川在形象上有其美,而这种美跟我们之间可能有些互动,形成美的感悦。就像苏武与李陵的应答诗中所写"俯观江汉流,仰视浮云翔",这是最早讲到看见景象而带出了人的情感。

而《诗经·鄘风·定之方中》:"终然允臧。"毛亨传:"升高能赋⋯⋯可以为大夫。"则指出我们要能赋咏山川,把山川给我们的审美感受歌颂出来。

后来这又成为一个士大夫的文化标准。《隋书·经籍志》曰:"古者升高能赋、山川能祭、师旅能誓。"认为这属于士人的基本能力,人皆应当如此。

之前提到董仲舒的《山川颂》并没有颂出山川之美,而观山川则是要从富有美感的角度去描述山川。如班固《西都赋》:

封畿之内,厥土千里。逴跞诸夏,兼其所有。其阳则崇山隐天,幽林穹谷。陆海珍藏,蓝田美玉。商、洛缘其隈,鄠杜滨其足。源泉灌注,陂池交属。竹林果园,芳草甘木。郊野之富,号为近蜀。其阴则冠以九嵕,陪以甘泉,乃有灵宫起乎其中。秦汉之所极观,渊云之所颂叹,于是乎存焉。下有郑白之沃,衣食之源。提封五万,疆场绮分。沟塍刻镂,原隰龙鳞。决渠降雨,荷插成云。五谷垂颖,桑麻铺棻。东郊则有通沟大漕,溃渭洞河。泛舟山东,控引淮湖,与海通波。西郊则有上囿禁苑,林麓薮泽,陂池连乎蜀汉。缭以周墙,四百余里。离宫别馆,三十六所。神池灵沼,往往而在。其中乃有九真之麟,大宛之马。黄支之犀,条支之鸟。逾昆仑,越巨海。殊方异类,至于三万里。

其宫室也,体象乎天地,经纬乎阴阳。据坤灵之正位,仿太紫之圆方。树中天之华阙,丰冠山之朱堂……

看起来是讲一个城市,但其实是对汉朝帝国东西南北的物产、形象等的描述,遍及山河大地。再如木华《海赋》写海:

舟人渔子,徂南极东,或屑没于鼋鼍之穴,或挂罥于岑嵚之峰。或掣掣泄泄于裸人之国,或泛泛悠悠于黑齿之邦。或乃萍流而浮转,或因归风以自反。徒识观怪之多骇,乃不悟所历之近远。

虽是写海,后世山水画中这种场景、气氛、情感实亦不乏,乃其先声也。郭璞之《江赋》更是如此:

  因岐成渚,触涧开渠。漱壑生浦,区别作湖。碴之以瀿瀷,漂之以尾闾。标之以翠蘙,泛之以游菰。播匪艺之芒种,挺自然之嘉蔬。鳞被菱荷,攒布水蓏。翘茎瀵蕊,濯颖散裹。随风猗萎,与波潭涹。流光潜映,景炎霞火。其旁则有云梦雷池,彭蠡青草,具区洮涡,朱浒丹漅。极望数百,沆漾皛溔。爰有包山洞庭,巴陵地道。潜逵旁通,幽岫窈窕。金精玉英瑱其里,瑶珠怪石琗其表。骊虬缪其址,梢云冠其齿。海童之所巡游,琴高之所灵矫;冰夷倚浪以傲睨,江妃含嚬而矔眇。抚凌波而凫跃,吸翠霞而夭矫。

  若乃宇宙澄寂,八风不翔。舟子于是搦棹,涉人于是擢榜。漂飞云,运艅艎;舳舻相属,万里连樯。溯洄沿流,或渔或商;赴交益,投幽浪,竭南极,穷东荒。

  尔乃曬霂褉于清旭,觇五两之动静。长风颴以增扇,广莫飂而气整。徐而不迟,疾而不猛。鼓帆迅越,趑涨截洄。凌波纵柂,电住杳溟。霎如晨霞弧征,眇若云翼绝岭。倏忽数百,千里俄顷。飞廉无以睎其踪,渠黄不能企其景。

  于是芦人渔子,摈落江山,衣则羽褐,食惟蔬鲜。柂淀为涔,夹潨罗筌。筒洒连锋,罾罶比船。或挥轮于悬踦,或中濑而横旋。忽忘夕而宵归,咏采菱以叩舷。傲自足于一呕,寻风波以穷年。

  尔乃域之以盘岩,豁之以洞壑,疏之以沱汜,鼓之以潮汐。

>　　川流之所归凑,云雾之所蒸液。珍怪之所化产,傀奇之所窟宅。纳隐沦之列真,挺异人乎精魄。播灵润于千里,越岱宗之触石。及其谲变儵怳,符祥非一。动应无方,感事而出。经纪天地,错综人术,妙不可尽之于言,事不可穷之于笔。
>
>　　若乃岷精垂曜于东井,阳侯遁形乎大波。奇相得道而宅神,乃协灵爽于湘娥。骇黄龙之负舟,识伯禹之仰嗟。壮荆飞之擒蛟,终成气乎太阿。悍要离之图庆,在中流而推戈。悲灵均之任石,叹渔父之棹歌。想周穆之济师,驱八骏于鼋鼍。感交甫之丧佩,愍神使之婴罗。焕大块之流形,混万尽于一科。保不亏而永固,禀元气于灵和。考川渎而妙观,实莫著于江河。

画面感非常强,写出了江海的各种状态以及人在江海中的活动。也就是说,这时已经带出绘画性,因为赋者铺也,要对山川尽力铺叙和刻画,故是后世山水画之重要渊源。

《文心雕龙·物色》曾说:"自近代以来,文贵形似,窥情风景之上,钻貌草木之中。吟咏所发,志惟深远,体物为妙,功在密附。故巧言切状,如印之印泥,不加雕削,而曲写毫芥。故能瞻言而见貌,印字而知时也。"

《颜氏家训·文章》也说:"何逊诗实为清巧,多形似之言。"《诗品·晋黄门郎张协》亦云张氏:"巧构形似之言。"所以我们学界许多人有一种错觉,觉得用语言去描摹物象、刻画物体,达成"形似"效果,是晋宋时期的新风气。而这种风气恰好也可替山水画之出现找到一个文艺风潮上的理由。如林英德《论贵尚形似》就说:贵尚"巧似"成为晋宋之际尤其是元嘉时期一股重要的文艺风尚,它同时体现于诗和画这对姊妹艺术之中,其基本审美取向是:以自然景物作为主要表现对象，追求作品中的景色与自然形态的景色的高度一致和相似。自然山水日益成为独立的审美对象。①

其实，诗固然到了晋宋才能巧构形似，整体文艺思潮或文学写作却非如此，《宋书·谢灵运传论》说得很明白："自汉至魏，四百余年，辞人才子，文体三变。相如工为形似之言，二班长于情理之说，子建仲宣以气质为体。"形似是早在西汉就有的风气，标准的作品就是司马相如等发展出的汉赋。因此，若要说山水画与"巧构形似"的关系，不能不注意赋体写作传统的影响。

巧构形似，也非无情的。有些论者，把感物和写物形似对立起来看，如张静《物色：一个彰显中国抒情传统发展的理论概念》试图通过对比感物诗与山水诗在观物态与方式上的区别，划清"物色"与"感物"之界限。②其心目中，就认为感物是抒情的，而山水诗则是刻画景物的。

陈良运《古代诗论发展的一次飞跃——从"形似之言"到"诗而入神"》则说六朝以后"形似"说就逐步向"神似"说转化。"这一转化在中国美学史上，有着深远的意义"，故他称为飞跃。③

可是，登高能赋不是因为看到山川时有所情会吗？刘勰在《文心雕龙·神思》写道："登山则情满于山，观海则意溢于海。"这是山川和人之间情感的互动，由此兴发了我们对山川的感情，并因此让我们要去描写山川的各种状态。诸君割裂而观，强分主客，殊觉妄谬。

总体上看，汉赋发展到六朝，从对物体的描绘中带出了情感的抒发，所以一方面是观山川，另一方面其实也在观情。到了这个地步，

---

① 林英德.论巧构形似.江淮论坛,2005,(4).
② 张静.物色：一个彰显中国抒情传统发展的理论概念.台大文史哲学报,2007.
③ 陈良运.古代诗论发展的一次飞跃——从"形似之言"到"诗而入神".江西社会科学,1985,(2).

山水画、山水诗就都出现了。

五、观山水

甲、山水画

据唐代张彦远《历代名画记》、北宋郭若虚《图画见闻志》记载,顾恺之共有六幅山水画作,《庐山图》、《雪霁望五老峰图》、《山水图》等。算是正式山水画明确开宗的人,可惜画没留下来,仅能从《洛神赋图》的宋代摹本中去领略其神采。

乙、山水诗

与此同时,对山水的具体歌颂、描摹,除了赋以外,还有山水诗!谢灵运开创了山水诗的新时代,用诗歌来具体地描写他玩过的地方,主要是永嘉附近的浙东山水。"山水含清晖,清晖能娱人"(谢灵运《石壁精舍还湖中作》),钟嵘《诗品》说他:"兴多才高,寓目辄书,内无乏思,外无遗物,其繁富宜哉!"看到山水都能够刻画出来,故令时人佩服。

其方法显然即是巧构形似,多用赋之笔法。他自己也写有赋十余篇,如《山居赋》、《岭表赋》等。

从汉代的赋到山水诗,到山水画,人们对外在物体、物形用绘画、用诗歌、用赋、用画去捕捉,将捕捉到的形状刻画出来,其内在是相通的。当然这时的山水诗、山水画并不同于西方的写实,除了刻画物体外在形象之外,还要写情,这个情,就是人进入山水以后的观感和体悟。所以山水诗的特征一方面是写景,另一方面是玄言,必须从中有体会、有思悟。谢灵运的诗,通常就是前面写山水,后面写体悟。没有这些"玄言"就不是山水诗!

这时,还该注意的,是出现了一些新词汇,如"景象"。景,《说文解字》说:"景,光也。从日京声。"本义是日光,现在引申指形象、迹象,如《汉书·武帝纪》:"著见景象,屑然如有闻。"

还有是"风景"。这是汉魏以后流行于晋宋的词语,犹言风光或景物、景色等。如《世说新语·言语》:"过江诸人……风景不殊,正自有山河之异!"南朝宋鲍照《绍古辞》之七:"怨咽对风景,闷瞀守闺闼。"风本来即有风土之意,现在与景结合,引申有景色、景致的含义。这种景,是可观可赏的,故又有"景观"一词。

景有时也与物结合,说"景物",如晋陆云《大安二年夏四月大将军出祖王羊二公》诗之一:"景物台晖,栋隆玉堂?"鲍照《舞鹤赋》:"氛昏夜歇,景物澄廓。"

这些观,也都是带有审美性质的。

六、内观

以上讲的"观"都是顺着观看的思路发展下来的,观天地宇宙,观品类,观物象,由山川、城郭、人物想到了道德,想到了吉凶,想到了很多法则,或者从中得到了审美的愉悦。

但同时还有另外一种"观"叫"内观",不观外而观内。

有人以为"内观返视"这个词出自李时珍,例如百度百科上就说"内景返观"一词,出自明代著名医药学家李时珍所著的《奇经八脉考》一书中,"内景隧道,唯返观者能照察之。"

其实老子早已讲过"收视返听"。"收视返听"是指有一种看是向身体内的看,有一种听是听身体内部的声音。此说后来在《大戴礼记·曾子天圆》得到延伸:"天道曰圆,地道曰方。方曰幽,而圆曰明。明者,吐气者也,是故外景;幽者,含气者也,是故内景。"出现外景与内景之分。景观、景物、风景,是外部世界的景象;内景则是内在的景观。

道教对此更是大阐其说,像上清道的根本经典《黄庭经》,就有一篇叫《外景经》,另一本叫《内景经》。东汉延熹八年(165)边韶奉桓帝之命作《老子铭》,已有"出入丹庐,上下黄庭"等语。可见当时丹庐、黄庭、道教、老子早已紧密联系在一起。缘此而开始有人传播"黄庭内修诀",又出现《老君黄庭经》。降及汉末,张鲁统治汉中,大行五斗米道。今《道藏》所收《正一法文天师教戒科经》中的《大道家教令》即有"《黄庭》三灵七言,皆训喻本经,为《道德》之光华"诸语,可见《黄庭经》业已定型,并已作为天师道内部的教科书。其后上清派加工润饰而成一新版本,自称《黄庭内景经》,而把原先那本称为《黄庭外景经》。可是无论哪一本,其实都不看外在的风景,只看我们身体内部的天地山川。

故务成子解题说:"此经以虚无为主,故用'黄庭'标之耳。其景者,神也。其经有十三神,皆身中之内景名字。"内景又作"内境",即身内五脏六腑之脏象,这种说法后来影响极其广远。

由这类内景图看,我们的身体内部正是"别有天地非人间"的。《黄庭经》教我们如何观看,把身体分成上、中、下三部,三部五脏各有其神,要观察的就是我们这种身中神,然后通过观想,通过这一套"内观"的方式来达到修炼目的。这是上清派的主要方法,内观,风景不在外,在内。

这样一种从老子发展出的思路,通过魏晋玄学和汉魏南北朝的道教,获得了极大的发扬。而在此同时,佛教传进来了。

佛教的毘钵舍那(vipassanā),"观"就是"内观",简称"观"。我们现在常用的"观点"、"观想"、"观念"都是指内部的,不是说我们看到什么,而是只想到什么。佛教的"观"正是观想,是指念头。早期小乘禅法中常教人看到美女就要想象成一个白骨或者腐烂的尸体,这叫作"不净观"或"白骨观"。后来在大乘佛学也一样有很多的观想之法。《观无量寿经》将之总归为十六观:

(一)日想观,又作日观、日想。正坐西向,谛观于日,令心坚住,专想不移。见日欲没,状如悬鼓,既见日已,开目闭目皆令明了。

(二)水想观,又作水观、水想。初见西方一切皆是大水,再起冰想,见冰映彻,作琉璃想。

(三)地想观,又作地观、琉璃地观、地想。观想下有金刚七宝金幢擎琉璃地,地上以黄金绳杂厕间错,一一宝各有五百色光等。

(四)宝树观,又作树观、树想。观极乐国土有七重行树,七宝花叶无不具足,一一花叶作异宝色,又一一树上有七重网。

(五)宝池观,又作八功德水想、池观。观想极乐有八功德水,一一水中有六十亿七宝莲花,摩尼水流注其间演妙法。又有百宝色之鸟,常赞念佛、念法、念僧。

(六)宝楼观,作此观想即刻成就以上五种观法,故又作总观。亦作总观想、总想观。观想其一一界上有五百亿宝楼,其中无量诸天作伎乐。又有乐器,悬处虚空,不鼓自鸣。

(七)华座观,又作华座想。观佛及二菩萨所坐之华座。

(八)像观,又作像想观、佛菩萨像观、像想。观想一阎浮檀金色佛像坐彼花上,又观音、势至二菩萨像侍于其左右,各放金光。

(九)真身观,又作佛观、佛身观、遍观一切色身想。观想无量寿佛之真身;作此想即可见一切诸佛。

(十)观音观,又作观世音观、观观世音菩萨真实色身想。观想弥陀胁士中之观世音菩萨。

(十一)势至观,又作大势至观、观大势至色身想。观想另一胁士大势至菩萨。

(十二)普观,又作自往生观、普往生观、普观想。观自生于极乐,于莲花中结跏趺坐。莲花开时,有五百色光来照身,乃至佛菩萨满虚空。

(十三)杂想观,又作杂观、杂明佛菩萨观、杂观想。观丈六佛像在池水上,或现大身满虚空。即杂观真佛、化佛、大身、小身等。

(十四)上辈观,又作上品生观、上辈生想。往生净土者依其因,而有上、中、下三辈,三辈复分上、中、下三品,总为九品。上辈观即观上辈徒众自发三心、修慈心不杀行等、临终蒙圣众迎接,及往生后得种种胜益之相。

(十五)中辈观,又作中品生观、中辈生想。即观中辈徒众受持五戒八戒、修孝养父母之行等,及感得圣众迎接而往生等相。

(十六)下辈观,又作下品生观、下辈生想。即观下辈徒众虽造作恶业,然临终遇善知识,而知称念弥陀名号,因之得以往生,及蒙种种胜益之相。

这些观,都不是看外在的风景,而是脑袋里面出现的景象。

这十六种观法和山水画有没有直接的关系?有!例如陈洪绶《隐居十六观》就直接套用了佛教的十六观之名义。《隐居十六观》图册是其离世前一年(1651)为好友沈颢作,共二十页,前四页为作者题识,后十六页为十六幅白描人物画,写隐士隐居生活的十六种景况:访庄、酿桃、浇书、醒石、喷墨、味象、漱句、杖菊、浣砚、寒枯、问月、谱泉、囊幽、孤往、缥香、品梵。各有用典,涉及庄子、刘辰翁、苏轼、陶渊明、班孟、宗炳、孙楚、魏野、李白、鱼玄机等人的诗文事迹。

这十六观并不都是内观,它是隐士的生活状态,譬如煮茶,跟朋友聊天,赏月。但为什么套用佛教的十六观?套用之后令我们感觉到,这些隐士的境况,不完全是真正发生的,因为"心远地自偏"。它或许是真实的生活,或许只是一种心境上的状态。

朱良志先生近年出版的《南画十六观》[①]也套用了十六观的概念。朱先生在讲画时,都尽量地靠近佛、禅来解释,这背后和佛教观法也有直接之关系。

七、山水之观

甲、写真山

现在具体谈谈山水画的"观"。

沈括曾说:"董源善画,尤工秋岚远景,多写江南真山,不为奇峭之笔。"这句话背后的意思,即是说在董源之前的许多画家画的并不是真山水,出自画家的观念和想象,故山多奇峭。其后米芾父子画的也可能像董源一样是真山,且一样是江南的山。米芾中年长期定居润州(今江苏镇江),江南山水的烟雨明晦、幽壑空蒙,一如其"米家

---

① 朱良志.南画十六观.北京:北京大学出版社,2013.

山水"。

　　董源和米氏父子之外还有谁可能画的是真山呢？黄公望、石涛好像都是。石涛曾说要"搜尽奇峰打草稿",到处去游历,看了之后来画。他的《搜尽奇峰图》作于康熙三十年(1691)。自题画尾云："郭河阳论画,山有可望者、可游者、可居者。余曰：江南江北,水陆平川,新沙古岸,是可居者。浅则赤壁苍横,湖桥断岸,深则林峦翠滴,瀑水悬争,是可游者。峰峰入云,飞岩堕日,山无凡土,石长无根,木不妄有,是可望者。今之游于笔墨者,总是名山大川未览,幽岩独屋何居？出郭何曾百里入室？那容半年交泛滥之酒杯、货簇新之古董？道眼未明,纵横习气安可辩焉？自之曰：此某家笔墨、此某家法派,犹盲人之示盲人、丑妇之评丑妇尔,赏鉴云乎哉？不立一法,是吾宗也；不舍一法,是吾旨也,学者知之乎？"

　　这段题跋中批评时人游于笔墨,却未能游览真山真水。故特别强调要实有所见。

乙、写幻山

（一）

　　以上这些写真山水者,迩来备受推崇。但是在我国,虚构的山水、想象的山水反而才是大宗。诗赋中,谢灵运游历的固然是真山水,写的山水诗也是真山水,但还有大量赋中、画中的山水并不是真的。例如收入《文选》之中的孙绰《游天台山赋》："天台山者,盖山岳之神秀者也。涉海则有方丈、蓬莱,登陆则有四明、天台。皆玄圣之所游化,灵仙之所窟宅。夫其峻极之状、嘉祥之美,穷山海之瑰富,尽人神之壮丽矣。所以不列于五岳、阙载于常典者,岂不以所立冥奥,其路幽迥。或倒景于重冥,或匿峰于千岭;始经魑魅之涂,卒践无人之境;举世罕能登陟,王者莫由堙祀,故事绝于常篇,名标于奇纪。然图像之兴,岂虚也哉!"把天台山写得活灵活现,可是他自己其实根本没有去过。

他也不骗人,自己承认"余所以驰神运思,昼咏宵兴,俯仰之间,若已再升者也",说自己没去过,只是想象中好似已经登在山上,并写了这篇文章,"聊奋藻以散怀"。这就是卧游或神游,不是真的去游,不像柳宗元《永州八记》是真的游了。

绘画也常如此。

凡谈山水画的人都引用过宗炳的《画山水序》,但很多人没注意到,这也是卧游,山水都是想象的。

宗炳(375—443),南阳涅阳(今河南镇平)人,居江陵。曾入庐山白莲社,作《明佛论》。《历代名画记》称其有《嵇中散白画》、《孔子弟子像》、《狮子击象图》、《颖川先贤图》、《周礼图》等传世。在《画山水序》中,他一说:"余眷恋庐衡,契阔荆巫,不知老之将至。愧不能凝气怡身,伤跕石门之流,于是画象布色,构兹云岭。"再则说:"夫以应目会心为理者,类之成巧,则目亦同应,心亦俱会。应会感神,神超理得。虽复虚求幽岩,何以加焉?又神本亡端,栖形感类,理入影迹。诚能妙写,亦诚尽矣。"三又说自己:"于是闲居理气,拂觞鸣琴,披图幽对,坐究四荒,不违天励之藂,独应无人之野。峰岫峣嶷,云林森眇。圣贤暎于绝代,万趣融其神思。余复何为哉,畅神而已。神之所畅,孰有先焉。"强调的正是卧游神游。

很多人在"余复何为哉,畅神而已"等句子上发挥,把"畅神而已"想象为画得畅神或画可畅神。实际上他是说不需要真去优游岩壑,神游就可以了。

这篇文章是山水画正式的理论发端,而讲的恰好就不是真山水。

理论如此,实际绘画呢?唐朝大小李将军的青绿山水或金碧山水、王维的水墨山水、王洽的泼墨山水,难道又是真山水吗?金碧和青绿当然都不是真正山水的颜色,他们所画的山也不是真实的山,只是意象。如李昭道《明皇幸蜀图》那样极显山势高峻、峭拔,并不是真山,而是取山形之意,以表现蜀道之难。

至于水墨,更不用说了。凡物皆有颜色,水墨画却是把颜色都去掉了的。传说苏东坡有一回在官署一时兴起,就以阅卷的朱笔画竹,有人见之曰:"世岂有朱竹耶?"东坡反问道:"世岂有墨竹耶?"不论朱竹还是墨竹,都与水墨山水一样,不是真的竹、真的山水。东坡之所以画竹,强调的是竹子赋至德之性,四时尚青,有君子不屈的气节。所以无论是竹、梅、兰、菊,或山或水,都是把物体符号化,变成象,我们观象、取意以后重新造象,一如我们造字、造八卦,造了一种符号化的山水。

若用苏轼《王维吴道子画》的话来说:"摩诘本诗老,佩芷袭芳荪;今观此壁画,亦若其诗清且敦。祇园弟子尽鹤骨,心如死灰不复温。门前两丛竹,雪节贯霜根;交柯乱叶动无数,一一皆可寻其源。吴生虽妙绝,犹以画工论,摩诘得之于象外,有如仙翮谢笼樊。"他欣赏的或追求的,乃非刻画物象的象外之象。

(二)山水之内在化、符号化

这是山水的符号化、文字化、内在化。不仅大趋势如此,就是原先可能仍有写实之意者,后来也常虚化,由真山转为幻山。

例如前文说过的,可能是最早的一幅山水画:顾恺之的《庐山图》,在后世形成了一个传统,画《庐山图》的不计其数,就像《富春山居图》是一个谱系那样。其中较早的是南宋玉涧《庐山图》。若芬玉涧传世作品有《庐山图》(日本冈山县立美术馆藏)、《庐山瀑布图》(日本冈山县立美术馆藏)、《潇湘八景图》(现存三幅,东京出光美术馆藏)、《山市晴岚图》(日本名古屋德川美术馆藏《远浦归帆图》、东京文化厅藏《洞庭秋月图》)。《庐山图》被收藏时,为了茶会悬挂之便,于1653年被截为三幅,目前所见的是右段。题"过溪一笑意何疏,千载风流入画图,回首社贤无觅处,炉峰香冷水云孤"。显然是写虎溪三笑的故事。所以他是写实的,画的是庐山的一个具体地方。虽然由于是水墨,画风看起来也很写意,但他实际上去过庐山,画的就是庐山的一处实况。

明代唐寅也有《庐山图》,又名《匡庐图》或《庐山三峡桥图》,写庐山三峡桥(又称观音桥)一带的景观。题诗:"匡庐山前三峡桥,悬流溅扑鱼龙跳。羸骖强策不肯度,古木惨淡风萧萧。"情况跟玉涧相同。

但这个画庐山的传统到了张大千,就不再写实了,只是卧游。自题诗云:"从君侧看与横看,叠壑层峦杳霭间。仿佛坡仙开笑口,汝真胸次有庐山。远公已过无莲社,陶令肩舆去不还。待洗瘴烟横雾尽,过溪高坐峨嵋山。"

张大千游遍山川,却没有去过庐山,晚年最后一幅画为何定要画庐山?盖绍顾虎头之绪,字占其画史地位也!然庐山图中所画完全是他想象中的庐山,亦即他诗中说的"汝真胸次有庐山"。

《庐山图》这个谱系,从实际画庐山,到最后庐山纯粹变成一种意象。张大千要以最后这张画来证明自己,这画完全是心中的山水意象。这是内在化、符号化的山水,跟真实的山水不是一回事。

(三)旁观

山水画,从画实际的山水慢慢到了内在观想中的山水,思路可说即是由观物到观想的。然而,山水画之发展还不止此,我觉得还有一种"观"影响甚大,特别是对元代的山水画!

元朝人题画诗最多,超迈往古,佳什尤多。赵孟頫、杨维桢、吴镇,皆称诗书画三绝。其他如虞集《道园学古录》六百余首中,题画诗占 170 首;杨载《杨仲弘诗集》397 首中,题画诗也占 64 首;揭傒斯《揭文安公集》292 首中,题画诗占 76 首,比例都极高。内中且多表达逸士人生观之作,如赵题李仲宾野竹:"偃蹇高人意,萧疏旷士风。无心上霄汉,混迹向蒿蓬",即为其一端。《石洲诗话》说:"元人自柯敬仲、王元章、倪元镇、黄子久、吴仲圭,每用小诗自题其画,极多佳制。此外,诸家题画绝句之佳者,指不胜屈。"确实!

但明胡应麟《诗薮》发现:"胜国诸名胜留神绘事,故歌行绝句凡为染翰,作者靡不精工……至登山临水、真景目前,却不能著语形容!"

古来山水题咏,如谢灵运、王维、柳宗元,都是真山真水的游历所得。画山水,理论上是山水的摹本。故题画中山水,应是诗人根据他对真山水的体会,移来欣赏画中山水;或以对真山水的认知为基础,来品味画里山川。诗人须是登高能赋,始能以其观山临水之感,移以题此画中山水。可是元人恰是相反的。胡氏说:"如谢康乐五言古、五中允五言绝,皆闲远幽深,读之如画,乃元世无一篇近者。"古人写真山水,读起来如画;元人却是咏画山水如真,面对真山水倒写不出来。

这奇特的情况,岂不说明了元人的真世界其实正在那笔墨创造的假世界之中吗?隐者不但在具体的生活上要远离人世,其心境亦与人世隔离甚或背反,活在另一个世界中。由那个世界回头看人间世,反觉得人世一切都显得无聊、无意义、徒然。连现实世界的山山水水,也失去了美感,或已不能激发诗人之想象与美感了,何况其他事务?诗之多山林隐遁气息、画之多林泉高致,逸士高人,接踵而起,均由于此一心态使然。

居此世,回看人间,便是隔岸观火式的。对人间的成败是非,隔着静静地看。于是就出现了一个过去文学史上没有的主题或意象:渔樵闲话。白朴《庆东原》:"忘忧草、含笑花,劝君闻早冠宜挂。那里也能言陆贾、那里也良谋子牙、那里也豪气张华,千古是非心,一夕渔樵话。"渔樵,即隐居山水间的两种人,他们活在人世之外,或在山巅,或在水涯,"黄芦岸,白苹渡口,绿杨堤,红蓼滩头。虽无刎颈交,却有忘机友。点秋江、白鹭沙鸥,傲杀人间万户侯,不识字烟波钓叟"(白朴《沈醉东风·渔父》)。因完全不落入人间的机栝中,所以才能看出人间的苍凉与虚幻。

人间的盛衰兴废、王图霸业、英雄美人,在他们来说,只不过像看了一场戏。看完了,阅尽兴亡,在闲暇时彼此聊聊,所以说是"闲话"。闲时话之,虽话亦闲。因为事不关己,隔离式的观点,并不会把自己卷入其中,故有感喟,却无爱憎。任昱《沉醉东风》云:"有待江山信美,无情岁月相催,东里来,西邻醉,听渔樵讲些兴废。"看人生,如看戏、听说故事;看山水则如看画。渐渐地,看画、看戏变成了真实的人生,对那原先的人生现世反而隔膜了。元代文坛多逸人、高士、僧道,良有以也。而且,细细想来,那些遗民,或抱持遗经、讲诵以存古道的儒者,不也是寄心于另一世界,跟现世有隔的吗?在人生之外旁观,偶尔闲话渔樵,便形成了元代诗画的一个特色。这就是"旁观"。

丙、心物合一

(一)心观

通过以上的分析,我们可以看到"观"由观物、观象、观法、观山川、观形法、观德,然后到内观,观心,观我们的情感,"观山则情满于山,观水则意溢于水"。慢慢地,写真的跟写假的两者融合在一起了。

这时,我们就要重新回到王微的《叙画》。

南朝刘宋王微这篇《叙画》首先回到《易经》,说:"以图画非止艺行。成当与《易》象同体。而工篆隶者,自以书巧为高。欲其并辨藻绘,核其攸同。"图画不应只是技艺。

不是技艺,就是东坡所谓不当以画工论的意思。画工讲究形似,讲究造形本领,刻画外在景物,真正的画,关键却不在形势而在心:"夫言绘画者,竟求容势而已。且古人之作画也,非以案城域,辨方州,标镇阜,划浸流。本乎形者融灵,而动者变心也。灵亡所见,故所托不动。"(王微《叙画》)

所以画画不当观之以术,而须观之以心:"目有所极,故所见不周。于是乎以一管之笔,拟太虚之体;以判躯之状,画寸眸之明。曲以为嵩高,趣以为方丈,以叕之画,齐乎太华。枉之点,表夫隆准。眉额颊辅,若晏笑兮;孤岩郁秀,若吐云兮。横变纵化,故动生焉,前矩后方,(而灵)出焉。然后宫观舟车,器以类聚;犬马禽鱼,物以状分。此画之致也。"

这是说若想观天地之大,只靠眼睛是不行的,要靠心灵的作用。此作用,刘勰《文心雕龙》称为神思,他称为"神明"。

(二)写生

神明降之,功夫偏于内。写生之本领则似偏于外。因为"写生"一词指直接以实物或风景为对象进行描绘的作画方式。宋范镇《纪事》卷四:"又有赵昌者,汉州人,善画花,每晨朝露下时,绕栏槛谛玩,手中调采色写之,自号写生赵昌。"明《徐氏笔精》:"惟元倪瓒辈始喜写生,脱画家蹊径。"讲的都是这种对物刻画的功夫。

但写生也指写出生意,把对象写活,写出他的精神。苏轼《书鄢陵王主簿所画折枝》诗之一："边鸾雀写生,赵昌花传神",即是如此。

故写生一方面是写真,有针对物体描绘的含义,可是也会有跟外物形象不完全吻合的情况,以我精神,发彼性灵。所以写生不是写实,它是虚实之间心物融合的结果。

(三)一画

石涛也谈过写生的问题。之前提到石涛"搜尽奇峰打草稿",看起来是要写实的,可实际上又不是写实。石涛在《画语录》中论"一画"就说一切画的来源不在外物,而在内心,从心而出。故所有的画都是"一画",从一流出。一是心,也是道,我们要回到这里:"太古无法,太朴不散。太朴一散而法立矣。法于何立?立于一画。一画者,众有之本,万象之根;见用于神,藏用于人,而世人不知,所以一画之法,乃自我立。立一画之法者,盖以无法生有法,以有法贯众法也……未能深入其理,曲尽其态,终未得一画之洪规也。行远登高,悉起肤寸。此一画收尽鸿蒙之外,即亿万万笔墨,未有不始于此而终于此,惟听人之握取之耳。人能以一画具体而微,意明笔透……用无不神而法无不贯也,理无不入而态无不尽也。信手一挥,山川、人物、鸟兽、草木、池榭、楼台,取形用势,写生揣意,运情摹景,显露隐含,人不见其画之成,画不违其心之用。盖自太朴散而一画之法立矣。一画之法立而万物著矣。我故曰:吾道一以贯之。"

取形用势,写生揣意,一切看起来是对万物之捕捉者,其实皆心之用也。但他这是由笔法上说,万千画法收归于一,而一画又生于我,由我所立。

(四)以物观物

今人论画,喜欢征引唐人"外师造化,中得心源"云云,不知这个讲法仍是内外隔断的,尚未见道。但即使如石涛这般论述,亦只是摄外归内,内外未融,心物不能合一。

这就该注意邵雍《观物内外篇》了。其《内篇》提到"以物观物,性也;以我观物,情也"。在中国传统思想里,性是先天,情是后天的感物而动。修养功夫,就是回归于性,由情返性。观法中,感物而动,"观山则情满于山,观水则意溢于水",是人受了物的牵引;心生万法,变化万千,则是"物物皆著我之色彩",都仍是情而不是性。只有既不是我来观物,也不是我来作画,而是物体自然呈现,这才叫作以物观物。无我执,亦无法执,回归先天本然,真成物我合一之境。

这种境界,在艺术上是否可能呢?

前些年比较文学学者叶维廉先生曾提出"纯山水诗"的说法。他选取的,就是邵雍"以物观物"的概念,并和道家思想中的"心斋"、"坐忘"、"丧我"、"饮之太和"相结合,提出"去除知性干扰的"、任物"自然兴现"的纯山水诗理论。

过去,王国维曾认为"泪眼问花花不语,乱红飞过秋千去"是以我之色彩染于物身,是有我之境,以我观物;"悠然见南山"则是无我之境,以物观物。叶先生的区分也与之相似。其理论主要有两个重点:一是从观物感物形态上看,要尽量地排除知性干扰;二是从语言表达策略上说,要剔除叙述性的语言和演绎性、分析性、说明性的语态。以使"自然"能以其本样呈现。具体解说时,他主要以王维等唐人诗为例证,理论则多参考严羽《沧浪诗话》。另外则深受胡塞尔现象学和艾略特"压缩方法"的启发。

这个"纯山水诗"的想法可不可以作为未来发展"纯山水画"的一个途径呢?我不知道,只知山水画方面,目前似乎还欠缺这样的理论探索!故提供各种"观"给各位参考,希望对大家有点帮助。

日本雅乐概况

日本雅乐，一般当然都说是中国古乐之遗，属于"礼失求诸野"的那种。但其实与中国雅乐不是同一概念。

这 20 年来，我在中国台湾和大陆推广雅乐，常有人来问日本雅乐如何，或以日本雅乐来绳度我们恢复的雅乐，辩不胜辩。为了稍做说明，故迻译了这篇文章以供参考。文系寺内直子《雅乐を聴く：响きの庭への诱い》第一章，2001 年岩波书店出版。请先读，再看我译后的说明。

若问雅乐是什么，回答起来还真不容易。雅乐是日本音乐与艺能史中最早登场的项目，含有丰富的仪式性。几经历史洗汰，如今之雅乐，包涵起源于本土的神道系歌舞；中国传来的各类器乐合奏音乐；有音乐伴奏、戴着异国风情的面具及华丽装束演出的舞乐，等等。但狭义的雅乐，仍专指渡海传来的乐舞，在日本诸艺能中特具异彩。日本音乐与艺能中，歌语以少数音乐伴奏的，称为"声之艺能"；与多种乐器合奏的不属一类，唯雅乐例外。

雅乐表现形式,是宫廷贵族长年累月仪式化之结果,多在宫中或寺社礼仪场合使用,配合仪式,庄严神圣。但在这总体仪式感之中,它又仍有各个不同美感样式。下面我就简单对雅乐的音乐、歌词、舞蹈诸特征及历史轨迹略做说明。

一、雅乐释词

"雅乐"一词,指中国古代依孔门礼乐思想而形成的音乐,正声配以正行。正,代表中正和平之秩序,若国家衰乱,人行不端,乐音自亦邪乱,所谓"亡国之音哀以思"也。历代皇帝对此均极重视,正乐律,被视为国家管理之一重大事务。

这是因为中国知识人教养以六艺为内容,六艺者,礼、乐、射、御、书、数是也。礼乐居其首,可见此事在中国人心目中之地位,亦为政教攸关之事。故"雅乐"具体指的就是:依据儒家礼乐思想,实践表现于祭祀天地神祇及祖先的仪式音乐。

儒教的雅乐,是歌、舞和多种乐器合奏的音乐,分上下两部,称为堂上登歌、堂下乐。依宋代马端临《文献通考》(1317)之考证,唐代堂上登歌是用琴瑟来配合歌唱,堂下器乐演奏则有钟、磬、琴、瑟、笙、簴、钥、箫、埙、柷、拊、搏、建鼓、应鼓、朔鼓、灵鼓、灵鼗、雷鼓、雷鼗、路鼗、鼗鼓等。跳着佾舞,手持雉尾与笛的是文舞,若持斨与斧就是武舞了。

中国的这套雅乐形式与礼制,影响了周边所有地区。像韩国的雅乐就是中国宋代传过去的。在朝鲜末期的李朝时期颇获发扬。日本殖民统治时期(1910—1945),这套乐制直接归日本官内省管辖。韩国独立以后，韩国国立国乐院也继续继承着这种传统艺术音乐。首都市内现在仍有安置历代君王牌位的宗庙、祭祀孔子的文庙，春秋以雅乐致祭。其用乐，编钟十六个为一组，编磬也是十六枚，还有用棒子击打箱底的柷，与老虎背上一排竹子，可用来刮奏的敔等。

二、中国的燕（宴）乐、俗乐、胡乐

在中国，雅乐之另一方，是世俗音乐，一般即称为俗乐。这些俗乐，有许多是经由"丝路"，自西域传入中原地区的胡乐。唐代俗乐，便属于这种胡汉融合的音乐。宫廷宴飨则用燕乐。唐初燕乐，有清乐伎、西凉伎（甘肃省）、高丽伎（高句丽）、天竺伎（印度）、龟兹伎、疏勒伎、安国伎、康国伎、高昌伎十种，又称为"十部伎"。清乐伎是俗乐，西凉伎以下均属胡乐，它们的乐器也是中原本土与周边民族杂混的，地域色彩极其丰富，比雅乐还繁杂。有筝、笙、笛、卧箜篌、阮咸、方响、尺八、琵琶（以上俗乐器）；琵琶、竖箜篌、筚篥、箫、五弦琵琶、腰鼓、鸡娄鼓、答腊鼓（揩鼓）、铜钹（以上胡乐器）。这些，大抵也渡海来到了日本。

三、日本的歌舞

日本自古就与中国交流，文化输入甚多。6世纪时，朝鲜半岛音乐传来之事，还记载于《古事记》中。7世纪以后，遣隋使、遣唐使络绎于途，中国艺能更是大规模传入。

当然，在中国艺能尚未传入之前，日本列岛本来也有歌舞。

弥生时代、古坟时代出土的埴轮、铃等遗物，以及奈良时代、平安时代一些故事书的记载，如《续日本纪》《东大寺要录》《正仓院文书》《令集解》《类聚三代格》《内里式》《贞观仪式》《西宫记》《北山抄》《江家次第》等，均可以看到许多。有神乐、久米舞、五节舞、田舞、东游、倭（和）舞、大歌、吉志舞、盾伏舞、筑紫舞、诸县舞、国栖歌笛、隼人等各种艺能在宫廷中演出。

其中筑紫舞、诸县舞、国栖歌笛、隼人，也在服属大和朝廷的地方豪族处演出。如奈良吉野地方，即有国栖的遗存，隼人则在南九州岛还有。另外，神乐、东游、倭舞、久米舞、五节舞（大歌），于今亦尚存在。

御神乐，是宫中传承的乐舞，规格较高，与全国各地施行的里神乐不同，故特称为御神乐。目前每年12月在皇宫神座前都还会举行御神乐之仪演出，是规模盛大的活动，内容可分为净场、神降、神作、神去四大部分。宫内厅乐部现在演出时，在执行长的指挥下，以神乐笛、筚篥、和琴、笏拍子伴奏，曲目分别为：

净场：庭燎、阿知女作法

神来（采物）：榊、币、韩神

神作：荐枕、志都也、矶等、筱波、千岁、早歌

神去：吉利吉利、得钱子、木棉作、朝仓、其驹

这个次序大约是11世纪时定的，平安时代则要比现在的曲目多一倍呢！

东游，东国（骏河国）原是地方艺术，后来被吸收进宫中的。倭（和）舞则是大和地方的。现在宫里春分秋分举行皇灵祭，祀拜皇室先祖，下鸭神社、春日大社、石清水八幡宫、鹤冈八幡宫、冰川神社等地也配合之。以一歌、二歌、骏河歌、求子歌、大比礼

歌等复数歌曲形成组曲，骏河歌、求子歌还配了舞，以高丽笛、筚篥、和琴、笏拍来伴奏。

相对于倭舞、东国、骏河地方的歌舞和畿内大和地方的歌舞艺能，宫中11月行镇魂祭，奏《大直日歌》，伴以《倭歌》之舞。镇魂祭，是指太阳之力在一年冬至季节时衰弱了，故要把天皇之灵性活化之谓，镇魂实为振魂。伴奏用的是龙笛、筚篥、笏拍子等。

久米舞与五节舞，现在于天皇即位的大尝会上演出。久米舞，由久米歌的复数歌曲组成，舞者着宫中武官装束，中途会拔出太刀来舞动。歌词是描述天皇家祖先平定地方豪族后胜利祝寿之情状。由古代入仕大和朝廷的久留米部人传承着。

五节舞，以《太歌》伴奏，由未婚女性着"十二单"跳舞。平安初期，僧正遍照（良岑宗贞）曾作诗云："天之风云通路吹，舞姿宛转"，以歌咏六歌仙中一位舞姬。这舞姬就是跳五节舞的。久米舞、五节舞都用龙笛、筚篥、和琴、笏拍子伴奏。

诔歌，是天皇及皇后葬仪时用的追悼歌曲。曲子是《古事记》记载倭建命薨去之际咏的四首古歌谣，用和琴、笏拍子伴奏，旋律如1912年明治天皇大丧时的曲子。

四、传来的歌舞

七八世纪时，日本与中国交流愈趋密切，朝鲜半岛和中国之艺能传入者甚多。最早，国内开始教习传来的吴乐，称为伎乐，用笛、钲、腰鼓（吴鼓）伴奏，是戴面具的舞剧。612年始由百济人味摩之、大和樱井教习传授。镰仓时代，在诸寺庙演出，奈良一部分寺院行事中也有，幕府末期才渐废。目前法隆寺、东大寺、正仓院都还有许多伎乐面具宝物遗存,由东京国立博物馆法隆寺宝物馆、宫内厅正仓院事务所具体管理。镰仓时代的乐书《教训抄》(狛近真撰,1233年),对其演出曲目有所记录。

朝鲜半岛,古称三韩,包括新罗、百济、高丽,其乐舞之详,今已不可得而知,据701年大宝令制立的国家机关雅乐寮之相关记录,新罗琴与筌篌在东大寺及正仓院宝物遗存中仍有之。这些朝鲜半岛上的音乐,在平安时代,与渤海国(朝鲜半岛北部)传来的乐舞统合起来,总称为高丽乐。

中国及中国东南一带兴起的歌舞,则在隋唐时期随燕乐大量传入,迄今还传承着多种曲目。依752年东大寺大佛开光供养记录《东大寺要录》所记,奈良时代唐乐即有唐古乐、唐中乐、唐新乐、唐女儛之别。而起源于东南亚的林邑乐、度罗乐也于唐时传来。林邑乐乃今日缅甸高棉之乐舞,度罗乐则究竟在什么地方仍有争议。

据雅乐寮之相关记录,9世纪中期左右传来的唐乐有歌、舞、横笛、尺八、排箫、筚篥、笙、筌篌、琵琶、筝、方响、鼓。正仓院收藏之乐器还有竽、阮咸、五弦琵琶(正仓院还有朝鲜半岛系乐器新罗琴,中国文人喜欢的独奏乐器七弦琴、日本固有的和琴、唐三彩磁鼓俑、吴鼓伎乐俑等)。

今日唐乐所用韶笛、筚篥、笙、琵琶、筝、太鼓、钲鼓、羯鼓,高丽乐所用高丽笛、筚篥、太鼓、钲鼓、三鼓,在奈良及平安时期均已广为施用了。推测东大寺大佛开光供养会上就表演过日本内外乐舞的盛大场面。

中国另外的踏歌散乐当然也颇有传入。各地踏歌乃巫祝意味甚强的集体舞蹈,目前云南省少数民族仍传承着这种男女踏歌轮踊之舞。于 7 世纪末传来。

平安期宫廷中,正月十四日男踏歌,正月十六日女踏歌分别演出。前者 10 世纪后半叶废绝了。后者于江户时代末期断绝。早期朝廷对此是置有专门之散乐户以保存其技艺的,奈良时代末期废止,乐工只在民间农耕礼仪上演出,后来田乐、猿乐成立后,遂寄托了一部分于其中。

四、平安时代的变化

日本吸收外来文化之特点在于善加融合,变成日本人适合的样貌,雅乐的情况也一样。

平安时代,日本人把传入的唐乐、高丽乐汰选整理后,约 9 世纪中叶,采唐乐旋律配以歌词而形成之新声乐流行于贵族间,仁明天皇(810—850)时代还一度以制度来实现这种分判,史称"仁明乐制改革"。

也就是说,传入的音乐,刺激催生了本土的创作……

9 世纪中,还出现一种新声乐:催马乐与朗咏。

催马乐是日本语和歌的变形,旋律采用唐乐与高丽乐样式,词则新配,伴奏用笙、筚篥、龙笛、琵琶、筝,主唱者用笏拍子,由贵族手各持其半拍击之,是两枚木片拍打着唱的。

朗咏则是唱汉诗,以笙、筚篥、龙笛伴奏,以汉诗训读的读音来唱。

据考证,平安朝后期,催马乐约有 50 曲,详《三五要录》、《仁智要录》;朗咏 14 曲,颇有人以"郢曲"称之。

译后说明:

中国雅乐,是相对于俗乐、胡乐而说的,指中国古代固有且非流行于民间之宗庙祭祀音乐及朝廷乐章,也指其格调高雅、不媚流俗。在日本,雅乐却是泛指古典音乐,而且不只是由中国传入的唐乐,还有朝鲜半岛及东南亚之音乐。

当然,在这些音乐传入日本时,日本本土音乐相对来说,只属俗乐,故此类音乐皆可蒙"雅乐"之称。然而自后世视之,日本本土之古俗乐也仍是雅的。故均并称为雅乐了(此理与我国《诗经》中之十五国风、《楚辞》虽多只是地方风谣,但因都属上古遗音,故后世一并视为雅乐是相同的)。

所以日本雅乐既有本土古曲也有外来古乐,外来之范围尤不限于中土。

中国乐之传入,《日本书记》称推古天皇二十年(隋炀帝大业八年):"百济归化人味摩之自吴国学得伎乐舞",故乃隋时南方之伎乐,并非朝庙乐章。据《教训抄》考之,是一种喜剧舞蹈,故与雅乐更远了。镰仓时期兴福寺佛生会之伎乐有《吴公》、《迦楼罗》、《婆罗门》、《昆仑》、《力士》、《大孤》、《醉胡》、《武德乐》八曲。与圣武天皇时法隆寺的《资财账》所登录之十一曲相较,少了《师子子》、《治道》、《金刚》三曲。可是无论哪一种,都显示了当时所传,除《武德乐》勉强可算雅乐外,余均为胡乐。

另外,林邑乐虽传自东南亚,但与唐乐关系密切,唐乐中迦陵频、菩萨、陪胪、拔头四曲据说原本就是林邑乐,而显然也非中国之所谓雅乐。

而散乐是规模较小的歌舞或杂伎,多胡乐,《兰陵王》、《胡饮酒》、《安摩》、《万秋乐》四曲林邑乐即属此。至于《剑气浑脱》、《轮鼓浑脱》,则是由正乐中摘出来的散乐。

正因为如此,日本雅乐之乐器才会兼容并包琵琶、篳篥、筝、高丽笛、百济琴等。

在演出时,往往同时演出唐乐与高丽乐,唐乐在左,高丽乐在右。左以红色为主,右以青色为主。左右交替称为"番舞",左右对答名为"答舞"。另有文舞武舞之分。武舞持剑盾,着挂铠,《秦王》、《散手》、《皇帝》、《陪胪》、《太平乐》五曲属之,余为文舞,这则是本于我国的。

要再稍予补充的是朗咏的问题。朗咏是在日本发展起来的,也被视为雅乐之一部分。乃是以日语诵读汉诗,后来又吟和歌等,类似我国古代人吟咏诗篇;配上一定节奏旋律,且有龙笛、笙篥、笙等乐器伴奏的型态。唯咏唱时没节拍,音高也不固定,有时还会配上剑舞或扇舞。

朗咏又称吟咏、吟道、诗吟。江户时最盛,私塾与藩校颇采此调以教学,日田的咸宜园、江户的昌平黉之吟诵法更被推广予各处,且另分化成各流派。情况跟我国有各地不同的吟诵声腔类似。至今这种吟诗团体更有脱离雅乐独立发展之势,著名者有鹭惠会、鹏泉会、锦城会、岳风会等,还有英洲流、卧风流、早旦流、米泽流诸流派。据说仅哲泉流日本吟咏协会在全国便有五百余处教室,有不少还是战后才兴起的,可见其生命力。

我在今年春天旅游日本时,还买了一册日本诗吟诗学院岳风会所编《吟咏教本》,内分汉诗篇;和歌、今样、俳句、新体诗篇。

雅乐与年中行事

日本的雅乐，一般说，当然说是活化石，是中国古代雅乐的传承，是足以令中国人汗颜之古乐。但事实上它是日本古代音乐的统称，内容包括唐、天竺、林邑、高丽、新罗等地传入日本之音乐，以及依此渊源而创作之曲与舞。由于它整体上都使用雅乐乐器、依循雅乐的法则、旋律、演奏法，故与后来受西方影响的音乐体系不同。

但最主要的不同，恐怕还不在乐器和演奏法这类"技"与"器"的层面，而在其精神领域。雅乐主要用于祭飨等礼仪场合，具有神圣性，要体现人们对事、对尊长、对鬼神的敬意，还要体现人的活动是与天地运行之道相结合着的。故是天道伦常之乐，非世俗之声。在西方，只有圣乐可以比拟，但圣乐又不用于人事，故仍与雅乐不同。

在日本，一般学习雅乐者，均教之以五常之曲（即仁、义、礼、智、信，五德之乐），就是这个缘故。

这种音声与五行、五德、五常相配之观念，是由中国而来的。中国音乐强调天人和会，宫商角徵羽，配木火土金水，也配肝心脾肺肾、目舌口鼻耳、春夏秋冬。故春属木，音乐当用角调；夏属火，音乐用徵调等。以此类推，形成《黄帝内经》所说"五音疗疾"之体系。

此一体系也是雅乐所依循的内在原理。因此年中行事必选择适当之乐曲，以之祭祀宴飨。

倒是中国人现在对于这种天人合德的礼乐文化思维却早已淡忘了，过年过节都不知该怎么过，偶尔过节办活动、做庆典，也不知如何用礼用乐，大喇叭胡放乱播一通，春行秋令，夏有冬声，不讲时则，不合规矩。

故下面我选译一篇日本人东仪俊美《雅乐神韵》的文章供大家参考(平成十一年,邑心文库)。中国古时月令用乐行礼之旧式,仿佛可以借此揣想之。

自平安时代以来,凡节会、宴乐、祭祀均须雅乐伴奏以添容色。但其曲目及音调须配合时令行事而为。

元正

元旦节会时,乐用双调,曲用《胡饮酒破》、《酒胡子》。这两曲是乐人站在庭子里奏的,称为立乐。

临时客

自平安朝开始,一年方始时,都会招大臣上殿飨宴,名曰"临时"。这是例行的大飨,由皇太后宫及中宫操办,乐曲无固定。

白马节会

是正月七日,天皇在右马寮引马来见之仪式。由丰乐院、紫宸殿操办。弘仁二年(811)开始举行。其原因是以马为日兽,春天的颜色又是青,故取"青阳见则邪气消"之意而为此典礼。此礼也是由中国大陆输入的,不过古时用青马,至延长年间(923—931)却已改为白马了。此礼于平安末期开始衰微,马数由21匹依次递减,应仁乱后遂绝,代之以七草节会。

调用平调。曲则例年一般奏《三台盐》、《鸡德》。

上元

上元、中元、下元合称三元。上元于正月十五日,这天要喝七谷粥(米、大豆、小豆、栗、粟、柿、小角豆煮成)。

卯杖

去除邪气的杖。正月上卯日,大学寮、诸卫府、大舍人寮都用柊、枣、桃、梅、椿合成的五尺三寸长、以五色丝扎起来的杖子，在天皇中宫、东宫上献。此礼于持统三年（699）开始，平安末期流行。乐由紫宸殿雅乐寮乐人奏之，所奏何曲已不可考。

踏歌节会

是在天皇紫宸殿踏歌供御览之礼，用以赐宴五位以上大臣。

立乐，舞乐左右两方。立乐奏贺殿急、酒胡子或胡饮酒。舞乐演《振铧》、《万岁约》、《延喜乐》、《桃李花》、《登殿乐》、《陵王》、《纳曾利》七曲，以及退出音声的长庆子与盛泽山。

赌弓

正月十八日，由朝廷主持近卫、兵卫舍人射箭仪式，观者可赌物品。赌弓结束后，胜利的一方于大将府邸举行飨宴，又称赌弓还飨。乐舞陵王、纳曾利。

曲水宴

这是中国传统节日，3月3日于水畔潵祓。奈良时代即以流行。摄关时代在贵族府邸中举行。于庭院中，以曲沟引水入，公卿坐于两侧，水上浮着的酒杯流到面前即取之而饮，并以诗歌赋咏其事。此礼于古代甚有名，现今民间也颇复活行事，但因新旧历有些不同，桃花开放有迟早之别。乐奏黄钟调桃李花。

樱宴

观樱之宴。天皇、东宫、中宫、贵族、文人、女房等俱集于紫宸殿、清凉殿，诗歌管弦之。弘仁三年（812）嵯峨天皇御神泉苑时最早举行。

管弦，乐舞两方，颇为盛大，曲目繁多，歌、舞、饮、食终日。

驹率

是每年八月十五（后改为十六日）诸国牧场献马予天皇御览

之礼。曲目为《陵王》、《纳曾利》、《苏芳菲》、《拨头》、《落蹲》、《近卫府冬游》等。

端午

五月五日节，又称重五。乐舞《苏芳菲》、《狛龙》(《废绝曲》)。

竞马

也是五月五的活动。二马竞走。奏打球乐、八仙、庆云乐，退出音声的长庆子。舞者八人、笙七人、筚篥五人、笛六人。弦方人数未载。

菖蒲根合

端午节，宫中以左右所分菖蒲之根长决胜负的游戏。永承六年(1052)记录宫中为此戏，比三次，右方胜，后来主人御笛，内大臣执拍，民部卿和琴，二位中纳言鼓筝，经信卿弹琵琶，定长朝臣吹笙，隆役配役奏筚篥。其所谓主人，盖谓后冷泉天皇也。

七夕

是天皇必参加之活动。奏《秋风乐》、《咸秋乐》(《废绝曲》)等多曲。

相扑节会

每年七月，在宫中召集全国勇士相扑以供御览的活动。平安时期便已流行。据延长六年(928)的记录。奏《三台盐》、《皇仁庭》、《太平乐》、《胡德乐》、《陵王》、《纳曾利》、《还城乐》、《狛犬》八曲。其他节会的记述则多了《拨头》、《剑气》、《裈脱》等曲。其后重阳、仲秋、立冬诸行事大抵皆依次而损益之。

亥子

十月亥子亥刻食饼除百病、祈求子孙昌繁的仪式。以猪为吉祥物，因其象征多子多孙也。乐用庆云乐。

菊合

把人分为左右两方,比赛簪花选美之游戏。以歌添趣。曲用万岁乐、太平乐、石川、长保乐。

子祭

十一月子日举行。用林歌,有管乐器、打击乐器,奏一弦筝。机上置大黑像,夜半时奉供祭物。筝奏者一人,奏林歌及合欢盐。

以上是岁时行事用乐情况。另外,许多曲子还有特定用途:

去恶虫子曲(《甘州》、《裹头乐》、《还城乐》)

避邪祟之曲(《剑气》、《裈脱》、《苏合》四帖只拍子)

天变诗奏曲(《苏芳菲》、《拨头》)

祈雨之曲(《河水乐》、《陵王》、《青海波》、《胡饮酒》)

逆乱祈平之乐(《安世乐》。天庆二年、西元938年,平将门反叛时,即奏此以祈太平)

天皇祈祷之曲(《五常乐》、《感恩多》、《声名乐》)

译后说明:

日本嵯峨天皇弘仁十二年(821)《内里抄》开始规定宫中岁时行事须奏雅乐。而选曲用乐之基础,一是季节节日,二是去恶疫、辟邪气,三是四季移乐。这些都本于中国古代思想,只不过在什么场合、什么事件上用舞、用乐仍有其自身之考量与原因,与中国颇不相同。

有些曲子是日本人作的,例如《胡饮酒》。舞是大户真绳,乐是大户清上作;拾翠乐急,坚物赖吉作;《轮台·青海波》,舞大纳言良岑安世卿作,乐和迩部大田么作,均见《教训抄》。

乐器之变化也很大。正仓院藏由中国传入之乐器,如竖箜篌、五弦琵琶、方响、尺八、阮咸、七弦琴、腰鼓,现在日本雅乐已不用了。其中神乐歌部分,用和琴、神乐笛、筚篥、笏拍子。东游部分,用和琴、高丽笛、筚篥、笏拍子。久米歌部分,用和琴、龙笛、筚篥、笏拍子。以上为第一类,统称"国风歌舞"。其次为管弦,管用笙、筚篥、龙笛;弦用琵琶与筝;打击乐用羯鼓、太鼓、钲鼓。至于舞乐,左舞与管弦相同,右舞用高丽笛、筚篥、三弦、太鼓、钲鼓。旧时文献上记载的卧箜篌、大角、小角、振鼓、白盘、铜钵子,现今已不见使用了。更别说唐人流行的凤首箜篌、大筚篥、桃皮筚篥、毛员鼓、娄鼓、少鼓、齐鼓、檐鼓、铜钹了。

显然当时虽入唐求法,但整体舞与乐之规模要小许多,再加上若干自创之乐舞,自然就与中土雅乐颇有差异了。

这其中,《纳曾利》、《胡德乐》、《胡饮酒》、《陵王》都是面具舞。

《纳曾利》是右舞,二人边走边跳,面具作龙形,绿青色底,银目,上下各有二牙突出口上,金发,髭逆生。又名双龙舞,据云由"落蹲"演变而来,在《枕草子》中已有落蹲二人舞之记载,江户时代天王寺圣灵会诗则有二人舞或一人舞,曲目都用《纳曾利》。

《胡德乐》,右舞,作笑面,有三种类型,一是藏面。这舞共六人登场,四人舞、一人持瓶、一人劝杯,做主人招待客人状。故首先是藏面。面纵长,以墨画目鼻口,面扁平。取酒,舞者相与戏笑。然后是肿面。黑地、肿面、开口,表示酒醉了,戏乐更甚。最后是笑面。开口、高鹫长鼻,表演酒足饭饱,鼻子左右甩动。

《胡饮酒》,左舞,也是拟状胡人醉酒,浓茶色地,眉目上吊、大鼻子、茶色长发两边分披下来,表示喝醉了非常愉快,手持桴,游走于舞台上,如醉客持杯也。

《陵王》则不用说了,乃著名兰陵王戴假面入阵破敌故事之演绎。

日本雅乐中,这种戴面具的还很多,著名的有《苏莫者》、《八仙》、《采桑老》、《绫切》、《散手》等。其中《八仙》非我国流行的八仙故事与形象,乃四人对舞,左右各四人,故曰"八仙"。面目类鹤头,浓绀地、黑金目、尖鼻长嘴如鸟形,鼻端还挂一小铃。

《苏莫者》,即我国通称之《苏幕遮》,但是猿面金发,象山神出行,吹笛而舞,与我国似乎不一样。

另外,与《陵王》、《纳曾利》这类具有勇武意味相似之乐舞,在武舞中颇不少。如相扑节会时奏的太平乐,即武舞。日本武舞中有五大破阵乐,含《皇帝破阵乐》、《演项庄舞剑故事》、《秦王破阵乐》、《散手破阵乐》、《赔胪破阵乐》、《武将破阵乐》。太平乐却又不同,乃大曲,有破有急。破,持钅卓而舞;急,拔太刀而舞。四人合舞,铠甲全备。

关于民艺

2015年9月26日在济南银座泉城大酒店,由《诗书画》杂志社寒碧先生主持了一场对潘鲁生先生民艺展的讨论会,发言盈庭,胜义纷呈。我亦略贡管见,以献刍荛。

在我们举行这次研讨会之际,社会上也正对民艺以及中国美术学院建的民艺博物馆有些争议。这争论很有意思,跟我们的研讨会刚好可以结合起来看。

怎么说呢?在学院里,民艺作为一门学科,进行学科建设已经好多年了,那么在高校中建一个民艺博物馆,不也很好吗?可是竟然引起了争议,显然民艺这门学科或关于民艺这件事,在我们学术界,还并不是一个热门的项目,甚至还没有真正获得认同,大家没有较一致的看法。中国美院副教授朱叶青大骂他们学校的民艺博物馆,其质疑也非全无道理。起码显示了民艺的性质与它如何展示,确实还有很多问题需要理清。

首先,现在我们去调查,乡下还剩下一些锅碗瓢盆等家常日用器物。这些东西如果不收集起来,当然很快就没有了。但这些破铜烂铁,我们把它拿回来盖一座很漂亮的博物馆,展示起来,所费的资源值得吗?

拿回来的东西,你说它非常珍贵,但其实在乡下还是很多的,大家也不一定在意。城市里的古旧市场、古玩铺上也有很多类似的。这些东西若统统要收,博物馆的标准到底在哪?

再者,民艺馆所收的生活用品,从艺术角度看,多半粗糙,艺术性不足,主要是实用功能,跟大部分博物馆、美术馆颇有差距。

此外,中国的民艺跟在日本谈民艺还不一样。日本有民间的具体传承,家族式的、长期的传承体系,我们的民艺,只是散的存在,是民间广泛的过去的一种生活方式。如果我们要保存一种过去的生活方式,那么,所有的博物馆可说都是在保存历代的生活方式。既然如此,我们有必要把这一段单独拉出来说这个就叫作民艺吗?古人的生活方式,比如我们看汉画像石、汉砖,那些也是民艺呀!换言之,民艺跟一般博物馆到底有何区别?为什么我们把清末到现在这一段单独拉出来,跟整个中国艺术史切割开处理?

由以上的质疑继续深入下去,我就想提到寒碧先生的讲法。他认为我们现在谈民艺,必须要区别于两个方向,一个是要跟民俗(就是当年北大开启的民歌调查、民间传说、乡土神话与故事等的记录,还有民间的文艺作品)区分开来;二要跟大众主义区分开来。

这个区分很有意思,为什么呢?因为民艺这概念或学科,起于日本。而日本谈民艺,民艺作为一门学科或者一个思想领域,恰好也是跟另外一个领域切割开的。什么领域呢?民俗学!

"民俗"这个词,应该指的就是民间的风俗,民间所有的东西。可是柳田国男等人所开创的民俗学里恰好就没有手工艺。它什么都有,民间的精灵、河童、天鬼传说、各种祭祀,什么东西都谈,但就是不谈手工艺。

而柳宗悦谈的民艺,却又是不包括其他东西的。像民间有音乐,有戏曲,有祭祀,有传说,有说唱,可是柳宗悦所谈,这些却都切掉了,他只谈手工艺。这样谈手工艺其实是很窄很窄的。

更特别的是他所谓的民艺只是杯子、椅子这些小东西。可是我们知道,在民间,鲁班传统的木工主要是大型民居造作,而不是那些小件。柳宗悦却不谈这些。

一是我们平常所讲的民俗学把手工艺部分丢开了;一是讲民艺的时候,又不涉及民俗的广阔领域。于是现在各大学民艺科系在谈民艺时,其实只是从民间的生活世界中切割了一小块,单独来看。

因此,民艺这个"民"字,其实就很难理解。第一,它不是所有的民间的东西,只是民间中一小部分与美术相关的;第二,我们如果说民艺是民间的,那这个"民间"又怎么理解?

比如织布,织布技术各地都有,在山东,有鲁西南民间织锦技艺,有潍坊刺绣,有昌邑市柳疃丝绸技艺,有蓝印花布印染技艺(苍山县大仲村蓝印花布、东明县大屯镇蓝印花布、博兴县锦秋街道办事处蓝印花布),有棒槌花边技艺(临淄花边、青州府花边大套),等等。这些东西,你说它是民间的,但是从技术层面上来讲,有民间跟非民间的差别吗?它又不像南京有江宁织造局,所以所有织、染、刺、绣其实都是民间的,差别只在精粗,若织得很精密,织得好,它就可以成为贡品,成为上层社会甚至宫廷人士所享用的东西。如果材料比较粗糙,技术比较随便,价钱比较低,一般人就都可以用。所以从技术上很难说有一种独立的民间技术。

某些时代,可能宫廷自己掌握了一些技术,但是一般来说技术都是普遍共有的,它只要做得好,就可能被更高阶层的人享用。在山东,像章丘的雕版年画,雕是一批人,印是一批人,分开做,但是根据消费者不同,整个装潢方式不一样,有用宣纸的,有装裱的,当然还有价格比较低的。故我们不能说有一种专属于民间的技术。然而我们现在做民艺展示和研究时,为了显示其民间性,却往往还排斥精雕细琢的,注目于那些粗糙的简陋的。这不是荒谬吗?

还有就是现在我们讲民间民艺,常是相对于现代社会,现代工业技术产品而说。这,从时间上说,民间手工艺跟我们现代有区别,那是一批老的,大概是我们小时候童年所玩的东西,或我们上一辈的人使用的。另外从空间上看,它不存在于都市,主要在农村。从这些区别来说明其民间性,以与现代技术、现代社会,还有现代生活方式相区分,民艺自然可显示为一种传统文化。但这作为一种传统,那到底又有多传统呢?

像现在山东的这许多刺绣或织染,在全国来说,并不算特别出色。全国讲绣艺,都说苏绣、顾绣、湘绣、蜀绣、粤绣等,鲁锦与它们相比,都还是比较粗糙的。最好的鲁锦,其实也是粗布。但如果回到春秋战国,齐鲁之间是丝织品的最主要生产销售地,织绣好得不得了。所以山东现在的艺术表现,恐怕没有太长的历史传统代表性。所以我说,在民艺的这个"民"字上,可能还有一些争论。

再说民艺的"艺"。刚刚我说了,现在讲的民艺,只是民间手工艺。可是若从国家非物质文化遗产的分类来看,它第一大类就是民间文学,另外是音乐、戏曲、舞蹈,还有体育、竞技活动等,这些现在却都不包含在"民艺"的范围。现在涉及的大概只有两部分,一是美术,像高密的扑灰年画,潍坊杨家埠的木版年画;二是一些技艺,比如风筝的制作、雕版、造古筝的技术,潍坊的刺绣、草编、柳编,还有一些做酒、做酱、做德州扒鸡这些吃食的,另外就是中药(像阿胶之类),还有高密铜雕、铜铸,济南的皮影、潍坊的核雕、高密的泥雕、烟台的剪纸、嘉祥的石雕、曲阜的楷木雕,等等。以这个内容来跟我们昨天看到的民艺展览相比,我们就会发现,展览吸纳与展示的东西很少。这次展览,只限神像或卷轴、草编,还有一些织布、绳结,另外就是漆器和瓷器。可见在这么多民间流传的技术中,我们其实有一些选择。

这样选择,到底选择的是实用的还是非实用的?如果回头看看柳宗悦,其实他就并不特别实用。他所提倡的民艺,讲的是工艺之美,希望工艺带有创作性,虽是实用器皿,但要把诚实、自然、朴素等这些美学观带进去。他这样制作的器皿,其实并不是我们常用的日常器皿,而是一种用很虔诚的心、很诚实的态度重新创造出来的,跟一般我们日常使用的器具是有区别的。那么我们现在到底是采取什么样的角度来选择、吸收或表现这些技术?

而且有一些民间技艺,本来就不是日常使用的,比如有一些是伴随着祭祀活动而有的,例如年画。还有一些是文艺活动,只在特殊时日举行,例如端午节做香囊喝雄黄酒。还有一些竞技比赛、娱乐游戏,也是如此。这样的东西,我们怎么来确定这个民艺的"艺"字?把它抽离出原来的社会文化脉络,独赏其艺,真是一个好方法?

第三就是我刚刚说的,从技术上来看,比如做陶,艺术家是这么烧,民间做陶也是这么烧,技术上没有什么区别。然而其区别在哪?可能在于这些民艺它有一种精神性的东西,就是说它有一种趣味。这种趣味可能也有几类,最普遍的一种就是大红大绿的那种俗艳感,是民间工艺品常有的审美趣味。色彩缤纷,其中还带有一种世俗性,如富贵、平安、长寿等世俗心理上的期望。

这种精神性也许应该保存或发扬。可是,就如我介绍过的柳宗悦,他所追求的精神性质,是想从中重新塑造一个日本民族,要让它由生活上来体现他的审美追求。所以他所提出来的民间性,就代表民族的精神导向。同样,今天也有很多人说我们要抢救民间工艺,而抢救民艺,又有一种文化保存的意义。这可能才是构成民艺的核心,如果一定要谈它的精神性,那么就该由此进入。

然而,抢救和发扬的,难道是那种俗艳的趣味或世俗的心愿吗?

我以为不是!恰好相反,只有反民艺之世俗性,才可能让民艺具有一种跟当代对比的意义。——正因为它是前现代,正因为它是农村的,正因为它不具有现代性,所以若重新关注他,就可以从这里面重新产生一种对于当代的技术性的反省,并从这里重新揭扬它的艺术价值。

例如,我们可以问:民间工艺美术,在何种程度上或何种创作关系上,可视为艺术品或当代艺术之一环?

这个问题,在古代较好谈,因为书法之学魏碑、汉刻石、简帛、唐代墓志铭,都是久已通行的办法;绘画则在文人画流行已久以后,也重新去学敦煌(如张大千)或恢复北宗画(如溥心畬)。至于篆刻,典范亦是秦汉的刻铸印。

汉刻石、简帛、印章及魏唐碑志,原先当然都是民间工匠所为,但康有为、于右任、吴昌硕、张裕钊等人学它而写成的字,不能不视为艺术品。张大千、溥心畬之画,也不能不说是很高的艺术。

那些原本只是工艺匠人之作,何以经由这些书画篆刻家之手,却变成了艺术品,且成为当时他们那个时代最具代表性的艺术?

我觉得其关键就在作者身上。无论张大千、于右任、黄牧甫、丁龙泓,原本都不是匠人。他们取精用宏,吸收各种养料,融液而出,自然如蜂酿蜜。即使临摹仿拟匠人之作,其线条气韵,亦能自显其心气性格,与匠人制作截然不同。

其次是距离。因时代悬隔，古代匠人所作，对后代人产生了新的审美距离。当时俗、浅、拙、陋的东西，反而显出了另一种意义。而且由于人不可能超越时代，故古代形成的那种美感，也常成为后人不能企及的典范。

可是当代民间艺术的情况较为复杂，仍存在现代社会角落中的民艺，反而常会因距离问题而感到尴尬。因为民艺之所以被我们注意到，即因它与现代都市生活有距离，属于仅存在于农村、尚未经过现代化洗礼或洗劫之物，或只存在于我们上一代手中与记忆里的东西。这些东西，大多数人视为废物、垃圾、封建残余，少数人才从历史记忆及文化遗产角度重视之。这是时间与空间上的距离。这种距离同时也形成了生活上的距离，日常生活中我们大抵都不会再用这些东西了，故其技术本身也与现代工艺产品有很大的距离。

这些距离，体现的不是会让人产生审美愉悦的距离；恰好相反，它常引起人落后、粗糙、俗气、没文化、不时尚、贫穷等联想及心理感受。

因此，若民艺要转换成为艺术，必须从几方面来。一是调整距离、改换位置。现存民艺因没能入现代化之流而被歧视，这是一个不利的位置。故现今许多人祈求救济，希望获得保护，可是这绝不可能让民艺真正获得地位。应有的位置，乃是倒过来，作为抵抗现代化、批判现代化、反思或对照现代化而存在。

例如现代社会之制造，都是工业科技生产物，所谓现成品，属于规模化、标准化之制造。传统民间手工艺恰好体现了相反的美学观、人与物之关系、人生观等。未来我们应仍继续享用技术物，还是可选择手工艺品呢？当年日本柳宗悦提倡民艺，其实就涉及这个问题。他提倡工艺之美，是要在现实技术品世界之外，另辟一条生活之路。

而我们今天谈民艺,这些民间艺术能不能提炼出一种精神性来?这种精神性,是我们现在发扬民艺的导向,不然,瓶瓶罐罐,什么都是民艺,有什么意义?

柳宗悦讲民艺,有很高的思想,像是推广一项文化运动般。我们做的,虽然也算一种文化艺术,但是成绩还比较低,主要还只是一个历史的记忆问题。借此做点文化保存,简单地说说这个技术怎么样,又怎样传承下来,好像技术保护下来就行,人不要死了,人死了技术就消失了。这太简单了,民艺能不能提炼出一个美的精神上的追求?

乔晓光先生对窗格子曾有一些概括,说窗格子是禁忌和图形纹饰的文化隐喻,这就很好,我们应多朝这些方面去讲。因为民间的瓶瓶罐罐,其实粗陋的较多,就是日本人做的,也不都是非常虔诚、非常诚实、非常朴素地做出来的。所以要重新灌注一种精神力量到制作中去,然后这些东西才能产生一种力量。如果不是这样,光把民间的一些图案、一些色彩都丢到一个陶罐上,就代表我吸收了民间元素吗?其实不是的,所以这可能还需有一些文化的探索。

传统水墨的现代开发

《诗书画》杂志2015年的年度展,命我就社会历史文化方面,由艺术家在纵向的文脉继承及横向的域外艺术联结部分,随意谈谈。

兹事体大,恐怕也难讲得清楚,姑且就水墨人物画所涉及的当代艺术情境略谈两句。

当代水墨,向来是一个"问题"。2014年4月,纽约大都会博物馆策划了一场"水墨艺术:在当下中国的一脉相承"展览。展出者均为中国当红的一线画家,如徐冰、蔡国强、曾梵志、杨福东、邱志杰等。这看起来应该是很重要、很有看头的,然而它却被《纽约时报》评为年度"十大最不值得看的展览"。

为何评价如此之差?芝加哥艺术学院蒋奇谷先生认为原因可能有三:一是这些艺术家只是有名而已,其实却多与水墨无甚关联,很难代表当代水墨之发展。二是把这些艺术家的作品凑在一起,而以这个名目来办展览,背后乃资本运作使然。也就是说,是收藏家借此增益作家及作品之市场价值罢了。这个"资本对艺术的操控"问题,也是整个当代艺术的大问题。三、更深入的,要问中国当代水墨究竟能对西方艺术提出什么新的价值观？如果没有，那么西方人为什么要来看？不受欢迎，也就是必然的。

中国当代水墨到底能对西方艺术提出什么新的东西？

目前似乎还看不到答案，因为整个中国当代艺术基本上就是学西方的，只是人家的模仿者或学习生，然后便以此自称具有国际性、普遍性。

可是水墨毕竟是中国的，中国水墨乃因此而成为当代艺术中真正能具有突破性的突破点。

但不幸的是，传统水墨之现代表现，历来也是争议极多的。一般均认为传统水墨很难表现现代物事，但实际上，传统水墨在山水、花鸟翎毛等题材方面并没什么大问题。现代山水仍是古代那样的山、那样的水，故画山水之方法没道理不能通用于画眼前的山水。花鸟翎毛，情况也一样。问题比较大的是器物和人物。

古人常画宫室等居住空间，也常画文玩清赏之物。今人若要画居住空间，这空间却已改变了，衣服饰器亦已完全不同，如何处理？

人物方面，情况略似。当然，画道释人物毫无问题，今之道释大体仍如古之道释，故无问题。仕女呢？现代的传统水墨画家也仍常画仕女，张大千甚至还画过现代摩登女性，以暗符佛经所谓"摩登伽女"之意，效果也不错。可是大部分仍是成问题的，高跟鞋、晚礼服就不好处理，现代女性意识更难表达。画男人也一样，传统上主要是画高士，现代男人西装革履、T恤牛仔裤，怎么看也不像高士。

从道理上说，从前邵博《邵氏闻见录》即曾记载："司马温公依《礼记》作深衣、冠簪、幅巾、缙带。每出，朝服乘马，用皮匣贮深衣随其后，入独乐园则衣之。尝谓康节曰：'先生可衣此乎？'康节曰：'某为今人，当服今时之衣。'温公叹其言合理。"

古式袍服只在特定时空环境中还可用着，例如作为祭服、礼服或私服。一般常服，历代都用时装，现在当然也是如此，现代水墨自然也应该画时装。只是时装如何表现其美感，仍是一个问题。

而且当代水墨还不只是画古装或画时装的问题，更常有不穿衣的问题，直接画身体。如这次靳卫红基本就是画女性裸体。而裸体在古代水墨中向来是没有的。传统人物画中，部分裸露者只有奴隶、力士、役者、罪犯等。

值得思考的，还不只是上述各点，更在以下各个方面。

一是笔墨技法。

人物画的水墨技法其实较为简略单调。这种简单，由时间上说，宋以后之水墨传统就比它之前简单。张大千之所以要远赴敦煌去临摹六朝隋唐壁画，正因为宋以前之人物画，无论在线条、造型、构图、设色各方面都较丰富。可是宋代以后，把这些都简化了。

简化，是宋以后水墨传统的成就，追求简远之风格，非常有价值、非常珍贵。可是如此之简，今天若要开发，就会觉得资源不足，无多可采。

明代人讲的南宗画，实际上就是非行家，所谓戾家画，笔墨不当行，功力也不受重视。因此水墨技巧之当代开发，在人物画方面，确是较贫乏的。

这种贫乏，就是在宋以后水墨新传统之中也十分明显。例如跟山水比，山水画曾经发展出了许多皴法，人物则无之。顶多画人物之衣冠时，用上一些画松石山骨之法，而且主要是用在罗汉、高士、畸人之类人物身上，以显奇古，因此整体看来是较简单的。

这是线条。造型方面，人物没什么造型可变化，除非画方外、侠客、畸人，但能如八大之鱼、白石之虾蟹、陈白阳之葡萄等，在造型上有些异样新奇者则绝少。

设色构图就更不用说了,宋以后基本上放弃了敷彩,纯用墨色。可是墨分五彩的效果,在人物身上特别不易显现,远不如在山水中。高士或仕女,一般且有程式化之倾向。

换言之,人物画之水墨技巧在现代之开发,其实是最成问题的。原本资源就单薄,更须花大气力去处理。首先是要让其线条更复杂、更深刻。其次是构图,人物之姿态以及人物与空间之配合。古代多将人物放在山水自然之中,或桐阴清昼、或琴台听雨、或萧寺玩月这类较为清雅之境中。这就需画家还同时能有处理山水、器物之本领。现在画人物,多无此本领,故多只是孤立的人物,顶多伴以几案小榻而已,益形单寒。

再说水墨美感的问题。古之水墨,以清微淡远为尚,如虞山派之古琴,讲究雅饬与含蓄。这种美感,一般说来,是与现代艺术背道而驰的。现代艺术大力开发古代艺术所不涉足的俗领域、俗事物、俗情欲,形象也往往不呈现为一般所说的美,而是荒诞、颓废乃至丑怪的。看起来,自然与传统水墨枘凿。

然而,当代艺术对"俗"也不是一味趋奉的。艺术的张力,永远存在对世俗庸俗的迎与拒之间。因此对大众文化的批判,本来也即是当代艺术的精髓所在。这一点,与传统水墨之超越世俗,是异曲同工的。传统水墨的这种态度,在当代,正不妨借鉴或挪用。

因西方无山水画,因此当代艺术在表现时很难从传统水墨山水中转化出什么,可是人物画就容易了,横眉冷睇、不衫不履、兀傲难群、萧然独往、孤灯自馨之类人物画,与今日如李津、靳卫红之类画家笔下,正多可相呼应者。

虽然当代画家这些人物远不如传统水墨那般清奇、那般风雅,显得较为拙丑,可是"丑"事实上也是包含在传统的"雅"里的。古时艺匠常云"以丑为美,以故为新,化俗为雅",或强调生涩,以避甜俗,追求"重、拙、大"的趣味。这种趣味可说是传统诗书画的共同审美追求,而我觉得当代艺术也仍可以继踵于此。

此外就是思想层面的问题。

传统水墨,主要是对人的欲望的处理,使勃发的情欲能得到平复,最终达到冲和。现代艺术则主要是对情欲生命、物欲世界的揭露、张扬与显现,因此两者看来迥异。

然而,我们要注意我们这个民族的文化特点,其实正在于"身体及与身体相关之快感"。这种身体性的思维,表现在许多我们常用的词语上,例如我们喜欢说感觉、感受、感触、感动、感情、感应、体察、体会、体验,等等。我们对一件事的理解,通常与西方或印度人方式不同,他们主要是通过思辨与论证,我们更要说体验、体会、感受、感触。而体会、体验、感受、感触都是身体性的,不仅是理性逻辑的"思"而已。这个特点,与西方大不相同,西方要到近代胡塞尔、梅洛-庞蒂以后,才开始扭转过去重"思"而不重"感"的传统,开发身体性思维,回归生活世界。

而身体性思维、生活世界,都是与情欲生命、物质世界相关联的。生命需在此情欲世界中历涉,而非超越于其上,亦非能解脱于其外。因此现代哲学之发展以及当代艺术之表现,实际上是与我们传统的思维倾向合拍的。传统水墨若能扣住这一点来发挥,自能在当代艺术领域中开出瑶花灵卉来。

当然,当代艺术在情欲世界和生活世界之关注中,具体会指涉到身份认同、性别意识之类的课题,诸如角色与性别扮演、性别文化、情欲图像等。这些题材或主题,往往溢出传统水墨之视域。可是论传承者当以心不以迹,题材虽或迥异,其意识或思维方向却是可以胗响相通的。

也就是说,中国水墨传统在当代之发展,虽未必立刻就能对西方艺术提出什么新的价值观,但至少它与起生于西方的当代艺术仍有可以接合,或可以与之呼应,或可以为之更进一解之处。这些也即当代水墨大有驰骋余地之处。

因此,我们也不能把"传统"看死,把传统和当代隔开来。

法国法兰西学院院士,曾任法国巴黎毕加索博物馆长的克莱尔(Jean Clair)曾在《论美术的现状——现代性之批判》中言道:"无所谓传统主义。因为相信存在传统,努力复活传统,便是假设传统已经死亡。也无所谓反动的主题或言论,有哪张画可以自称是'现在的'?在走出烙印我们时代的革命意识形态之际,现在重要的是认识诺瓦利斯所说的内向之路的必要性。"

百余年来,我们在传统与现代、传承与革命等题目上花了太多气力,浪费了无数争论的气力。可是实际上,标签与口号、技巧与形式均将过去,真正的艺术探索,仍只是艺术家内在之路的踽踽独行。

古希腊文艺观小议

古希腊之所谓缪斯九女神,有点类似中国唐宋以后民间流行的行业神,分掌历史、音乐、喜剧、悲剧、舞蹈、挽歌、颂歌、天文、史诗。缪斯乃文艺之神,故由她们分管的职事,便可以知道当时人之文艺观。其观念,现代人所不熟悉的,大抵有以下各端:

一、绘画、雕塑、建筑等现代人认为的重要艺术门类,都不在其中。现代人所理解的或所看重的希腊艺术,正是这些东西;而这些,当时人其实并不重视,甚且不以为是真正的艺术。

二、当时亦显然还没有整体的"诗"这一概念,谈的只是各种体裁的作品,如史诗、颂诗、悲剧、喜剧等。

三、无论哪一种诗,又都是和音乐分开来的。当时所谓史诗、颂诗、喜剧、悲剧,主要是朗诵或吟唱。诵或吟,固然就有音乐性,却不是配着音乐的。

四、音乐既与史诗、悲剧、喜剧等分由不同的女神掌管;那么,是否音乐即已独立,脱离了诗,自成一大门类?却又不是这样!史诗、颂诗、悲剧、喜剧之所以由多神分掌,而音乐只归一女神管理,是因为音乐不如诗那么重要，故可以把所有音乐并归到一位女神名下罢了。

希腊时期之音乐，地位及内容均不如我们现今一般认为的那么高。当时根本还没有纯器乐的演奏，歌唱也不重要。谈音乐，更主要的是说一种和谐的理念，如毕达哥拉斯所说数的比例、构成等，也无整体之音乐概念。故具体谈音乐时就会如亚里士多德《诗学》那样：论诗分述悲剧、喜剧、抒情诗、史诗、酒神颂歌；论音乐，便举长笛、竖琴为说。要等到基督教兴起后，才有真正独立出来的音乐。

这几点，都很可与我国的文学发展史做对勘。

例如第一点，希腊人之所以不重视建筑、雕塑等，是因当时人把各种制作技艺，分为"自由的"与"平民的"。这一区分，是由当时政治上的自由人与奴隶而来，故平民的制作即是奴隶的。什么是奴隶的呢？一门制作技艺，若极需要体力，与自由艺术主要靠着智力不同，那么它就是奴隶的，自由公民不屑为也。绘画、建筑、雕塑等均属于此。

须知直到文艺复兴时期，画家还常隶属于医生、药剂师或出版商的行会，建筑师、雕塑家还常隶属于泥瓦匠、木匠行会，便可知此类艺人旧时均属于工匠，其人与其技艺都是受卑视的。西塞罗把雕塑、绘画、建筑等称为"脏的技艺"，与诗分开，良有以也。

当时还有一说，谓技艺可分为"为教育的"和"为娱乐的"。雕塑、绘画等均只能提供视觉之娱，故与诗之充满神性不同。

我国谈艺，初不如此。许多人可能会想到唐宋以后绘画及各种工艺也同样有一个先受鄙视，其后努力将自己诗化的过程。可是夷考渊源，我们就会发现古人论文谈艺显然无这等身份、体力智力、脏不脏、为教育为娱乐之分。

艺字的本义就是植栽,乃工匠之事也。然而,《周礼》云保氏教国子以六艺,可见艺并不仅属于工匠、奴隶,也不脏,且亦不仅是娱乐的,更是教育的。

文,这个字的一个主要意思则是纹绣编织。所谓"文章",常指黼黻,《楚辞》曰"被文服纤",《荀子·非相篇》曰"美于黼黻文章",即是明证。编织是女工的技术,但好文章同样称为锦绣。这是因"文"这个字通贯于天地,天文、地文、人文,在一切地方显现。与希腊孤立地说文谈艺,愈说愈窄,分来分去迥异。

关于第二点,当时人还没有整体的诗观,也和我国的情况大异。我国早在《尚书·尧典》里就说了"诗言志",这就是对诗的整体概括与定性。后来《左传·襄公二十七年》记赵文子对叔向说"诗以言志",《庄子·天下篇》说"诗以道志",《荀子·儒效篇》说"《诗》言是其志也"等,都延续其说,形成中国诗学极稳定的传统,而开端乃极早、极明确。

不过,"诗言志",中国人太熟悉了,竟常不知此语之可贵。此语可贵处,除了刚刚说的显示了一种整体性的诗之观念外,还在于它显示了西方很晚很晚才能有的想法:诗是与个人自己直接相关的。

西方早期的诗,是与神相关的。直到拉丁文中,诗人跟先知还是同一个词;希腊时期,诗就更是主要由先知和巫师朗诵的了。雕塑、建筑、绘画等技艺之所以不能跟诗比肩,这就是关键。诗由神示、天启、灵感而来,其他的只是技术、知识、程序。

中国古代也有颂诗,也有祭神之歌舞,也讲诗心窈冥通乎鬼神,然而"诗言志",显示的只是诗人志之所之,诗人自己才是诗关注的主体与内容。这个道理,西方也许要到近代才明白。

至于音乐与诗的关系,我们和希腊亦极不同。古代诗、舞、乐当然也有分立的现象,例如我们早有独立的器乐演奏,并不配词,像《诗经》中那几首佚诗就是;也有徒歌,不配舞蹈,像《诗经》中的《国风》,可能就是如此。但整体说来它们仍是一体的,甚至有时可以用一个"乐"字来包括。"乐"这个体系的弱化和分化,是战国以后的事,与西方的情况颇不相同。

因此,对照古希腊,是十分有益的事。近年北美和大陆学界热衷推广雅斯培的"轴心时代说",谓中国、希腊和印度在同一时期都经历过一场"哲学的突破"。此说讲讲当然也无所谓,[①]但它常引起一种附会模拟之风,把希腊哲人跟我们先秦诸子想象成差不多的一群人;把孔孟想象成苏格拉底、柏拉图;把希腊的哲学"突破内容",拿来讲孔孟的成就。我觉得这些都是荒谬的,既不知中国学问,也不懂西方。

老实说,苏格拉底何敢望孔子?纵令希腊哲人当时有所谓的"突破",其思致、意蕴、境界,问题多多,跟孔孟是不好比的。别的且不说,仍从"诗"这部分看吧:

柏拉图《理想国》卷三曾记载苏格拉底和阿德曼托斯讨论教育问题时,主张许多故事不应讲给孩子听,例如地狱之事,会让孩子产生畏惧,将来就不勇敢了。因此,便也要限制诗人不准写这些东西;而古代传下来的史诗中,若涉及这些,亦应删去。

让我们从史诗开始,删去下面几节:"宁愿活在人世做奴隶啊,跟着一个不算富裕的主人。不愿在黄泉之下啊,统帅鬼魂。"其次,"他担心对凡人和天神/暴露了冥府的情景;阴暗、凄惨、连不死的神/看了也触目心惊"。其次"九泉之下虽有游魂幻影,奈何已无知识"……此外,我们还必须从词汇中剔除那些阴惨可怕的名字,如悲惨的科库

[①] 此说我并不赞成,我的看法详见:龚鹏程.中国传统文化十五讲.北京:北京大学出版社,2013.

托斯哥,可憎的斯图克斯哥,以及阴间、地狱、死人等名词,应该删去那些挽歌……此外,诗歌还不该描写英雄哭泣、忧伤、憔悴、叹息,亦不应大笑,情绪激动。如荷马说"赫淮斯托斯手执酒壶,绕着宴会大厅忙碌奔波。极乐天神见此情景,迸发出阵阵哄堂大笑",这种有点酒神精神的句子,都该删去。这是因苏格拉底主张人须有克制的美德,故又认为"有侍者提壶酌酒,将酒杯斟得满满的。丰盛的宴席上,麦饼、肉块堆得老高"之类句子也应该删去。因为他所说的克制,对一般人来讲,最重要的是服从统治者;对统治者来讲,则是克制饮食等肉体快乐的欲望。

把他这些话拿来跟我国的"诗教"相比,差异可就太明显了。

首先,孔子删诗书、正礼乐,看来似与苏格拉底所想干的事相仿,但孔子可不曾把那些涉及死亡、描写哀乐的诗删去。《诗经》中到处都可以看到苏格拉底想删掉的那些内容。后世儒者强调"温柔敦厚,诗之教也",却也承认《阳阿》、《薤露》等挽歌的崇高价值,挽歌在汉、魏、南北朝、隋唐期间也一直盛行不衰。

其次,如此倡言诗人什么可写、什么不可写、古代诗歌什么地方该删,是中国圣贤绝对说不出口的,连韩非子也不敢说要如此。后来秦始皇焚书之所以遭人诟病,即由于整体社会反对如此这般清洁化思想。

至于把克制之美德界定在服从统治者和饮食的生理欲望上,一是匪夷所思,绝不符合正义;二是浅薄,与我国儒者论克己复礼,境界与意蕴都相去很远。

希腊是一个备受近代人美化歌颂的时代,而其实有太多可诟病、可质疑之处。罗家伦翻译的英国柏雷《思想自由史》虽然把希腊罗马视为理性自由时代,认为中古是理性入狱时代,文艺复兴与宗教改革才唱起了解放的先声,却亦不能不说柏拉图所建构的是一个铁牢,所有公民,都须相信他规定之宗教,否则不是处死就是囚禁(第三章)。其实不仅柏拉图如此限制或扼杀思想自由,处死苏格拉底的社会或苏格拉底本人,又岂能视为理性自由的呢?

纵横诗书画，看钻研古法的清人书学

一、诗与文人画在清初的发展

之所以把诗和文人画合在一起讨论，是因明清之际，这两者常被认为是极有关联的。例如张少康《董其昌的画论和王渔洋的诗论》[①]，即从南宗诗和南宗画的角度，认为王渔洋诗论和董其昌画论颇为契合，都追求一种天工自然、无人工造作痕迹的境界。丁放《试论"逸品"说及其对王渔洋"神韵"说的影响》[②]，也从隐逸、笔简形具、不着一字尽得风流、得之自然、天真、本色等角度来分析南宗画对王渔洋诗论的影响。

南宗画强调逸品，渔洋诗标榜神韵，两者看来确实极为相似，因此论者认为渔洋深受董其昌以来南宗画论之影响，是十分自然的。

---

① 桓台国际王渔洋讨论会组委会，编.桓台国际王渔洋讨论会论文集.济南:山东大学出版社,1995.
② 袁行霈,主编.北京大学中国传统文化研究中心,编.国学研究.第3卷.北京:北京大学出版社,1995.

目前这似乎也已成为学界之共识。但我要指出：此等见解其实不确！渔洋诗当然神韵绵邈，其诗学是讲法度的。同样，清初文人画在风格上固然奉南宗为正朔，其画论却也是强调法度的，不再"逸笔草草"。

这个道理，古人就常没弄明白，故《渔洋诗话》载：

> 洪升昉思问学诗法于施愚山，先述余凤昔言诗大指。愚山曰："子师言诗，如华严楼阁，弹指即现，又如仙人五城十二楼，缥缈俱在天际。余即不然，譬作室者，瓴甓木石，一一须就平地筑起。"洪曰："此禅宗顿、渐二义也。"

施愚山以为渔洋是顿教，一超直入如来地，不像自己要一砖一瓦盖房子。

这真是被渔洋的神韵所瞒，所见乃其化身，非真身也。不知渔洋也是瓴甓木石以堆砌楼台的。其诗法，同于明代王敬美，认为作诗先要辨体，曰："作古诗须先辨体。无论两汉难至，苦心摹仿，时隔一尘。即为建安，不可堕落六朝。为三谢，不可杂入唐音。小诗欲作王韦，长篇欲作老杜，便应全用其体，不可虎头蛇尾。此王敬美论五言古诗法。予向语同人，譬如衣服，锦则全体皆锦，布则全体皆布，无半锦半布之理，即敬美此意。又尝论五言，感兴宜阮陈，山水闲适宜王韦，乱难行役、铺张叙述宜老杜，未可限以一格，亦与敬美旨同。"（《带经堂诗话》）其次要讲究章法、句法、字法。《然灯记闻》载渔洋言曰："为诗须有章法、句法、字法。章法有数首之章法，有一首之章法。总是起结血脉要通，否则痿痹不仁，且近攒凑也。句法老杜最妙。字法要炼，然不可如王觉斯之炼字，反觉俗气可厌。如'气蒸云梦泽，波撼岳阳城'；蒸字、撼字，何等响、何等确、何等警拔也！"再者是讲究声调。

渔洋有《律诗定体》一书，论五言仄起不入韵、五言仄起入韵、五言平起不入韵、五言平起入韵、七言平起不入韵、七言平起入韵、七言仄起入韵、七言仄起不入韵 8 种体式，较前人更为精密。又有《古诗平仄论》，形成长期的诗声调讨论，延续至清末董文焕等人。此外他还有选本《古诗选》《唐贤三昧集》《万首唐人绝句选》等，教人具体学谁，与画家教人临摹谁相同。明朝胡应麟《诗薮》曾说："作诗大要不外二端，体格声调，兴象风神而已。体格声调有则可循，兴象风神无方可执。"渔洋显然就是要由体格声调进入，以渐蕲于兴象风神。

渔洋这种情况，在清初南宗画家身上也极明显。如王时敏，亲受董其昌之教，但他就认为最重要之处是临摹以得古人法度："娄东王奉常烟客，自髫时便游娱绘事。乃祖文肃公属董文敏随意作树石，以为临摹粉本，凡辋川、洪谷、北苑、南宫、华原、营邱，树法石骨，皴擦勾染，皆有一二语拈提，根极理要（恽寿平《瓯香馆集》卷十二《画跋》）。"

另外他也特别说明了为何需要讲法度。《跋虞山王石谷画卷》云："吴门自白石翁、文、唐两公时，唐、宋、元名迹为富，鉴赏盘礴，与之血战，观其点染，即一树一石，皆有原本，故画道犹盛。自后名手辈出，各有师承，虽神韵浸衰，矩度故在。迨后有一二浅识者，于古法茫然，妄以己意炫奇，流传谬种，为时所趋，遂使前辈典型，当然无存，至今日而澜倒益甚。"南宗逸品之说流行以后，流弊滋多，所以明末已有人开始强调法度，至清愈盛，王时敏即其中之一。

如笪重光（1623—1692）《画筌》说："前辈脱作家习，得意忘象；时流托士夫气，藏拙欺人。"龚贤说绘画要："先言笔法，再论墨气，更讲丘壑。气韵不可说，三者得则气韵生矣。"与王时敏就基本是一样的。同时代，华琳《南宗抉秘》，亦重法度。故知此乃一时风气。日本大村西崖跋龚贤《课徒稿》，说它"适初学临本者"，又说："王安节概受业于半千,而有《芥子园画谱》之著,是尤可知有所由来也。"正道破了秘密。

二、清初书学重法的风尚

说明清朝康熙朝前后诗坛与文人画这种同步讲究法度的风气,是为了替下面讨论书学之状况做点铺垫。因为清代书论最明显的特征,其实也是对法度的钻研。

然而,这个最明显的特征,却恰好是近年研究书学、书法史的朋友所最为忽视的。

像潘运告《清前期书论》[1]认为清初最突出之点,是着重表现性情,抒发心胸。孙承泽、宋曹均是如此。其次之突出点是重碑学而轻帖学。这样,到乾嘉的阮元、包世臣,遂形成了明确的南北分派、南帖北碑论述。

从帖学角度为清初定性的,如庄桂森《清初帖学派书法略论》[2]、刘善军《清代书法理论阶段性特征》[3]、邵敏智《清代书法理论之碑学审美意识研究》[4]等,实在是不胜枚举。大体意见是:清朝初年书法虽仍笼罩在帖学和学唐人的角度,但因明末已出现了金石学、狂怪书风、个性化表达等新风气;所以经过了清初的发展和酝酿,接着就形成了北碑的大趋势,风格也脱离了唐楷、中和、流美、馆阁体等,走向雄强奇崛,结合篆籀碑隶,创造了新的范式,云云。

目前谈清代书学,十之八九都是这个思路,而不知这思路全是错的。

---

[1] 潘运告.清前期书论.云告,译注.长沙:湖南美术出版社,2003.
[2] 庄桂森.清初帖学派书法略论.江苏师范大学学报(哲学社会科学版),2001(2).
[3] 刘善军.清代书法理论阶段性特征.学理论,2010(21).
[4] 邵敏智.清代书法理论之碑学审美意识研究.中国美术学院,2010.

当知清初书学与写作之重点都不是性情,而是法则。例如宋曹《书法约言》,哪是什么表现性情,抒发心胸?他是说:凡作书要布置,要神采。布置本乎运心,神采生于运笔。布置得宜,则运笔灵便。所以关键是布置与运笔。

同样,冯班《钝吟书要》说:"赵子昂用笔绝劲,然避难从易,变古为今。用笔既不古,时用章草法便拙。当其好处,古今不易得也。近文太史学赵,去之如隔千里,正得他不好处耳。枝山多学其好处,真可爱玩,但时有失笔别字。董宗伯全不讲结构,用笔亦过弱,但藏锋为佳,学者或不知。董似未成字,在文下。"强调的仍然是结构与用笔。

稍后笪重光《书筏》,更是大谈点画技巧,说"笔之执使在横画,字之立体在竖画,气之舒展在撇捺,筋之融结在纽转,脉络之不断在丝牵,骨肉之调停在饱满,趣之呈露在钗点,光之通明在分布,行间之茂密在流贯,形势之错落在奇正",等等。王文治跋:"笪论书深入三昧处,直与孙虔礼先后并传,《笔阵图》不足数也。"推崇备至,可见出时人观点。

王澍(1666—1739)《论书剩语》则分执笔、运笔、结字、用墨、临古五部分,说:"作一字,须笔笔有原本乃佳,一笔杜撰便不成字";"五指相次如螺之旋,紧捻密持,不通一缝,则五指死而臂斯活;管欲碎,而笔乃劲矣";"须笔笔从规矩中出,深谨之至,奇荡自生,故知奇、正两端,实唯一局";"临古须是无我,一有我只是己意,必不能与古人相消息",等等。

今人抓不住这个重点,所以杨明刚《清代书法笔法类型特征及其审美意识》[①]之类论述,皆以"尚真求趣"论清初,举王铎草书为代表,

---

① 杨明刚.清代书法笔法类型特征及其审美意识.民族艺术研究,2013(2).

谓其延续了晚明张瑞图、黄道周等强调个人艺术风格的浪漫主义书风。

其实王铎在清朝评价根本不高,当时人也不会以他为时代之代表。前引王渔洋语已说:"字法要炼,然不可如王觉斯之炼字,反觉俗气可厌。"其后桂馥《国朝隶品》说王:"如壮夫挽强,徒以力矜,不必中的。"翁方纲(1733—1818)《跋王觉斯书》也说:"王觉斯于书法亦专骋己意,而不知古法也"、"王觉斯之真楷,则有时争胜董文敏,而其行笔则逊之远矣",都认为他俗,缺法度。后来包世臣(1775—1855)在其《艺舟双辑》中只将王铎草书列入能品,而且是能品下,正是这个道理。民国以来风气丕变,王铎才开始被推崇。但以这种眼光去看清朝,是错误的。当时不是"师心自用"的年代,故看不上王铎,认为他缺了法度。

这种情况,是与康熙朝前后诗坛及文人画同步的。

三、乾嘉书坛的法度传承

乾嘉书坛继承清初风气而发展,但近人论述同样找不着北。一是强调碑学与金石考证的朴学风气俱兴,代替了清初重视帖学的风气;二是突出"尚怪求变"的扬州八怪等书风,谓此类人一反正统笔法,以叛逆、狂怪、创新的独创精神,突破了以中和为美的正统艺术观和审美情趣。

殊不知此时书坛亦如诗坛,以沈德潜为正宗,别裁伪体,温柔敦厚。虽有袁枚标榜性灵与之相争,但大方向正是如此。梁巘(1710—1788)《评书帖》云:"王铎书得执笔法,学米南宫,苍老劲健,全以力胜;然体格近怪,只为名家。"王宏《石氏斋题跋》云:"文安学问才艺,皆不减赵承旨,特所少者,蕴藉耳。"都可看出这个态势。

其中梁巘夸王铎书得执笔法,最可注意。因为当时论法度,越来越集中到执笔法。成亲王曾说:"尝见康熙时内监言其师少时又见董文敏用笔,惟以前三指握管,悬腕书之。故王推广其语,作拨镫法谈。"(《啸亭杂录》)姜宸英"至戊辰后方用第四指学晋人书,丁丑后方用大拇指,专工小楷"(《大瓢偶笔》),《清稗类钞》亦称其"登第后,乃善作小楷,以三指撮管端,悬腕疾挥,分行结体疏密合度"。汪士铉更"论书谓不学古隶,不知波折往复之理。不习晋帖,不知回环牵结之妙。不玩唐碑,不知古人各自成家之法。去其短,集其长,毋矜奇,毋尚险,庶几归于正而合于古"(《清史列传》),都可看出当时的风气。

被称赞的书家,多是夸他执笔得法;而诟病的,就说他执笔无法。如陈奕禧虽"作小楷亦稳称,但留心字样,而不知笔法,故媚而少骨",何焯则因"未得执笔法,结体虽古,而转折欠圆劲",等等。

专门著作,如戈守智(1720—1786)《汉溪书法通解》8卷,即分述古、执笔、运笔、结字、诀法、谱序六门。

此书在当时甚为流行,是大多数人学书之门径指导书。包世臣《艺舟双楫·述书上》自述其青年学书时,长辈就是教他由此入手:"乾隆己酉之岁,余岁已十五,家无藏帖。习时俗应试书,十年,下笔尚不能平直,以书拙闻于乡里。族曾祖槐植三独违世尚学唐碑,余从问笔法,授以《书法通解》四册。其书首重执笔,遂仿其所图提肘拨镫七字之势。"(这段文字还有一处值得注意。今人谈起清代,动不动就

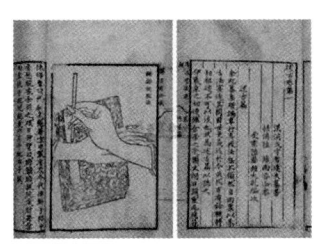

说南帖北碑,而把唐碑归入帖学,又把帖学和馆阁体等同起来,这都是荒谬的。此处明说了:学唐碑,实与时尚应试书风不同。)

梁巘的《评书帖》也一开卷就是《执笔歌》。他极注重执笔法,并以此作为评价书家造诣的重要标准,主张大、中、食三指宜死,肘宜活。

梁巘书论还有一个有趣之点体现在他对段玉裁的影响。

《清史稿》载巘语段玉裁曰:"执笔之法,指以运臂,臂以运身。凡捉笔,以大指尖与食指尖相对,笔正直在两指尖之间,两指尖相接如环,两指本以上平,可安酒杯。平其肘,腕不附几,肘圆而两指与笔正当胸,令全身之力,行于臂而凑于两指尖。两指尖不圆如环,或如环而不平,则捉之也不紧,臂之力尚不能出,而况于身?紧则身之力全凑于指尖,而何有于臂?古人知指之不能运臂也,故使指顶相接以固笔,笔管可断,指锲痛不可胜,而后字中有力。其以大指与食指也,谓之单勾;其以大指与食指中指也,谓之双勾;中指者,所以辅食指之力也,总谓之'拨镫法'。王献之七八岁时学书,右军从旁掣其笔不得,即谓此法。舍此法,皆旁门外道。二王以后,至唐、宋、元、明诸大家,口口相传如是,董宗伯以授王司农鸿绪,司农以授张文敏,吾闻而知之。本朝但有一张文敏耳,他未为善。王虚舟用笔只得一半,蒋湘帆知握笔而少作字乐趣。世人但言无火气,不知火气使尽,而后可言无火气也。如此捉笔,则笔心不偏,中心透纸,纸上飒飒有声。直画粗者浓墨两分,中如有丝界,笔心为之主也。如此捉笔,则必坚纸作字,软薄纸当之易破。其横、直、撇、捺皆与今人殊,笔锋所指,方向迥异,笔心总在每笔之中,无少偏也。古人所谓屋漏痕、折钗股、锥画沙、印印泥者,于此可悟入。"

段玉裁(1735—1815)自己有《述笔法》一文收入《经韵楼集》，完全以梁氏传人自居。

今人想当然耳，说乾嘉朴学兴盛，所以带动了金石研究风气，因而碑学开始大盛。殊不知金学家讲帖学，重唐碑，如翁方纲者，其实更多。而且朴学家多谨严，所强调的更是法度，尤重执笔，段玉裁、程瑶田即是明证。

程瑶田(1725—1814)，精考据，与戴震同师事江永。但他工音律，善篆刻，更多艺能。书学则刻意用阴阳、乾坤、五行等观念来解释书法的布白、提顿、长短、背向、缓急、刚柔、虚实等问题。按顺时针方向的运动，分笔画为8种；又按逆时针方向的运动，分笔画为8种；再根据右手执笔的现象，从生理上说明哪些笔画是可能的。右旋而运于东南有：侧、努、掠、啄，是阴画；左旋而运于东南则有勒、策、磔，是阳画。阴阳结合变化之，讲得非常繁复。

其《书势纂言》第一篇论书法当以虚运。第二篇论书法贵中锋。第三篇论书法结体，谓真书与篆籀八分，迥然不同。第四篇论书法点画有阴阳向背，用以阐明古人所传之"永字八法"。第五篇论书法顿折。重法之宗旨十分明晰。

段玉裁、程瑶田都是重要的朴学家，段氏更是龚自珍外祖父，对其影响甚深，因此他们的言论绝不能轻率视之。

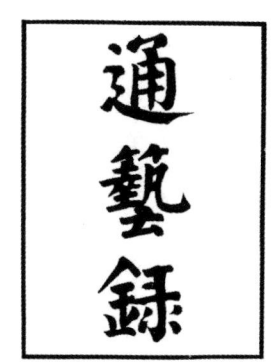

相对来说，北碑之提倡可谓新声，乃旁支。且对北碑的提倡只是学习对象有所改易，不但不影响其重法度的传统，甚且是扩大了它，深化了它。因为重法度的征象之一，就是要选择典范来临写、摩习。

而南帖北碑说,事实上亦是绘画南北宗说之发展。钱泳(1759—1844)《书学》中即有《书法分南北宗》一篇,梁章钜(1775—1849)《退庵随笔》更是借用此说把清代书家分成了南北两派。

此外论书分南北者,除阮元外,尚有数家。如何焯云:"自晋永嘉而后,派别遂分为南北。"(《义门题跋·跋子宁堂法书》)翁方纲云:"右军之嫡嗣,当别欧与颜为二派,犹之禅家有南北宗也。"(《复初斋文集·欧颜柳论》)

阮元与翁方纲交好,自言于翁氏"石墨书楼中,摩娑遍碑碣",而作《南北书派论》、《北碑南帖论》,申张北碑,世遂亦以翁方纲为其同道。论翁氏书,皆言彼为碑学,如叶德辉《园山居文录》云清四家"惟翁有碑法,余皆帖也"。何绍基《东洲草堂文钞》则以一代碑学风气归功于翁氏之倡导:"自覃溪、春湖两先生表彰庙堂,致学者翕然从之。"其实阮元与翁氏之说颇有不同。翁亦主碑,然非北碑,乃唐碑。欲以唐楷碑刻,上溯魏晋;而魏晋风流,又谓其源本篆隶耳。于北朝碑版,但重其可考此一线渊源而已,若论其书,则非所重。

其后周星莲《临池管见》则另由此大谈书可兼画,说:"字画本自同工,字贵写,一画亦贵写。以书法透入于画,而画无不妙;以画法参入于书,而书无不神。故曰:善书者必善画,善画者亦必善书。自来书画兼擅者,有若米襄阳、有若倪云林、有若赵松雪、有若沈石田、有若文衡山、有若董思白。其书其画类能运用一心,贯串道理,书中有画,画中有书。非若后人之拘形迹以求书,守格辙以求画也。"

四、重视法度的嘉道咸同书风

嘉道之间是文艺一大转关,碑学渐盛,与诗家之学宋相似。

盖诗自元明以来皆尚唐诗,一直到康熙时王渔洋编《唐贤三昧集》、乾隆时沈德潜编《唐诗别裁》,唐诗仍占优势。嘉庆道光以后,则宋诗风气渐盛,与之争雄。陈衍《石遗室诗话》形容:"道咸以来,何子贞(绍基)、祁春圃(寯藻)、魏默深(源)、曾涤生(国藩)、欧阳碉东(辂)、郑子尹(珍)、莫子偲(友芝)诸老始喜言宋诗。何、郑、莫皆出程春海侍郎(恩泽)门下。湘乡诗文字皆私淑江西。洞庭以南,言声韵之学者稍改故步,而王壬秋(闿运)则为《骚》、《选》、盛唐如故。都下亦变其宗尚张船山、黄仲则之风。潘伯寅、李莼客诸公稍为翁覃溪,吾乡林欧斋布政(寿图)亦不复为张亨甫,而学山谷。"

书法也是如此,讲碑学者渐多。一种传统上属于非正统主流者,起而与旧主流相争,形成典范的转移,当然会引起书法史家、诗歌史家的注意,近年研究,多从这点做文章,非无道理。

然而,一、新声并非全然替代了旧躅,犹如诗歌中自有"王壬秋则为《骚》、《选》、盛唐如故"的一类人,书坛中学二王唐楷的也仍占大多数;二、学习的对象改了或扩大了,并不表示学书的方法也就同步产生了变化;三、就算有了变化,是不是仍从法度上去讲究书法呢?

首先要明白:当时提倡学碑,并不就是北朝之碑,看前文说到翁方纲的例子就可知道。翁主唐碑,《苏斋笔记》卷十四云:"晋人正楷既罕传,则言正楷者,惟于唐人遥师晋意,此千古书法之要义也。"唐人书,有墨迹,有石刻,而翁独重石,曰:"今时鉴赏宋元以来墨迹者,多半行草书耳,余以是矫激而为墨迹不及石刻之论。"(《复初斋文集·跋东坡偃松屏赞墨迹》)以此提倡之,故有《苏斋唐碑选》之作,精选五十碑,以为书家法式,而主意唯在欧阳,谓"唐碑中只欧阳询诸碑真正可信可师"。欧阳之碑又以化度寺为楷则,由欧即可上溯右军,乃至上通隶古,盖"右军实原于周歧阳十鼓及汉人分隶"(《复初斋文集》卷二《跋梅华溪缩本唐碑》）。故他论唐楷，辄言正脉由汉隶来，若北齐朝乾元年碑，或龙门摩崖古验方序、常丑奴墓志等，体兼隶正，适足以为唐楷本于汉隶之证。于北碑不甚欣赏，跋《石门铭》，竟谓"碑文与书，皆非极工"；跋《高湛墓志》，则谓"其书体虽草草不工，然其笔势已开初唐之渐"；跋《北齐朱岱林墓志》，又谓"是碑隶楷虽非极工，然其发波已开欧褚之先"。翁自己临写时，亦以临兰亭及唐碑拓本为主，罕学北石。

所以我说大潮流仍是学唐楷。真正提倡北碑，鄙薄翁方纲，是康有为以后的事。

接着让我们看看包世臣的例子。包氏《艺舟双楫》近年被视为碑学之大将，可是他其实仍是帖学。而不管是碑是帖，他学书怎么学？

《艺舟双楫·述书上》开宗明义从执笔法讲起，洋洋洒洒，说："小仲曰：'书之道，妙在左右有牝牡相得之致，一字一画之工拙不计也。余学汉分而悟其法，以观晋唐真行无不合者。其要在执笔，食指须高钩，大指加食指中指之间，使食指如鹅头昂曲者，中指内钩，小指贴名指外拒，如鹅之两掌拨水者。故右军爱鹅，玩其两掌行水之势也。大令亦云飞鸟以爪画地，此最善状指势。已是故执笔欲其近，布指欲其疏，吾子其秘之。子书得晋人面目耳，随人言下转，不数十年化为粪壤。今人攻书至力者无如吾子，勉之矣！'又云：'唐以前书者，始艮终乾，南宋以后书皆始巽终坤。'余初闻不知为何语，服念弥旬，差有所省，因迁习其法，一年渐熟。丙子秋，晤武进朱昂之青立，其言曰：'作书须笔笔断而后起，吾子书环转处，颇无断势。'又晤秀水王良士仲瞿，言其内子金礼嬴梦神授笔法，管须向左迤后稍偃，若指鼻准者，锋乃得中。又晤吴江吴育山子，其言曰：'吾子书专用笔尖直下，以墨裹锋，不假力于副豪，自以为藏锋内转，只形薄怯凡。下笔须使笔豪平铺纸上,乃四面圆足,此少温篆法书家真秘密语也'。"底下长篇大论基本上即由此展开。

他碰到的书法家,黄小仲、朱昂之、金礼嬴、吴育等,谈的都是执笔法。对他们而言,"书艺始于指法,终于行间",所以很少谈心气、性情、学问、修养之类内在功夫。议论主要盘旋于执笔、用笔、墨气、阴阳、指掌、间架、九宫、八法之间。

其他书学论著,全都这样。如朱履贞(1766—1820)《书学捷要》二卷。上卷分用笔、执笔、学书攻苦、学书感会,俱摘录前人论书语。下卷为自撰,谓作书必须提腕临摹,不尚形似,等等。又云学书有六要:一、气质。二、天资。三、得法。学书先究执笔,张长史传颜鲁公十二笔法,其最要云:"第一执笔,务得圆转,毋使拘挛。"四、临摹。五、用功。伯英学书,池水尽墨;元常居则画地,卧则画席之类。六、识鉴。详审古今书法是非。

周星莲(1818—1878)《临池管见》,同治年间刊行。说:"字有九宫,分行布白是也。右军《黄庭经》、《乐毅论》,欧阳率更《醴泉铭》、《千字文》,皆九宫之最准者。其要不外斗笋接缝、八面皆满、字内无短缺处、字外无长出处、总归平直中正、无他妙巧也","遍览诸家碑帖,参观互证,始规其立法,因玩其取势,进勘其用笔,继悟其行神,夫而后觉。古人作书之意,往往超乎笔画行墨之外,而求其意者不可泥笔画行墨之迹,而仍不能越乎笔画行墨之",等等。

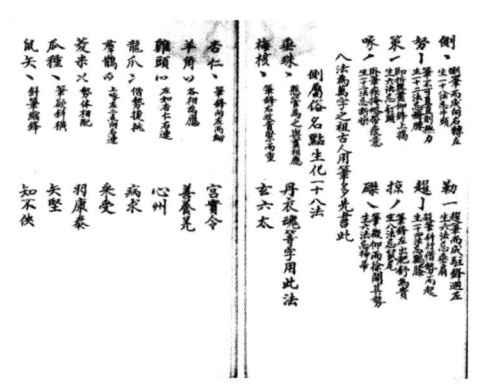

朱和羹(约1795—1850)《临池心解》则开篇就

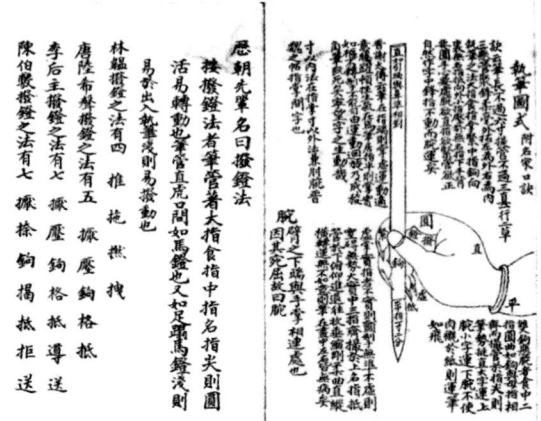

说:"学书须先明源流,次谙法度,次明传习之异同。源流者,书有十体、六体、五体之类,以及其所自始也;法度者,间架结构之类,以及精神气魄,寄于用笔用墨是也","作字须有操纵。起笔处,极意纵去;回转处,竭力腾挪。自然结构稳惬,所谓百丈游丝在掌中也",云云。

这一时期最重要的书法家是邓石如、何绍基,而何更多书论。杜裕明《何绍基书论探析》整理何氏的书学,谓其有五大点:执笔与运笔(迴腕法),力道,学书"五难",横平竖直,墨气。可见何氏同样也是由执笔讲起的,自诩"书律本与射理同,贵能悬臂能圆空"。

他在《书邓完伯先生印册后为守之作》一文中比较了自己与邓石如、包世臣的异同说:

> 余廿岁时始读《说文》、写篆字。侍游山左,厌饫北碑,穷日夜之力,悬臂临摹,要使腰股之力悉到指尖,务得生气。每着意作数字,气力为疲尔,自谓得不传之秘。后见石如先生篆分及刻印,惊为先得我心,恨不及与先生相见。而先生书中古劲横逸,前无古人之意,则自谓知之最真。张翰翁、包慎翁、龚定庵、魏默深、周子坚,每为余言完翁摹古用功之深,余往往笑应之。我自

心领神交,不待旁人告语也。慎翁自谓知先生最深,而余不以为然者,先生作书于准平绳直中自出神力,柔毫劲腕,纯用笔心,不使欹斜,备尽转折。慎翁于平、直二字全置不讲,扁笔侧锋,满纸俱是,特胸有积轴,具有气韵耳,书家古法扫地尽矣。后学之避难趋易者,靡然从之,竞谈北碑,多为高论。北碑方整厚实,惟(邓)先生之用笔陡起直落,舍易趋难,使尽气力不离故处者,能得其神髓。

讨论的,仍是摹古、中锋、悬臂、指力、间架、平直,等等。包世臣只是"胸有积轴,具有气韵",而笔法不行,所以被他看轻了:"书家古法扫地尽矣。"由这种评价方式,即可知当时人自许及用以批评别人者,显然都在于得法与否。

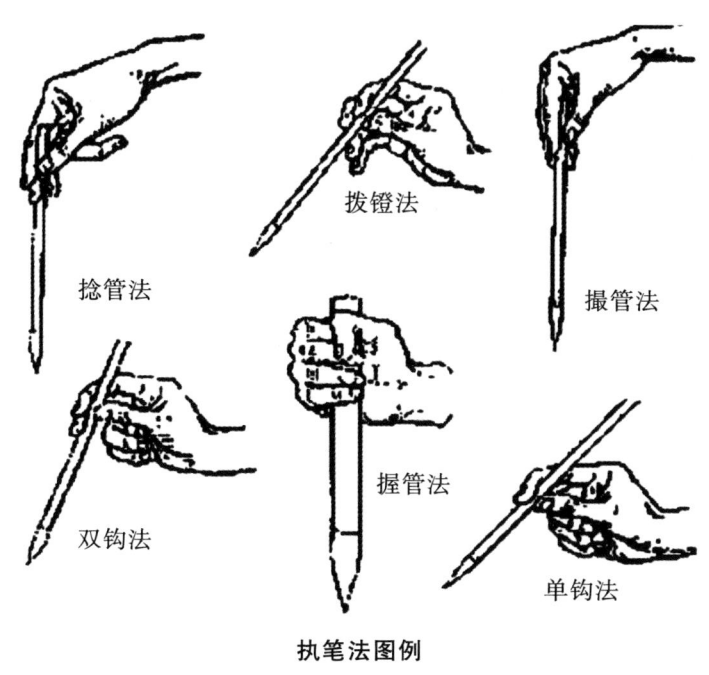

执笔法图例

五、晚清书法之法

何绍基《跋汪鉴斋藏虞恭公温公碑旧拓本》虽也说："书家有南北两派，如说经有西、东京，论学有洛、蜀党，谈禅有南北宗，非可强合也。"但其实他非重北轻南者，主张的，其实正是合，说："右军南派之宗，然而《曹娥》《黄庭》则力足以兼北派……唐初四家，永兴专祖山阴，褚、薛纯乎北派，欧阳信本从分书入手，以北派而兼南派，乃一代之右军也。"又说："右军书派，自大令已失真传。南朝宗法右军者，简牍狎书耳。至于楷法精详，笔笔正锋，亭亭孤秀，于山阴裴几直造单微，惟有智师而已。永兴书出智师，而侧笔取妍，遂开宋、元以后习气，实书道一大关键，深可慨叹。"（《跋崇雨令藏智永千文旧拓本》）

强调自己的字，关键不是学不学北碑，而是由智永的笔法中学到了横平竖直的诀窍（"先文安公藏宋拓本，临仿有年，每以'横平竖直'四字训儿等。余肄书泛滥六朝，仰承庭诰，惟以此四字为律令"），故能避免侧笔取媚之弊。北碑，同样要用这种笔法来写；包世臣不懂，不能横平竖直，遂为他所低看。

此即笔法论，为晚清一大聚讼处。包世臣主张下笔须藏锋，笔毫平铺，四面圆足，然后以中锋行笔。朱和羹强调用笔须随势而转换笔锋，正锋与偏锋互用。周星莲则说笔正未必锋正，藏锋、出锋皆谓之中锋，不得专以藏锋为中锋。强调用锋纯任自然，不必泥于一锋。陈介祺论用笔，又强调藏锋则功夫到，力量足，非以不出锋，便谓之藏锋。刘熙载主张用笔有八锋，可概括为中锋与侧锋二种。书用中锋，则骨气洞达。康有为论用笔，专主藏锋，乃至于以筑锋下笔。至于赵之谦与何绍基论用笔，亦如包世臣，主张中锋与藏锋。曾国藩则提出

"用偏锋亦有中锋"之说,异于张裕钊、吴昌硕主张用笔专主中锋。杨守敬论用笔更特殊,主张藏锋为力透纸背,中锋为八面出锋;藏锋非中锋,用笔当以侧锋取势:

> 大抵六朝书法,皆以侧锋取势。所谓藏锋者,并非锋在画中之谓,盖即如锥画沙、如印印泥、折钗股、屋漏痕之谓。后人求藏锋之说而不得,便创中锋以当之。其说立之甚辨,而学其法者,书必不佳。且不论他人,试观二王,有一笔不侧锋乎?堆侧锋而后有开合、有阴阳、有向背、有转折、有轻重、有起收、有停顿。古人所贵能用笔者以此。若锋在画中,是信笔而为之,毫必无力。安能力透纸背?且亦安能有诸法之妙乎?

杨守敬此言,世多诧为创论,其实程瑶田《书势纂言》已然"第二篇论书法贵中锋也,然其用宜出之以偏,此书学一大节目",杨氏正相与呼应发明。

另外,1880年杨守敬出使日本,与日本书法家谈此时,曾关联到执笔法,说:"用笔千古不易……八面出锋,始谓中锋,惟中故能八面出锋,若非中则仅一二面矣……若锋在画中,无此巧妙。变化有方,方能意味无穷……此法所以然者,平则四面八方皆运转自如,无偏则之病。若是如此执笔(指枕腕)则撇捺皆不能平。且指与腕之气皆不贵,所以要回腕。非此执笔不紧,运腕不灵。"

强调回腕、执笔紧,比杨守敬更甚的是康有为。《广艺舟双楫·执笔第二十》说:

> 朱九江先生《执笔法》曰:"虚拳实指,平腕竖锋。"吾从之学,

苦于腕平则笔不能正,笔正则腕不能平,因日窥先生执笔法,见食指中指名指层累而下,指背圆密,如法为之,腕平而笔正矣。于是作字体气丰匀,筋力仍未沉劲。先生曰:"腕平,当使杯水置上而不倾;竖锋,当使大指横撑而出。夫职运笔者腕也,职执笔者指也。"如法为之,大指所执愈下,掌背愈竖,手眼骨反下欲切案,筋皆反纽,抽掣肘及肩臂,抽掣既紧,腕自虚悬,通身之力,奔赴腕指间,笔力自能沉劲,若饥鹰侧攫之势,于是随意临古碑,皆有气力。始知向不能书,皆由不解执笔。

康有为自称用此法作字,则"篆真行草,无不得势"。可见他认为其法是可通用于各体的。早先主张性灵诗学的袁枚,曾在《随园诗话》卷十五说:"诗文自须学力,然用笔构思,全凭天分。"现在康有为、杨守敬等人显然不如此看,皆认为用笔需讲方法,皆在执笔方法上锐意钻研。

但用笔不只是中锋、执笔的问题,唐朝张怀瓘《论用笔十法》就还提到"偃仰向背谓两字并为一字,须求点画上下偃仰离合之势。阴阳相应谓阴为内,阳为外,敛心为阴,展笔为阳,须左右相应。鳞羽参差谓点画编次无使齐平,如鳞羽参差之状"等结构方面的事。

古来称此为结体,亦称结字、间架、结构。具体指每个字点画间的安排与形势的布置,这部分亦向为清人所重视。冯班《钝吟书要》已云:学书当"先学间架,古人所谓结字也;间架既明,则学用笔。间架可看石碑,用笔非真迹不可"。又云:"书法无他秘,只有用笔与结字耳。"后来《汉溪书法通解》甚至开始宣传一种伪造的《欧阳询楷书间架结构三十六法》,可见社会上对间架结构的重视。直到晚清,也还是这种态度,赵之谦就特别推崇结体论的开山经典:智果的《心成颂》,说:"隋僧智果心成颂,旌德姚仲虞始标出,以为书学真传,确不可易。甘伯属录其文,置之坐右。欣然下笔,几忘炎暑。"

当时黄自元之所以"书名满天下,妇孺皆得知",便得力于这种风气。他的字,现在可说没什么人看重,但在当时,人称"黄敬舆先生以书名海内,推何子贞先生后第一","数十年来,碑碣之文,祝颂之作,皆得以先生书为荣。零缣片纸,人争藏弃,或诡冒模龚以弋厚利"。同治帝之母病逝,黄自元被诏撰写神位,工整匀称,受到赞赏,竟被赐以"字圣"名号。晚年所临《玄秘塔》、《醴泉铭》等,作为当时蒙学教材,流传亦极广。

黄氏纯是帖学,书以结体胜,作有《间架结构九十二法》,出版于光绪甲申年(1884),乃历来言间架结构集大成之作。由其销行之广、得名之盛,即可知一时风气莫不重此。

近人论书,摸不清这条脉络,故仅由碑学这个角度去看晚清,很少人注意其帖学与技法论之风尚。少数注意到的,也不清楚其缘由,

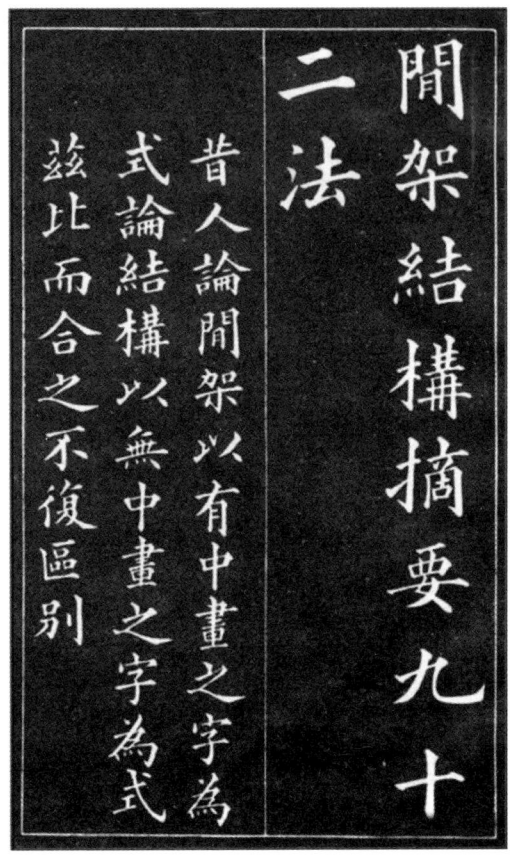

以致胡乱找原因。如刘鉴毅《晚清书学技法论》①,是极少数注意到"晚清书论对技法之重视与探讨,实为前朝各代书论所不及"的。但他认为:"原因一则受乾嘉考据学风盛行之影响,书论家以考据实事求是之精神,不仅对古代之金石碑帖详加考证,对古人相传秘守之笔法,亦能寻根究底,加以探索、阐释。一则受晚清碑学乘帖学之坏而兴起,晚清书家有鉴于帖学之靡弱、古法之丧失与馆阁书体对书法发展之桎梏,欲振兴书法非从根本之技法加以改革不为功。"看我上面

---

① 刘鉴毅.晚清书学技法论.台北:台湾成功大学中文系博士论文,2010.

的分析,就知道这等解释根本没摸着头绪。

至于蔡清德《论明清书法文化模式》①之类论文说"清代前期形成以乾禄书馆阁体和赵董帖学书风为主体的中庸理性唯美的模式,中后期分别掀起浪漫主义狂潮和碑学书风,富于个性才情的书法家们,强烈冲击反驳前期的中庸美学观念,突出帖学重围。游戏成了艺术表现的方式,展现自我风采的强列表现"云云,则纯是呓语。

六、钻研古法的思想史意义

清代书学以技巧、法度为主,在结体、用笔、执笔、临摹、字体、九宫、墨法、学谁、如何学等各点上议论风发,是整个朝代最大的特色,且贯串始终。通过我上文的撮要梳理,读者诸君应该是已看明白了。可是这么明显的事,为什么近年研究书法史、书法理论的学者们偏偏看不到呢?

我想主要是现代性的求新意识蒙蔽了他们的眼睛。

骛新好奇,则一是过分看重新材料(北碑)出现所带来的冲击。不知材料虽新,讲究它的方法,仍与从前学帖无甚差异,甚至更激化了对学习它的方法之讲求。

二是要在一片类似的书学与书风中找寻新奇的异类,以满足反传统的想象。所以傅山啦、王铎啦、扬州八怪啦、反馆阁体的一些例子啦,都被抬举推扬之,讲成了主要成就。不知习帖仍是主流,中和、横平竖直仍是主要风格追求。

三是感觉清朝这些讲结体、用笔、执笔、临摹、字体、九宫等的言

---

① 蔡清德.论明清书法文化模式.福建师范大学,2000.

论太偏于技术面,仿佛都只在教人写字的层次,思想性不高。"似乎主要的目的不在于思想史的赓续,却在于普及常识与宣传,这使他们很难在书法审美思想史上留下足够的光彩。"

依求新骛高的现代人心态,在法与破法之间,当然更欣赏破法;在道与器之间,当然更要强调道的方面;在心意与技巧之间,当然更爱说心说意。故他们会觉得清人所谈卑之无甚高论,倒也十分正常。

可是,这真是因清代书学很难在书法审美思想史上留下足够的光彩,还是分析者被眼光所限,看不清其思想意义呢?

读者想必都已看到了我在上文的讨论中一直把书法的发展跟诗画拉在一起谈。为什么?因为这就是一个思想文化的角度。

清朝人论书,本来就常这么做,如周星莲《临池管见》:"徐而菴先生说唐诗,阐发尽致。开卷有论诗数条,内一条云:'学诗如僧家托钵,积千家米煮成一锅饭。'余谓学书亦然。"这样的论述风格,正显示他们意识中诗、书、画常是一体的。

而他们书论所认同的诗论又是什么呢?就是徐增所说的这一类。积学而成,非天才、非心裁、非超悟、非意造。

这种倾向,即是诗论史上重要的"法与破法之争"的显现或发展。

我国诗学史上,六朝是一个立法的时代,至唐朝而法度大备;宋朝逐渐转向破法,或曰活法。如何才能不受法的拘束呢?宋人或强调发挥先天的才情、性灵,或强调透过后天的积学、治心、养气功夫。这个历程,书法史几乎也完全一样。唐人重法,宋人尚意。

宋代以后,元明改以唐为典范,诗与书法皆然。但这个"唐"是透过宋来认知的。例如明人大力发挥宋代严羽《沧浪诗话》的观点,认为宋诗多书卷、多议论、多学问;唐人诗则主要是兴趣。其名言是"诗有别才,非关学也;诗有别趣,非关理也"。这就由唐宋之争,发展出了才学之辨。

清朝初年,最有趣处,即在于对严羽的批判与对宋诗的重新继承。冯班《严氏纠谬》就是批判严羽的;痛批晚明主张性灵诗学之竟陵派的钱牧斋等,亦属这一阵营;王渔洋所代表的神韵诗学,则是严羽兴趣说的延续继承。可是,我已分析过了,王渔洋的神韵,其实内里仍是重法的。因此,清代诗学的整体大潮,正是由性灵、兴趣、才,转回到法与学来,努力要走向"合诗人与学人为一手"。而这个路子,要到清末以宋诗为底里的"同光体"才完成。

书法的情况与之相仿佛。写《严氏纠谬》的冯班,其书论当然也反对"别才非学",而要重视学,要学法度。此后一路发展下来,当然就在如何学、学什么等处发挥议论。诸家各自申述,而蕲于才与学合一。但这个才学合一,不是通过才这一面来的,只能是由学这方面来。

除了上文所述各家理论外,我们还可以来看看刘熙载。

刘氏《书概》是近年谈书学思想者颇为推崇之书,因为其中不乏"高论",讲天、讲意,显得较高远,非纯技术层面事。例如他说"圣人作《易》,立篆以尽。意,先天,书之本也",看来就是重意的。

可是此仅是对当时重法风气的一点矫枉,所以说:"盖书虽重法,然意乃法之所受命也。"强调了这点以后,他却没在"意生法"这点上发挥或深入,只接着说:"它书,法多于意;草书,意多于法。故不善言草者,意法相害,善言草者,意法相成。"换言之,意从可生出法来的母子关系,又掉下来变成了并列关系。然后,再缩小到仅在草书领域需要"意法相成",其他书体,则他承认都是"法多于意"的。

这种只把法与意并列起来看的态度,又见于他的《寤崖子·秦医》。其中借扁鹊之口说:"任之医,逞臆者也。让之医,附古者也。吾之所用,兼意与法。法高于意则用法,意高于法则用意,何尝有一成之意、法哉?"又《约言》也说:"作文、作诗、作书,皆须兼意与法。任意废法,任法废意,均无是处。"可见他的调和论立场。

然而这只是他表示自己高于他人的高论,具体论书,仍是从法说。《书概》论草云:"草书结体贵偏而得中。偏如上有偏高偏低,下有偏长偏短,两旁有偏争偏让之别。"不仍是结构论吗?意何尝多于法?又说草书要谨严,反对奇变与放纵:"古人书看似放纵者,骨里弥严谨;看似奇变者,骨里弥复静正。或疑书真有放纵奇变者,真不知书矣。然岂惟不知书而已哉!"(《约言》)并极力强调张旭、怀素有法度:"旭、素书可谓谨严之极。或以为颠狂而学之,与宋向氏学盗何异?"其法度则出于二王:"长史、怀素皆祖伯英今草。长史《千文》残本,雄古深邃,邈焉寡俦。怀素大小字《千文》,或谓非真,顾精神虽逊长史,其机势自然,当亦从原本脱胎而出;至《圣母帖》,又见与二王之门庭不异也。"(皆见《书概》)

刘熙载是论意最多的人,而其尚法也如此,其余风气自不待论。其"法意相成"之说,甚似同光体诗人之所谓"合学人诗人之诗二而一之",而实仍是学力重于才情性灵的。

要从这个角度看,我们也才能理解清人那些大谈结体、用笔、执笔、临摹、字体、九宫、墨法、学谁、如何学的著作意义何在。

诗学史上,由齐梁到唐末五代,曾风行过一大批诗格、诗例、诗法、诗图作品。这些作品,到了尚意的时代,也就像清朝那些谈执笔法、九宫格、习字规矩、字法(增广四体字法、正字千文、隶书字法、四体书法、篆隶偏旁点画辩等)、歌诀(草诀百韵歌、汉隶源流统略歌等)的东西,不受待见,认为这些都属于普及常识、教课童蒙与宣传式文件,没什么深意。因此这些诗格、诗例就渐渐淹没散失了,近年才陆续从韩国、日本收罗辑佚回来。

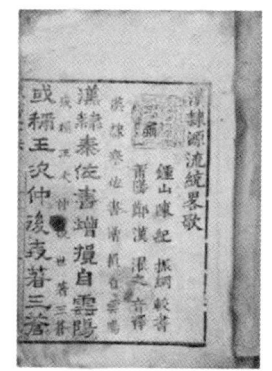
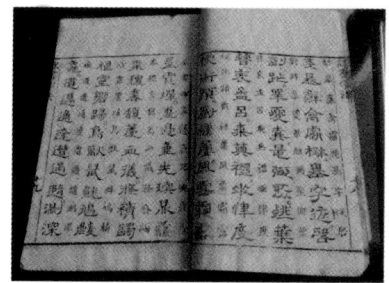

而清人之《增广四体字法》、《正字千文》、《四体书法》、《草诀百韵歌》、《篆隶偏旁点画辩》、《汉隶源流统略歌》、《隶书字法》、《篆书字法》等，我看到的也多是已经断烂残破的本子，没人研究，亦不受珍藏，很快就将澌灭，等待后人再来费力辑佚。

后人之所以还要费力辑佚，是因这些东西并不是肤浅无价值之物，只有它们才能说明书法之法、诗法之法的具体状况。诗与书法，在技艺上如何构成，写作时应该如何进行，无此法筏，莫能自渡。已渡者，舍筏登岸，固然可以不再顾惜筏楫；甚或自讳从来，夸口能够青萍点水，水上飘，根本无需这些舟筏。但从思想史的角度看，能不重视其价值吗？

而一个强调法度、学习的时代，复古之风自然也就很盛。诗之复古，在明代前后七子时，是反对宋诗而以唐诗为典范的。到了清代，就一方面批评明人所学之唐并非真唐,一方面开始恢复宋诗。书法呢?同样,一是反对宋明之任意,觉得宋明人学六朝、学唐并不地道,法度甚疏;一方面开始寻找宋明人不熟悉的东西(金石碑刻)来作为新典范。

这种古典主义气质,与浪漫派极为不同,以寻找典范、学习典范、建立标准、钻研法则、构造"传统"为主。主体性,不显示在独立于传统之外,而体现在融入传统之中。创造性,不表现于与传统的断裂或对反,而彰显在他所描述的传统本身就是新的创造。被宣称的古执笔法、古用笔法、古代真实的(加入了金石碑刻、北为北齐书家的)书法传承谱系,正是用以推翻宋明人书法观的新造利器。在这个新传统底下,一切都是古的,一切也都是新的。回视那以个人才力性格经验所欲成就的小小创新点,真是要觉得"先生之志小哉"!

绘画的情况不消赘述,基本从同。四王之风,由清初绵延至清末,《芥子园画谱》的影响远超扬州八怪之总和,都是文人画而又重规矩讲古法的。

但绘画仅此而已,相较于诗和书法,其发展较为迟滞或单调。关键在于它一直停留在明朝所形成的"南宗"传统中,只是以强调法度来设法重新巩固它罢了。其复古并未发展出新传统,只是承袭着古。因此到了晚清,诗和书法都虎虎有生气时,绘画就显得因仍格套、缺乏新意。

历来传统的更新或文化变迁,有两个模式:一是寻找前行代,作为新典范。凡反对、批判当前文化者,皆会高举前一个文化时代的大旗,以"复古"为名,进行改革。汉儒高举夏、商、周三代,跨过秦,来为汉制法;唐宋古文运动,要跨过汉魏六朝,直接孔孟,起八代之衰;元明人跨过宋,去讲"文必秦汉、诗必盛唐";清人跨过元明去复兴宋诗,还有一部分人跨过唐宋元明去复兴汉魏六朝诗（如王闿运），都属于这一类。西方的"文艺复兴"也是这样的。

另一类，是寻找传统中的异质性因素，发扬之，以取代正宗主流。绘画之分南北宗，而选择南宗文人画即是如此。北宗本来才是正统，行家，专业画师；南宗只是文人玩票，属于利家（隶家、戾家），但选择后地位就翻转过来了。阮元《文言说》也属这一类。古文运动后，古文渐渐取得了正宗地位，阮元等人就想通过对《易经·文言传》的再诠释，重新替骈文争取到正宗的地位。而这种争取，事实上也带动了清朝的骈文风气。

两个模式也可能有交集，阮元的《南北书派论》就是。依其选择原本在书法史上没有地位的北朝碑刻、非名家书迹作为新典范这方面看，是第二类。法帖之外，另出一系，故北碑南帖，遂如绘画之南北分宗。虽评价上重北轻南，与绘画之重南宗相反，可是模式相同，所以清人即常举相并论。但这些异质性、非主流书迹只是一段特定时期的作品，时在南北朝至隋朝之间。对清人来说，它刚好跨过了唐宋元明这一段帖学独尊时期，因而也有第一个模式的意味。

在清朝，书法早在乾嘉就开始谈碑刻了，本来包括唐碑，后渐渐集中于取法唐前。诗则康雍乾嘉间宋诗已然复苏，道咸之后遂成大潮。而诗与书都开始由"法度的讲求"走向"确立新取法对象"时，绘画却显得迟滞，仍在南宗门庭讨生活，以致于它在清末的改革中出现了第三种模式。

前两种模式可称为"连续性的改革"，属于在大的文化传统内部改，虽新变，其中仍具有连续性。清末对绘画的改革则出现了以另一个传统为师的现象，学西方，奉为新典范，与中国绘画形成了断裂的关系，绕道传统外部，别寻新路，分道扬镳。

可是绘画的活力其实并没有完全消失,其进程也还没走完,假如不愿改宗皈依西法,连续性的改革自然就仍会在其领域中出现。典型至少有三种。

一是吴昌硕之石鼓入画。以书法性的笔法作画,乃元明南宗画之旧蹊,但石鼓文这种笔法是元朝和明朝人所没有的,因此创造了新意。后来黄宾虹强调篆籀入画亦属此类。

宾翁论画,多本于论书,谓:"文艺中兴,清道咸中,金石学盛而画法精进,一扫吴门、云间、娄东、虞山积习。其学诣多不着于画传,窃思有以补之。"故他对于包世臣之论北碑、言画法,皆深有契会。他论画又云:"用笔钩斫拂曳,如作草书。"(《笔墨篇》之二)"笔法成功,皆由平日研求金石碑帖文词法书而出。"(《画谈·笔法五种》)这都可见其画法通于书法之意。又曰:"明代士夫书学习帖,至清道咸,碑碣发显,笔法秘钥,无蕴不宣,包安吴周保绪诸先哲,以八法通于六法,力追北宋,特过前贤,浑厚华滋,一扫浮薄余习。"(《杂论》之一)"逮及道咸,金石学盛,碑碣摩崖,椎拓益精,画学中兴。包世臣《艺舟双楫》、周保绪《折肱录》诸说显明于世,一扫明代兼皴带染之陋。"(《杂论》之二)据此等语,可知黄氏论画,虽仍循董香光之说,以董、巨、二米为正宗,以南宗为标榜,而实出于道咸间一种以碑版通于画艺之说,较寻常南宗画多了许多金石碑碣气。黄氏自作,即堪自证。

而这里最有趣之处,就是包世臣以论书著称,黄宾虹乃盛推其论画,曰:"包安吴创论六法,研几文字,隐括画学,求真内美,藻采雕绘,不囿于工。观其于杨季子画扇,以参与杨论文,融会贯通,俱发前人所未发。"(《笔墨篇》之二)渊源所自,不难窥见。

二是溥心畬之复兴北宗。溥先生以极浓郁的文人气质加上北宗画的勾斫手法,皴法颇见斧劈、钉头,独树一帜,既复兴了北宗,也发展了文人画。尔后人们对宋代院画、界画的重新取法、对明代浙派的重新评价,皆可谓滥觞于此,不容小觑。

三是张大千的临抚敦煌。南北宗都是从唐代算起的,以山水为主,把人物画的造型传统丢失了,后来甚至丢开了色彩,单用水墨。张大千既遍仿石涛等,掌握了文人画的传统,又远赴敦煌,临摹北凉、北魏、隋唐的壁画,重新钻研古法,学习人物造型画法和色彩的运用方式。其性质,与诗书领域那两种连续性改革模式,正相符同。虽然这些都发生在清朝亡了以后。但文化的进程,自有规律,本不完全与政治事件、政权荣枯一致。因此,这仍可视为清代诗、书、画整体发展动势的余波后劲。

这一大堆现象、问题与意义,不都是深具思想史意义的吗?可惜过去的研究者走岔了路,看不真切,所以缺了阐发。我今重画地图,希望有助于后起者。

笔墨传统的当代呈现

2014年8月30日赴济南,参加银座美术馆开幕典礼。次日《诗书画》杂志举办第一次雅集,与潘公凯、阿克曼、高全喜、邱振中、严善錞、于明铨、靳卫红、刘彦湖等相研讨。我略说了个意思,述如下。

《诗书画》举办第一次雅集,定此为题,可见这个题目是重要的。然而这也是一个熟题,历来的论者已很多了,只不过,论者多是由书画之笔墨讲。可是中国的书画,实际上仅是诗之分身或化身,或者至少是与诗通为一类之物,故我请由诗说起。

7月中,我参加过浙江卫视《中华好故事》节目之录制,该节目邀请了16所高中学生做知识竞赛。学生们都很优秀,最后获胜的学校尤其精彩。但期间主持人忽请两校学生依当日情境作一首诗,令学生们露了底。因为不但不懂得押韵,平仄也没有一句是对的,所以后来播出时就把这一段全剪了。

到了8月,鲁迅文学奖公布,更是舆论大哗。如"炎黄子孙奔八亿,不蒸馒头争口气"之类句子,俗恶不堪不说,才情既缺,文化亦无,岂不令人慨然?

昨天我来参会，入住索菲特五星级酒店。酒店当然是极好的，但见房间壁上一画，画着溪汀眠鹭，含葩翠盖，录了两首诗：一首白居易五绝，居然仅十九个字，首句即有脱误；另一首唐人诗，把湘妃的湘字写成手提一日，也不知是啥，似乎画家既不知诗也不识字。

这一连串的事例，显示了什么？显示当今确实文脉已断，氓不知诗矣！

而古代的诗是什么呢？凡读过任何中国诗论、画论的人都知道：古代中国是把诗及书画看成心之形迹显像的。故论艺动辄说"诗本性情"、"文如其人"、"风格即人格"、"诗言志"，等等。

这一点，相信大家都能首肯，承认它是中国人艺论之特点。但顺着这一点讲下去，就可能会有许多人还不甚注意之区分。

因为"性情"不是一般所说的个性，性不是情。情随物迁，指的是与境相发，贴切着现实和经验的情感、情绪等，故古情不同于今情。近代人常说：艺人诗匠，情动于中，形诸言语、歌诗、舞蹈，乃至书画；其境遇不同，言语、歌诗、舞蹈书画之表现方式或形象亦自然就不同于古人，讲的即只是这个层面。对于中国人更强调的"性"，其实缺乏了解亦缺乏论析。

近代文学艺术的发展，除了只论情不论性之外，另一个大问题便是：照上文之分析，既然文艺表现之形式是因着性情来的。那么，合理的态度，就应该是顺着深化情的内容、探索性的真谛去发展形式。对不对？然而近代的情况又恰好不是这样，乃是倒过来的，由改革形式入手。以此为策略，或竟以此为目的。

例如文学的白话文运动，要写白话文，做白话诗。后来发现白话诗乏善可陈，白话并不能作为诗语言，才开始有"现代诗"之提法。但重点仍是语言的，是要创造一种现代的诗语言。书法，近代亦是由碑学、帖学之争,逐渐走向解散字形,不理会文义,唯构图、线条、墨块是骛,甚而拼贴、装置。主要思路,仍是绕着形式去发想。绘画呢?同样,由超越四王等传统笔法讲起,在构图、材质、造型等各方面去讲怎么样现代化。

这些,都是在形式上着想,或主要从形式方面去覃思艺术发展之道。历来我们谈现代文艺,大家较倾向由中西对比说。说是由于西方之冲击,造成了传统的瓦解,故中国现当代文艺逐渐朝西方现代转化。可是由我上面的勾勒,便可知此一变动可能还不是西化或现代化之问题,而有一个方向转变之倾向。由中国传统的"自内而外、由本源至外显表现方式"倒转过来,变成由外而内,甚或根本不"由"不"至",形式就成了文艺的目的或主要追求。

当然,再细说,似乎这种转变也不能说就与现代化无关。整个现代社会,其精神上之特征,正是形上学失位,知识论相对化、虚无化的,其哲学与古代哲学大不相同。

古代谈的,是人存在的本源、意义,终极价值等问题,故形上学大行。尔后为了确定上帝存在与否,了解世界的性质,才又发展了知识论。可是现代哲学家说这些都弄错了,形上理论和知识论之探讨,终究还得由"论"之探讨来,否则便只是一堆戏论,此即哲学之语言学转向。道或上帝的问题,逐渐隐退、淡化,变成了"言"的问题。道(上帝)不是被取消,就是被认为道等于言。语言分析、逻辑实证论大行其道。逻辑,是言的进一步符号化、科学化;实证,是经验的、科学的,总之均属于"器"。现代思潮,基本上是顺着这条路子走。到了后现代,其实也还没脱离它,因此像解构主义,解构的也只是言的"逻各斯"。故整体来看,着重言说、形式、符号层面的思维倾向,本身就是具有现代性的。

但假如仍是如此,笔墨传统的当代呈现就无法谈,也不需要谈了。中国笔墨之传统,恰好不是言、器的思维,而是道的思维。诗文强调"文以载道",是不消再介绍了。书法,从蔡邕《笔论》开始,就也一再强调:"书者,散也。欲不出口,气不盈息,沈密神采,如对至尊,则无不善矣。"绘画,则石涛《苦瓜和尚画语录》云:"画从心者也","墨非蒙养不灵,笔非生活不神"。凡此,均显示中国笔墨传统重在心源而非末技。所谓"工夫在诗外",原无什么笔墨工夫或笔墨工夫仅是次要的,工夫只著在或主要著在心上,"书者,如也。如其学,如其才,如其志,总之曰,如其人而已"(《艺概·书概》)。

因而,如今论笔墨传统,我觉得首先即应体会这笔墨之源,然后才能回归之。超越结构、语言,再回到道。

我要谈的,就是这本源之失落与回归的问题,大意如此。

剩下一点时间,则我还想稍稍解释一下石涛所说"笔墨当随时代"的问题。这是近人喜欢征引的句子,用来为我们的改革张目。可是笔墨怎么可以随时代呢?

石涛的原文是这样说的:"笔墨当随时代,犹诗文风气所转。上古之画,迹简而意淡,如汉魏六朝之句然。中古之画如晚唐之句,虽清丽而渐渐薄矣。到元则如阮籍王粲矣。倪瓒辈如口诵陶潜之句,悲佳人之屡沐,从白水以枯煎。恐无复佳矣。"他讲的是一种文艺随时代风气转变的现象。对此现象,他并不满意,主张不顺流而走,而须超越。因此笔墨当随时代之当,乃是常之讹。笔墨常随时代,是现象;笔墨不当随时代,是目标。诗人画师岂能不立定脚跟,不从俗转呢?

至于如何"中得心源",如何超越时俗,古人言之已详,我就不赘陈了。

雅乐复兴的意义

想在当今社会中重建礼乐文化,必须在两方面同时进行,一是实际去制作礼乐,并通过政治体系与社会组成之运作而予以落实;二是由理论层面对礼乐文化做更精确的阐释,说明重建礼乐文化的正当性及必要性,并揭示重建之方向。

前者"见于事实",后者"托诸空言"。研讨会当然是属于托诸空言的这一类工作,但我想结合过去见诸事实的一些经验,来说明雅乐复兴或在现代社会中重建文明礼乐的意义。

一、创制新礼乐

1993年我应台湾佛光山教团之邀,筹办南华大学,1996年开学。开学时,我注意到现今大学世俗化以后均不再举行开学典礼了,学期结束时也没有一个仪式了。学生来了,上课;学生走了,放假。毫无节度,完全不能显示来此读书成德、师友讲习的意义。因此我便设计了一个开校启教典礼。

典礼开始时,先以北管音乐前奏,再击鼓静场,然后请创办人星云法师及贵宾入席。待大家入座已定,即奏佛号,请创办人致辞,阐述建校缘起与经过,并颁发校长聘书给我。此时,奏《殿前吹乐》。然后由校长说明办校理念,再介绍贵宾,请贵宾致词,勉励来学者。这是"开校礼",表建校之因缘,示未来之轨辙。

其后则举行"启教礼"。启教礼由校长上香,上果,祭献先师;学生代表奉戒尺,尺上写着"戒若绳尺"。校长则授简,把竹简刻成的一卷经书交给学生,奏《和鸣乐》,礼成。

《礼记·学记》中有关于教礼的记载,"大学始教,皮弁祭菜,示敬道也。小雅肄三,官其始也。入学鼓箧,逊其业也。夏楚二物,收其威也",并说这些都是"教之大伦"。可见开学时应行"释菜"礼,学生穿着礼服,以苹藻之菜,祭祀先师,表示尊敬道术。肄业练习演唱《诗经·小雅》中《鹿鸣》、《四牡》、《皇皇者华》三首诗歌,代表学习开始了。上课前,则要击鼓,召集学生,然后才打开书箧,表示对学问很逊敬。与西方大学,因为是由教会修道院发展而来,故上课以钟声为号令者相类似。夏,是苦茶的枝子;楚是荆条,都是用来鞭策学生,以整肃威仪的。以上这些礼度仪节,均极重要,蕴涵深意,所以说是教之大伦。

在我们的仪式中,典礼开始,击鼓静场,衍"入学鼓箧"之意。启教礼,献果上香,存"皮弁祭菜"之仪。学生奉戒尺,以示受教;教者授简付经,以表传承,亦为古礼"开箧"、"施楚夏"之遗风。

至于典礼前,举行佛教"洒净"仪式,则因本校系由佛光山教团及十方佛教善信所创办,为本校建立之本源,故《学记》曰:"三王之祭川也,皆先河而后海。或源也,或委也。此之谓务本。"

这样的仪制,后来经媒体报道,甚获好评,但都以为我们是恢复古礼。其实不是,这是我们根据古礼之仪节与精神而重新创造的新神圣空间,让所有参加的学生、家长、教师以及一万多名来宾重新体验并含咀教育的意义。

这次尝试,证明了许多文化意义及价值体认仍是可以在现代化社会中获得的,但不能只让学生去死背硬记《学记》、《乐记》。所以第一学期结束时我们又设计了一套结业式,结合成年礼来办,把古代冠礼的精神,以新的方式来体现。学生们上山下乡,唱歌仔戏、泡茶、静坐、打拳,也禁语禁食,享受与自然、与他人,以及与自己的内在对话。同时,古冠礼"弃尔幼志,顺尔成德"、"敬尔威仪,淑慎尔德"的精神,也因此而得到体会。

此等典礼,当然只是学校教学活动之一端,但它可能还有超出校园的意义。

二、批判现代性

现代社会的基本特征,就是世俗化及形式化,意谓现代社会不再如从前那样重视伦理、道德、宗教、意识形态等实质理性,而较重视形式理性,例如现代民主政治及法律,都以程序的合理性为第一优先考虑之事。这两个倾向,依社会学家帕森斯(Talcott Parsons)的看法,又表现出了一种普遍意义的权利制度。他曾分析现代资本主义社会法律制度的特征,认为主要有下列四点:(1)法律的形式理性观念,(2)一般普遍的法律标准,(3)程序的合理性,(4)司法及法律团体的独立,并谓:

> 这种法律的一般形态……是现代社会最重要的标记。它的

重要性可以在工业革命发生于英国看出来。我想把英国式的法律制度看成工业革命首次发生的一个基本要件,是完全适当的。①

也就是说,工业革命后的现代社会与古代的礼乐文明之间有一个截然异趣的转变。"礼文化"变成了"法文化",凡是讲礼的社会,逐渐以法律来规范并认知人的行为。生活中的具体性,变成了法律形式的抽象性存在。一个人行为是否正当,非依其是否合乎道德、伦理、礼俗,而是依其是否合乎法律条文及行事程序而定。一个人,即使劣迹昭著,若系法律所未规定,仍然只能判其"无罪"。② 同时,人与人相处,不再以其位置来发展人对自我的关系,是依一套独立自主且自具内在逻辑的法律体系来运作。老师与学生、父执与晚辈,和漠不相干的人之间,用的是同一套普遍性的法律标准,权利义务关系并无不同。因此"义者,宜也",亦即在礼文化中,凡事讲究适当合宜的态度,现在亦已改为法律规范下的权益观念。

诸如此类"礼/法"、"义/权利"、"实质理性/形式理性"之对比,都显示了现代社会不同于古代的征象。现代社会中,师儒礼生日少,律师司法人员日多,即以此故。

而伴随着这些的,则是契约、财产、职业,在我们生涯中的分量日益增加;情义、价值、生活,则越来越不重要。生活的质量、生活里的闲情逸趣、生活本身的价值,渐渐依附于契约、财产和职业之上。权利意识及价格观念,掩盖了价值的意义,或者代替了它。因此,财货

---

① 帕森斯(Persons).现代社会的结构及过程(Structure and Process in Modern Society).1960:44—46;
② 帕森斯(Persons).社会进化的要件(Evolutionary Universals in Society)//社会学理论及现代社会(Sociological Theory and Modern Society).1967:514.

的争取,遂取代了美感的追求。

面对这样的现代社会,重建礼乐文化,就需要在反形式化方面着力。

反形式化,是说人生不是抽象的形式理性逻辑系统所能笼罩限定的,人生是一场场具体场景中存在的境况,一个个具体生命间的照面。没有普遍的权利标准,只有相对的权利义务关系。因此,不能只强调形式理性甚或工具理性。

其次,抽象的形式,排斥了具体的形式,使得现代社会中一切用以表达人际亲和及礼仪效果的形式都逐渐减少了。见人不必打招呼,遇尊长不必敬礼,饮食无礼节,会聚无礼秩,说话没大没小,书函用语不辨亲疏轻重。大家都不喜欢仪式,批评它形式化,其实这是具体的形式。具体的形式,其中尚有伦理、道德、宗教、意识内涵等实质的东西在。抽象的形式,则仅是抽象命题与逻辑推理的体系。而运用此类形式者,亦往往非实质理性,仅是工具理性而已。故若不能重新让人体验仪式与典礼,人文美感世界便不可能再现,人与人的疏离感反而会不断地加强。

疏离,是现代社会的病症之一。文学上的现代主义,对此已有无数篇章予以探讨,艺术上反省或反映现代疏离之病者尤多。对于这样的社会,礼乐文化之重建岂能以"复古"视之?

现代社会的另一大特征,就是世俗化。从工业革命以降,新的世界与文明,往往被理解为是因摆脱神权迷信而得。Toennies 形容这就是从"小区"到"社会",Durkheim 形容这是由"机械"到"有机",Maine 形容这是自"地位"到"契约",Redfield 称此为"乡土"到"城市",Becker 则谓此乃"神圣的"与"世俗的"之分别。

世俗的现代社会中,人所关心的,主要是世俗社会的活动与价值,例如高度参与、社会成就取向,等等。对于神圣性的价值与生活,则较不感兴趣,也较少参与,甚至会经常觉得陌生,难以理解。

当然,在许多场合中,神圣性并未完全消失,例如医院。人在医院中,态度自然会敬谨起来,面对医师,立刻表现出敬畏与期待的情绪。医院中也常保持有祈祷与祭祀的空间及设施,安排宗教人员参与"安宁照护"或"临终关怀"之工作,以抚慰患者及家属的心情。因此,这便成为现代社会中的一种神圣空间。

可是社会上大部分机构都不具有神圣性了,学校即其中最明显的一种。

学校,无论在东方或西方,自古即被视为神圣空间。西方的大学,系由宗教的修道院发展而来。除非是现代新建的学校,否则一定瞧得见这些校园中高耸的钟楼、矗立的教堂,也一定可以发现神学及神学院是彼等整体架构中的核心。在中国,则古代的大学"辟雍"向来与宗庙"明堂"合在一块儿。州府所办学校,亦必链接着孔庙。私人书院,建筑中则一定包含着先师殿、先贤祠、奎星阁之类。因此它是教育场所,同时也是一处祭祀中心。春秋两季举行"释奠"、"释祭"礼,或供奉先贤,兼祠土地,均充分体现了它的神圣性。故其教育本身,也是具有神圣性的。民国二十八年(1939)曾创办近代著名书院"复性书院"的马一浮先生即曾说道:

> 古者射飨之礼于辟雍行之,因有燕乐歌辞燕飨之礼,所以仁宾客也。故歌《鹿鸣》以相宴乐,歌《四牡》、《皇皇者华》以相劳苦,厚之至也。食三老五更于大学,必先释奠于先师。今皆无之。(《泰和宜山会语合刻》附录)

他最后所感慨的"今皆无之",指的就是光绪末年以来成立的新学堂已久不行此等礼仪了。现代的学校,在建筑上放弃了文庙、先贤祠之类祭祀系统,改以行政体系为建筑中心,曾经一度还以政治人物代替了先师先贤的地位,塑了一大堆铜像。建筑本身也与一般世俗功能之办公大楼、商社、工厂无大差异。其行政方式,则亦与一般行政机构无大不同。在礼仪上则放弃了燕歌燕飨释奠释菜这一套,而改之以唱国歌,升国旗,向领袖致敬,等等。服制方面,既无青衿,亦非皮弁,尽是一般街市中所御之日常服装,如T恤、牛仔裤、拖鞋、球鞋等。世俗化如此之彻底,学校教育工作所蕴含的神圣庄严之感,遂荡然不复存焉。教师以教书为一般职业,学生也不以为来校上课是应该庄逊诚敬的事,以轻率为潇洒,以懒散为自由,对学校、教师及知识均乏敬意。

法院里的法官、律师,在执行其业务时,必然披上法袍,甚至戴上象征司法传统的假发。医师、牧师、法师乃至厨师亦然。那是因为要在世俗的现实社会中创造出神圣性来,就不得不从几个方面去做,一是从时间上区隔出某些时段,予以特殊化,认为那几个日子具有特别的意义,可以成为具神圣性的节日;二是从空间上区隔或建构出神圣性的场域,如纪念碑、某某公园;三则是利用反世俗、违异世俗生活一般样态的服饰、饮食、动作、语言、仪式来表现神圣性。医师律师等披上医袍法袍,即属于这种型态。唯独同被称为"师"的教师,上课授业仍只着一般世俗日用之服装,上下课也常没什么仪式,其世俗化远甚于其他专业领域。

三、建立神圣感

由此神圣性沦丧及世俗化倾向讲下去,我们就会发现当今教育发展的许多问题均与此有关。

因为神圣性所蕴涵的是一种价值的观念,对某项职务、某种工作,觉得非常特殊,具有与众不同的意义与价值,值得或应该敬谨从事之,才能形成神圣感。所以许多时候我们要借助仪式,来表示这是一件不寻常的事务,由现在开始,得专心诚谨、以敬请事神明般的心情来行事了。电影开拍前、工地动工时,为什么需要拈香祝祷?不就是这个道理吗?一旦神圣性丧失,对工作便也丧失了专诚敬慎之心,不能体会出正在进行的事具有什么价值。以教育来说,教者与学者就都会相率嬉惰,苟且散漫下去。

不但如此,倘若我们对于教育本身缺乏神圣性的体会,则亦将常以其他的世俗化目的替代了教育的意义。许多人去挤大学,去读书,哪里是由于感到知识有价值,教育很重要?只不过是为了混张文凭,以便谋取金钱与地位等世俗目的罢了。教育变成了工具,其本身便不再被视为神圣之事。

可是,人生其实仍应拥有许多超越世俗与现实的东西。例如我们读《三国演义》而钦仰关公,读《正气歌》而赞佩文天祥,或诵《出师表》而叹服诸葛亮。这些人物,从世俗现实观点来看,都是失败者。所志不遂,徒存怅憾,他们的事业并未成功,但它所提供给历史或人类的,是伟大的忠义、正直等典型,获得广大民众的敬仰与膜拜,或尊之为神,或称其为圣。对他们的敬爱,远超过那些在历史上一时成功的人。为什么?因为人生毕竟不只需要世俗性的东西,更要寻找永恒的价值,探索真善美的世界。现实俗世,也唯有依凭着正气、忠义、仁爱、因果等具有神圣性的价值,才能引领我们,鼓舞我们继续走下去;或者,在现世的不义和屈辱中,抚慰我们的灵魂。

因此,假若我们在教育中,不能让人体会到这些神圣价值,人就不可能具有超越性的向往。于是,社会便如我们今天所看到的:现代化科技文明不断进步,人人热衷社会参与,具有社会成就取向,可是忠义、仁爱、正直、孝顺等精神却日趋渐灭。

当然,我们在中小学乃至大学教育中,也曾不断灌输这些精神价值给学生,各级国文教材也都翻来覆去选讲了忠爱诚悃的《出师表》,离俗性的《归去来辞》《桃花源记》,正气磅礴的《正气歌》等。学生背课文、背注释、背解题、背作者生平,可说是背得滚瓜烂熟了。但谁都晓得,那些文章所表达或体现的精神价值,并未被学子们理解、认同,更未成为他们的人生信仰。

问题出在哪儿呢?问题在于我们的教育工作者只把这些东西当作语文来教,一字一句,字词解释、翻译、背诵。一切工夫都只落在文字表层,以致文化价值体会的事业,竟只成为在文字层面吹求的工作。考究字形多一笔少一笔,该横该撇,争论字音是否应该异读,讨论文法词性变化,探索修辞方法格例,成为整个工作的重点。这样的语文教育,能让学生体会并认同具有神圣性的文化价值,而起向往之心吗?何况,一传众咻,整个社会都呈现出反神圣趋世俗的态度,单是用几篇课文,解读字句,便想使学生具有超越性的精神,也太奢求了吧!

那么,怎么办呢?我的建议有二:首先是调整目前文化教育的方法,放弃这种仅从文字上吹求的办法,注意到文化教养并不同于文字教育,全面修正教材与教法;其次,让所有受教者重新获得一种神圣空间的体验,在具体的情境中体验神圣性的价值。

这就像现代社会中仍有许多人有宗教性的神圣信仰。具此信仰者,有些是因对宗教的教义已有理解及认同,接受了这些神圣性的价值。但大部分人则是因为亲身参与宗教仪典,而在其中感应或体会到那些精神,乃因此而生起信心,形成信仰。对于古代文化精神,我们也当如此,方能使现代人重新获得认同。

仍以学校为例。单是在讲堂上教学生读、背、默写《学记》《乐记》有什么用呢?为什么不能设计一套新的仪典,让学生参与其中而体会感受之?我们上述一些尝试即是属于这一类的。

四、弘扬古乐教

开校启教以后,我又在校内辟一处设了"通艺堂"。通艺,本来指的是希望学生能身通六艺。但"六艺"之教,礼乐居其中,最为切要。古之大学,名为"成均"。均即韵字,可见古时教育实以声乐为核心。我把学校兴建的第一栋主楼取名"成均馆",表明了是要绍继这个中国教育的传统,成均馆中又岂能无礼乐之教?"通艺堂"就是具体实施礼乐教化之处。

当时规定所有学生都要参加"通艺堂"的课程,属于通识教育之一环,由林谷芳、周纯一两先生主持,同时也就成立了雅乐团。

整个通艺堂"乐教"之内容,其实不只雅乐,也教鼓乐,也制琵琶,也斫古琴,洋洋乎盈耳,好不热闹。我有些文章略述其要,如:

《通艺堂制琵琶记》:昔者黄帝张乐于洞庭,钟期知音于流水,焦木斫琴,冰弦写心,雅奏不嫌幽赏,古调何妨独弹。今则礼乐道废，流风委绝，凤尾霓裳之曲久罢，石槽铁拨之谱勿传，后生览古低回，曷胜怅触！丙子秋，佛光大学开校启教于嘉义大林，欲黜俗从雅，拨乱返正。林君谷芳与周君纯一乃为立通艺堂，敷礼演乐，以存坠绪而振逸响焉。故黉舍之中，讲贯之顷，弦歌不辍，洋洋乎若尽善且尽美也。又凿木制器，为琵琶若干，曰觉有情、思无涯、一江月、献仙音、千秋乐、春莺啭、绕殿雷、云自在、可销魂、水月镜、默默、散花、大和、太一、春波、秋水、声禅、破魔、绿腰、幽兰云云。夫琵琶乃古乐器，魏晋而后，改称阮咸，别以为西方传入者为琵琶。其五弦者传自天竺，四弦者传自波斯。然出塞明妃之曲，江州司马之泪，铜琶铁板，或喻坡翁之词；古调新腔，尚存敦煌之谱。故亦邦人旧物，足征典型者也。二君析律辨疑，制器尚象，遂使汉唐音旨，乃至三代风雅，皆仿佛若见。余甚感念之，谨为之记。丙子岁杪。

《通艺堂古琴记》：汉阳有琴台，为钟期鼓琴处。道光间，宋湘尝书草曰："万古高山，千秋流水，壁上题诗吾去矣。"盖清韵久杳，徒留想望，故仅能怅怅然而去。汉晋以下，广陵散绝；隋唐音旨，幽兰独存。至于白石道者之歌、句曲山人之律，尚考其技，疑义仍多，甚矣琴道之忽邈难踪也。然而，七弦十三徽，一唱三叹，吟猱注绰，岂无其人？戊寅仲夏，吴文光先生来校，率诸生操缦抚弦，从容指授。南风之熏兮，水仙之操兮，歌附朱丝，居然雅奏，足觇凤昔。周君纯一复刳桐调律，教制古琴数十张，环佩生于九霄，遗音征诸太古，欲制器而尚象，非得意遂致忘言。故雕凿大朴，协和七声，旋阴阳以转调，叩寂寞而求音。余尝伫思听之，仿佛若登彼琴台，妙响接迹于前修，弦歌如复见于武城。因漫志之，以抒感焉。

诸位由这样的文字中,应不难看出我们当年对于音乐的热情,音乐在我们整个大学中的地位可以概见。近百年教育史上,相信也没有哪个普通大学能够如此。后来我们陆续办的冠礼、射礼、乡饮酒礼、殡葬管理培训等,也都是礼乐结合而见古风的,在社会上产生了不小的反响。

而我们所重视的音乐,却又不是一般社会流俗音乐或各现代学校教习的西方音乐。为什么?特别是后来我们雅乐团经常出外演示,大家更常问这个为何要复兴古乐的问题。

研究音乐史的朋友都知道:周代雅乐早已沦亡,若能恢复,自然有重大文化价值;要恢复,也须花点气力。我在大学时期,白惇仁老师正在写《诗经音乐文学研究》,我常与闻绪论,深知雅乐考古之甘苦。这时主持校务,自也乐于在此着力。但考古复古,使其可以演奏可以演出,不是我这个时候最主要的想法,我想恢复的不是音乐,而是乐教。

五、重建乐世界

前面已说过,古代教育以音乐为中心。《尚书·尧典》说舜命典乐以"教胄子"。到周朝时,小孩子 13 岁即"学诵诗舞勺成童舞象"(《礼记·内则》)。又有大司乐"掌成均之法,以乐德教国子:中和、祗庸、孝友。以乐语教国子:兴道、讽诵、言语。以乐舞教国子:舞《云门》、《大卷》、《大咸》、《大磬》、《大夏》、《大濩》、《大武》"(《周礼·春官》)。

这时,乐并不只是音乐演奏,而是以音乐为中心,发展成一个完整的教育体系。所以音乐配合仪式礼制,而有乐舞(如舞《勺》、舞《象》之类)。配合歌咏诵念,而有乐语,如言语、讽诵的部分。音乐蕴含伦理精神,亦足以教化青少年,使其改善气质,如《礼记·经解》所云:"广博易良,乐教也。"孟子谈到子贡问乐,有"闻其乐而知其德"(《公孙丑〈上〉》)之说,讲的也是这个道理。《周礼》说教国子以中和、孝友等乐德,即乐教之目的。

音乐在上古生活中即是如此居于关键或核心之地位,祭、丧、征、伐、欢庆、燕饮、嫁娶、丰收、感恩、辞别,无不以音乐来表现。后来儒家讲到乐,总是把它跟"礼"并在一块谈,即显示音乐常是与典礼、制度有关的。墨子论乐,把乐视为一切艺术的代名词,包括"刻镂文章之色"、"刍豢煎炙之味"、"高台厚榭邃野之居",所有雕刻、烹调、建筑都可用乐来概括,也表明了乐除了具有礼制的意义外,还可以涵盖所有艺术。音乐就是一切艺术的原型或核心。

但周室微而礼乐废,乐章、乐仪、乐容,乃至乐器,已都无法保存。《论语·微子篇》记载周朝的乐师带着乐器流散出走的情况,就鲜明地显示了这一段音乐沦亡史。

礼崩乐坏的原因,在于社会组织变迁、政治权力结构重组、贵族凌夷、王权式微,故礼制及以音乐为代表的文化体系,也同时发生了变化。

但这也只能说旧礼旧乐已然没落,不能说已无礼乐。一个社会,无论其结构如何,总有其礼制典仪;无论其音乐之型态为何,总不会没有音乐。故春秋之际,虽周室微而礼乐废,但其时自有其礼乐也,焉能说此即礼已崩而乐已废?

这个问题的关键,在于礼乐的意义及其社会地位已发生了改变。礼在西周,不仅是一套典仪制度,更是一种伦理价值与生活规范。乐也一样,包含礼制舞容,又具有中和、祗庸、孝友等伦理意义。但这种乐,逐渐与其他文化内涵分离,变成只是音乐、只是声音组合的一种艺术了,既不具有高度的伦理价值意涵,也不再能统摄其他文化表现。

从乐的角度说,这其实是音乐独立了,也发达了。音乐不再是与礼制等各种政治社会等结合而成的"文化丛",它可以只是一些声音,是由声音组织成为有韵律节奏回旋变化,且足以使人闻之快乐的乐音。

乐一旦只以音律为节时,它自然就会不断朝声音组织之精密化发展,尽量使声音能穷尽其组合、呼应、搭配、徐疾、驰骤、扬抑、起伏、变化之美。这个发展,与那早期较为古朴,且与仪式、典制相结合的音乐相比,当然就益显其"文"了。

然而,繁巧华美,文饰太过,从孔子的角度说,即不免嫌其淫丽佞巧。所以他说"郑声淫"(《卫灵公篇》),"恶郑声之乱雅乐也"(《阳货篇》)。

郑声之淫,非指诗意淫荡,乃是指其音乐过于流美。《左传》昭公元年载"烦手淫声,慆堙心耳,乃忘平和",正是对此淫声之批评。据刘炫《疏》解释:"不以后声来托前声,而容手妄弹击,是为烦手。手烦不已,则杂声并奏也。"又据明朝朱载堉之观察:"世俗琴有吟、猱、绰、注等声,笙有弹舌声,管有颤声,如是之类,名为淫声。"淫是过度的意思。声而以淫来形容,即指声音太过繁杂,表现太多。

从音乐的发展史来说,本来这是万物由简单趋于繁复的普遍状况。但从更高一层来看,音乐越趋流美复杂、越来越好听之后,同时也就越会使得人流连忘返于其间,足以"慆堙心耳"。情绪受音乐鼓荡,亦不再能中正和平。于是乐德之中和、祗庸、孝友,不复存在;乐教广博易良之旨,亦难落实。听乐者逐物不返,流湎无归,其实等于玩物丧志而已。此乃孔子及其后学之所忧也。

当时不但儒家如此说,老子云"五音令人耳聋"(《老子·十二章》),也是同样的想法。庄子则有"喜怒哀乐虑叹变慹姚佚启态,乐出虚,蒸成菌,日夜相代乎前而莫知其所萌,已乎!已乎"(《齐物论》),"以巧斗力者,始乎阳,常卒乎阴。太至,则多奇巧。以礼饮酒者,始乎治,常卒乎乱。太至,则多奇乐"(《人间世》),"五声不乱,厚应六律"(《马蹄篇》),"悦明耶?是淫于色也。悦聪耶?是淫于声也……悦乐耶?是相于淫也……乃始脔卷伧囊而乱天下也"(《在宥篇》)等语。而最激烈的,是墨家。

墨子《非乐》上、中、下三篇,从古代帝王"徒从饰乐"而亡、"启乃淫溢康乐"而亡讲起,昌言"习为声乐,足以害天下"。其说后来也得到不少呼应,像管子说"大明主不听钟鼓,非恶乐也,为其伤于本事而妨于教也"(《禁藏篇》),韩非说"不务听治,而好五音,则穷身之事也","耽于女乐,不顾国政,则亡国之祸也"(《十过篇》),都足以证明法家也是反对音乐的。

音乐之所以令墨家、法家如此担忧,是因它太过好听,足以使人耽溺。子夏曾对魏文侯形容:"郑音好滥淫志,宋音燕女淫志,卫音趋数烦志,齐音敖辟乔志,此四者,皆淫于色而害于德。"(《礼记·乐记》)魏文侯自己也承认他喜欢听这些新声流行音乐,若听古乐雅乐便只想打瞌睡。文侯这种对待音乐的态度,必然引起论国政者的焦虑,认为世俗好乐之风非好好地矫正一番不可。

于是,音乐看起来是越来越发达,越来越有其独立之地位,越来越动人了,其文化价值却是越来越小。儒、道、墨、法诸家都表示反对,连杂家《吕氏春秋》也不例外。

这时,儒家也由"立于礼,成于乐"转而变成由礼文统摄音乐,或礼与乐分。原先儒家讲礼乐，在理论上是混一或并提的，至少应该同等重要，然而到后来，《乐记》只是《礼记》中的一部分。整个《乐记》也并不是以音乐为代表或是关于整个艺术领域的美学思想，而更像是摄乐归礼的著作。里面谈到礼的地方，简直要超过了乐。孔子说："立于礼、成于乐。"它却说"乐著太始，而礼居成物"，"知乐则几于礼矣"，"先王有大事必为礼以哀之；有大福必有礼以乐之。哀乐之分，皆以礼终"。以礼文为中心，而非以乐为中心了。

因此，从大趋势上看，音乐作为中国艺术中心的地位，已然消失了。古代的乐教或作为一个士人所需要的音乐修养，汉代以后，显然并不在意，以致周朝那么丰富的音乐文化，逐渐发展到后来便完全无法与胡乐抗衡了。看起来音乐更盛更美之结果，其实却是失去了音乐，也失去了以音乐主导文化的地位与作用，音乐只是百工技艺之一而已。这才是古乐沦亡的真相。

近代，这种音乐专技化的趋势，愈演愈烈。一般国民皆无音乐素养也不以为该有，只由一小部分人当专技去学便罢。教育上也是如此，一般学校都不重视，只辟音乐系、音乐班以培养专门人才，或另设音乐专科学校。音乐不但不再是文化主导力量，连社会上人文教养之一环都谈不上。

更何况，整个教育体制都是西方的，一个大学生，即使他小时也学过音乐，在小学、中学里也参加过合唱团，玩过乐器，对中国音乐基本上仍都是一窍不通、问之茫然的。

不仅一般青年如此，近日，一群弘扬传统文化的学者，聚会北京，讲论现代社会的婚礼、相见礼、丧礼该如何制订，提出了很多好的规划方案，其中一些甚至已在深圳孔圣堂等处实施了。但纵观这些方案，几乎都有礼而无乐。这些人，皆堪称相当今硕彦，对儒学亦皆有真诚之信仰,而对音乐竟隔膜至此,你就可知问题的严重性了。

至于音乐专门人才,既是专业培养,当然有一定之造诣。但其造诣,一般都只是关于音乐的技术与知识;其他人文素养,如诗词歌赋、棋酒书画、典章制度、史地文物、儒道释义理,大多欠缺。聊为艺人而已,未必足以称为文化人。各专科音乐院校的教学,技不能进于道,只就乐器乐声乐曲反复研练,而不知考礼,不重文化教养,也是很普遍的。

现实如此,则我想复兴雅乐的意义就十分明显了。欲复原者,非古之音乐,而是乐教理想。所谓雅乐,是与礼结合,以对人生社会产生教化功能的那种音乐。它与俗乐之不同,正在于此。重倡雅乐,重振乐教,才有可能使音乐重新成为社会生活的核心,成为人文教育的核心。中国音乐振兴之道,我觉得就在这里了。昔年试验,规模虽小,成绩微不足道,然而善会者当或于此有所启发焉!